Das Geographische Seminar

Herausgegeben von
PROF. DR. RAINER GLAWION
PROF. DR. HARTMUT LESER
PROF. DR. HERBERT POPP
PROF. DR. KLAUS ROTHER

WOLF-DIETER SICK

Agrargeographie

westermann

Wolf-Dieter Sick, geboren 31. 05. 1925 in Neunkirchen/Österreich; Schulzeit und Abitur (1943) in München und Wien; Studium der Fächer Geographie, Geschichte und Romanistik in Jena und Tübingen; Promotion mit einer Arbeit zur Siedlungsentwicklung im Bodenseegebiet in Tübingen 1951. 1952-1954 Studienassessor; 1954-1964 Wissenschaftlicher Assistent und Dozent an der TH Stuttgart; 1961 Habilitation an der TH Stuttgart mit einer Arbeit über Ecuador; 1964 ao., 1966 o. Prof. am Institut für Kulturgeographie der Universität Freiburg; 1990 Emeritierung. Arbeitsschwerpunkte: Kulturgeographie; Südwestdeutschland, Tropen (Ecuador, Madagaskar).

3. neu bearbeitete Auflage 1997

Verlagslektorat: Theo Topel
Herstellung: Hans-Georg Weber
Satz und Layout: Sachsen-Typo, Wolfenbüttel
Druck und Bindung: westermann druck GmbH, Braunschweig

ISBN 3-14-**16 0299**-9

Inhalt

Vorwort

Die Agrarwirtschaft der Erde erfordert auch im Zeitalter der Verstädterung und Industrialisierung allgemeines und unvermindertes Interesse, weil von ihr die Existenz der zunehmenden Erdbevölkerung abhängt und sie namentlich in den Entwicklungsländern noch immer eine zentrale Stellung einnimmt. Zu ihrem Verständnis kann neben den Agrarwissenschaften die Agrargeographie beitragen, indem sie die natur- und kulturräumlichen Zusammenhänge untersucht und die differenzierte Entwicklung in den Teilgebieten der Erde darlegt.

Die Agrargeographie ist im Ausland, besonders im englischen und französischen Sprachraum, bereits in zahlreichen zusammenfassenden Werken behandelt worden. In der deutschen Literatur wurde sie bisher von ANDREAE (1983) aus agrarökonomischer Sicht und im Rahmen der Allgemeinen Wirtschaftsgeographie von OBST (1965), OTREMBA (1960-1976), BOESCH (1969), VOPPEL (1975), ARNOLD (1985), SPIELMANN (1989) und BORCHERDT (1996), z. T. mit anderen Schwerpunkten, dargestellt. Hier soll eine kurzgefaßte Einführung in die Grundlagen und Probleme der Agrargeographie, insbesondere als Studienhilfe, vorgelegt werden.

Es ist nicht einfach, den umfangreichen Stoff, der weit in ökologische, ökonomische und soziologische Probleme hineinführt, auf knappem Raum zu bewältigen. Diese Einführung muß sich darauf beschränken, die agrargeographischen Grundbegriffe zu erfassen und zu erläutern und die Verknüpfung der Strukturen und Funktionen in den Agrarräumen der Erde zu umreißen, um damit die Lektüre spezieller, weiterführender Werke zu erleichtern. Die methodischen Probleme der Allgemeinen Wirtschaftsgeographie bleiben dem entsprechenden Band dieser Reihe vorbehalten (WAGNER 1994).

Für die Gliederung war die Suche nach einer systematisch aufbauenden Darstellung maßgeblich. So sollen nach dem einführenden Abschnitt über Ziele, Geschichte und Arbeitsmethoden der Agrargeographie die kulturräumliche Entwicklung und das naturräumliche Potential als Grundlagen behandelt werden. Sodann sind die den Agrarraum ordnenden Kräfte und Prozesse zu besprechen, wobei nur ein Überblick zu den seit J. H. v. THÜNEN entwickelten Theorien gegeben werden kann. Mit diesen vorbereitenden Abschnitten soll die Verständnisbasis für die einzelnen agrargeographischen Funktionen und Strukturen geschaffen werden, zu denen Produktionsziel und Kommerzialisierung, Sozialstruktur und Organisation der Agrarbetriebe gehören. Nun erst kann die Besprechung der agrargeographischen Raumeinheiten, in denen sich diese Faktoren verknüpfen, erfolgen. Im abschließenden Abschnitt sollen die wichtigsten heutigen Entwicklungsprobleme des Agrarraumes der Erde angesprochen werden.

Diese Einführung beruht auf der Auswertung der Literatur, aber auch auf eigenen Erfahrungen bei Lehrveranstaltungen und Forschungsarbeiten sowie auf den sehr fruchtbaren Gesprächen mit Fachkollegen, denen für viele wertvolle Anregungen gedankt sei. Diese Erfahrungen zeigten, wie notwendig die Klärung von Grundlagen und Begriffen gerade in der Agrargeographie ist, um in der Fülle methodischer und regionaler Darstellungen noch einen gemeinsamen Nenner zu finden und gleichsam „den Boden unter den Füßen zu behalten". Herrn Kollegen C. BORCHERDT danke ich für die nützlichen Gespräche zur Klärung der agrargeographischen Terminologie und den Herausgebern, den Kollegen K. ROTHER und H. POPP für viele Anregungen. Herzlichen Dank schulde ich auch Herrn H. J. GERSTHEIMER für Textarbeiten am Computer und den Damen der Kartographie des Instituts für Kulturgeographie Freiburg für Kartenarbeiten.

Manche Themenkreise, z. B. zur Agrarplanung und -politik, zur Vermarktung oder Landschaftspflege, konnten wegen des begrenzten Umfangs nur kurz angesprochen werden. Der Band kann keine „Geographie des ländlichen Raumes" ersetzen.

Die nunmehr vorliegende 3. Auflage, die vom Westermann Schulbuchverlag sorgsam betreut wurde, hat neben der Systematik die agrargeographischen Prozesse und Probleme noch stärker berücksichtigt. Herzlich danke ich allen, die durch kritische Stellungnahme dabei geholfen haben.

Freiburg 1997 WOLF-DIETER SICK

1 Ziele, Entwicklung und Methoden der Agrargeographie

1.1 Definition und Ziele

Die Agrargeographie ist eine Raumwissenschaft und ihr Forschungsgegenstand ist somit die durch die Landwirtschaft gestaltete Erdoberfläche. Im Rahmen der Gesamtwirtschaft steht die Landwirtschaft zusammen mit der Forst- und Fischereiwirtschaft als primärer Sektor dem sekundären Sektor des produzierenden Gewerbes (Industrie und Handwerk) und dem tertiären der Dienstleistungen gegenüber (zu denen auch die Agrarvermarktung gerechnet werden kann). Zu diesen ökonomischen Aufgaben kommen heute zunehmend die ökologischen Ziele der produktionsunabhängigen Landschaftspflege.

Die Agrargeographie darf sich nicht darauf beschränken, nur das äußere Bild des agrarisch genutzten Raumes zu beschreiben. Vielmehr muß sie versuchen, den vielfältigen Hintergründen nachzugehen, d. h. das Geflecht von Ursache und Wirkung zu untersuchen, das sich im Zusammenspiel von Natur und wirtschaftendem Mensch im Raum ergibt. Daraus erwachsen vielschichtige Aufgaben und Erkenntnisschritte:

Die *Physiognomie* der Agrarlandschaft kann zunächst als ein ergiebiger Ansatz dienen, wobei die agrargeographisch wirksamen Gestaltelemente zu erfassen sind. Dazu gehören das Gefüge der Bodennutzung mit dem Wechsel von Feld-, Grünland- und Baumkulturen, die Flurformen sowie die Anlage und Ausstattung der ländlichen Siedlungen. Für die Agrargeographie ist dabei wesentlich, daß außer dem räumlichen Gefüge auch der zeitliche Wechsel beachtet wird, d. h. die ökologisch und ökonomisch bedingten Veränderungen in der Bodennutzung. Neben der Statik des augenblicklichen Zustandes muß die Dynamik der Entwicklung gesehen werden.

Die räumlichen und zeitlichen Dimensionen bestimmen auch die Hintergründe für die Gestaltung des Agrarraumes, d. h. seinen inneren Aufbau. Die naturgeographischen Grundlagen mit der Wechselwirkung von Relief, Klima, Boden, Pflanzen- und Tierwelt sind für die Agrarwirtschaft von größerer

Bedeutung als für die anderen Wirtschaftszweige. Dabei ist zu ermitteln, welche Eignung ein Naturraum besitzt und wie der Mensch das natürliche Potential nutzt bzw. Widerstände überwindet (z. B. durch Bewässerung). Damit werden die ökologischen Grundlagen in Beziehung gesetzt zu den ökonomischen Motiven und Methoden des Menschen als gestaltender Kraft, d. h. zu den Produktionszielen und den technischen Formen der Bodennutzung. Sie umfassen die weite Spanne zwischen der primitiven Sammelwirtschaft und traditionellen Anbaumethoden bis zu den hochtechnisierten Nutzungsformen der Industrieländer. Diese ökonomischen Faktoren stehen aber auch in enger Wechselwirkung mit der *Sozialstruktur* und der Lebensform der Agrarbevölkerung, die wiederum von den unterschiedlichen agrarpolitischen Systemen beeinflußt werden.

Der Agrarraum wird somit von einem Wirkungsgeflecht ökologischer, ökonomischer und sozialer Faktoren gestaltet, das man unter dem Begriff der *agrarräumlichen Struktur* zusammenfassen kann. Darüber hinaus sind aber auch die *Funktionen* zu untersuchen, die ein Agrarraum für sich und ein engeres oder weiteres Umland erfüllt. Diese Funktionen reichen von der selbstgenügsamen Subsistenzwirtschaft bis zum weltweiten Export von Agrarprodukten.

Aus der Untersuchung des äußeren Bildes, der inneren Struktur und der Funktion im räumlichen und zeitlichen Wechsel ergibt sich als weitere Aufgabe, im Vergleich die geographische Differenzierung zu erkennen, d. h. *Agrarräume* in ihrer Individualität zu bestimmen, voneinander abzugrenzen und klassifizierend in Typen zusammenzufassen. So kann versucht werden, die verwirrende agrargeographische Vielfalt der Erde überschaubar zu machen. Beispiele agrargeographischer Raumtypen sind Weinbau-, Reisbau- oder Viehzuchtgebiete, denen als individuelle Agrarräume der Kaiserstuhl am Oberrhein, eine Flußniederung in Ostasien oder das argentinische Patagonien zugeordnet werden können.

Die Untersuchung der Agrarräume ermöglicht schließlich die Bewertung der heutigen und künftigen Nutzung im Vergleich zu ihrem natur- und kulturräumlichen Potential. In Zusammenarbeit mit den Agrarwissenschaften vermag damit die Agrargeographie in der Grundlagenforschung nützliche Entscheidungshilfen für die Landesplanung und Raumordnung zu liefern. Die Agrarwissenschaft wird dabei mehr die betriebliche Organisation und ökonomische Kalkulation, die Agrargeographie vornehmlich die räumlichen Zusammenhänge berücksichtigen.

Zusammenfassend kann nunmehr das vielseitige Aufgabenfeld des Faches definiert werden:
Die Agrargeographie untersucht die von der Landwirtschaft gestalteten Räume der Erde und ihre Bevölkerung nach der ökologischen, ökonomischen und sozialen Struktur und nach der Funktion. Die Funktion umfaßt nicht nur

die Herstellung landwirtschaftlicher Güter sondern auch deren Verarbeitung und Vermarktung sowie Dienstleistungen im ländlichen Raum wie Umweltschutz, Landschaftspflege und Fremdenverkehr. Die Agrargeographie analysiert die Wechselwirkung dieser Faktoren und ihren raumzeitlichen Wandel. In der Synthese ergeben sich verschiedenartige Agrarräume, die bestimmten Typen zugeordnet und in Modellen dargestellt werden können. Durch die Bewertung der Räume kann die Agrargeographie Beiträge zur Entwicklungsplanung leisten und ist damit nicht nur theoriegeleitet, sondern auch anwendungs- und praxisorientiert.

Diese Zielsetzungen machen die Agrargeographie zu einer Brückenwissenschaft im Grenzbereich zwischen Natur-, Wirtschafts- und Sozialwissenschaften. Die selbständige Rolle der Agrargeographie gründet sich auf die fachübergreifende Verknüpfung im Hinblick auf die räumliche Differenzierung. Dabei ergibt sich eine wechselseitige Ergänzung mit zahlreichen Nachbardisziplinen.

Besonders enge Verbindungen bestehen naturgemäß zu den anderen Bereichen der Kulturgeographie, d. h. zur Bevölkerungs-, Siedlungs- und Sozialgeographie sowie zu den übrigen Teilen der Wirtschaftsgeographie, die sich mit der Industrie, dem Handel und dem Verkehr befassen. Außerhalb der Geographie stehen die Fächer der Landwirtschaftswissenschaften am nächsten, insbesondere die Betriebslehre, die sich mit dem Betrieb als kleinster organisatorischer Einheit des Agrarraumes befaßt. Weiterhin ist die Volkswirtschaftslehre zu nennen, die der Agrargeographie durch ihre Standorttheorien und ihre Erkenntnisse über die Beziehungen zwischen Angebot und Nachfrage, Lohn und Preis wertvolle Grundlagen liefert, sowie zur Wirtschaftsstatistik. Im historischen und sozialen Bereich ergeben sich viele Berührungen mit der Agrargeschichte, -politik und -soziologie. Verflechtungen mit den Naturwissenschaften betreffen in erster Linie Agrarklimatologie, Bodenkunde, Hydrologie und heute zunehmend die ökologische Umweltforschung. Die Probleme der Raumbewertung und -entwicklung führen schließlich zur Zusammenarbeit mit der Raumforschung und Landesplanung, sowie mit mehreren Zweigen der Entwicklungsländerforschung.

Bei diesen vielseitigen Verflechtungen ist eine strenge Abgrenzung weder möglich noch wünschenswert. Jedes dieser Fächer muß seine Schwerpunkte pflegen und sich im übrigen bewußt bleiben, daß die vollständige Erkenntnis von Agrarwirtschaft und Agrarraum nur durch gegenseitige Ergänzung in den Grenzbereichen möglich ist.

1.2 Entwicklung der Agrargeographie

Die heutigen Erkenntnisziele und Methoden, die der Agrargeographie eine selbständige Stellung verleihen, wurden erst im Laufe der letzten Jahrzehnte entwickelt. Doch reichen die Wurzeln des Faches, das sich mit der ältesten wirtschaftlichen Betätigung des Menschen befaßt, weit in die Geschichte zurück.

Historische Landesbeschreibungen, die in der Antike mit der griechischen und römischen Kolonisation im Mittelmeerraum, im Mittelalter z. B. mit den Reisen der Araber oder MARCO POLOS entstanden, enthalten bereits wirtschaftsgeographisch interessante Angaben über die agrarische Nutzung und Eignung fremder Länder. Darüber hinaus wurden frühzeitig Überlegungen zur Entwicklung der Wirtschaftszweige angestellt. So entstand schon um 300 v. Chr. die bis in unser Jahrhundert anerkannte Dreistufentheorie, nach der sich aus Jagd und Sammelwirtschaft zunächst der Nomadismus und erst dann der Feldbau entwickelt haben sollen. Die meisten dieser Schriften brachten jedoch nur zufällige Beobachtungen ohne wissenschaftliche Begründung, Verknüpfung und Systematik.

Das Zeitalter der Entdeckungen vom 15. bis 18. Jh. erweiterte die Möglichkeit agrargeographischer Beobachtungen und Vergleiche über die ganze Erde. Es blieb jedoch zunächst bei vornehmlich beschreibenden Berichten. Erst das 18. Jh. führte mit dem Durchbruch der Aufklärung und des Rationalismus zur Erkenntnis tieferer Zusammenhänge und zur Aufstellung wirtschaftswissenschaftlicher Theorien. Der Merkantilismus sah im Staat einen einheitlichen Wirtschaftsraum, gelenkt durch die zentralistische Wirtschaftspolitik des Absolutismus. Der Staat galt als Unternehmer, der Industrie und Handel fördert, um den Export zu steigern und eine aktive Handelsbilanz zu erzielen. Auch die Landwirtschaft wurde zur Sicherung der Inlandversorgung entwickelt, indem man Neuland erschloß, Kolonisten ansiedelte und die Erträge aufgrund neuer naturwissenschaftlicher Erkenntnisse steigerte. Hier berührten sich die Merkantilisten mit der organischen Denkweise der Physiokraten, die im Boden die natürliche Quelle des Reichtums sahen; in der regional differenzierten Bodenfruchtbarkeit erkannten sie einen agrargeographisch wesentlichen Faktor. Daraus erwuchs die besonders von D. RICARDO (1772-1823) ausgebaute Theorie der *Grundrente*, d. h. des Ertrags, den der Boden bereits ohne Arbeits- und Kapitalaufwand erbringt. Sie differenziert sich nach Qualität und Lage des Bodens, so daß die Inhaber günstigerer Böden eine höhere Rente erhalten *(Differentialrente)*.

Mit RICARDO führt eine Wurzel der Agrargeographie zur Nationalökonomie, deren geistiger Vater ADAM SMITH (1723-1790) ist. Er erkannte, daß neben Kapital und Boden auch die Arbeit ein Produktionsfaktor ist und war mit seiner Forderung nach dem freien Wettbewerb der Kräfte ein Wegbereiter der liberalen Wirtschaftspolitik, die der Eigeninitiative den Vorrang gegenüber staatlichen Eingriffen gibt. Als weitere hervorragende Theoretiker sind für das 19. Jh. T. R. MALTHUS und FRIEDRICH LIST zu nennen. MALTHUS sah bereits das Problem der drohenden Übervölkerung der Erde, das aus dem Ungleichgewicht zwischen Nahrungsmittelproduktion und rascher Volkszunahme erwächst und heute aktueller ist denn je. LIST (1789-1846) hat in seinen Plänen zur Schaffung grenzüberschreitender Wirtschaftsräume und zur Verkehrserschließung ländlicher Gebiete Gedanken geäußert, die ihn zu einem Vorläufer der modernen Wirtschaftsgeographie und -politik machen.

Die entscheidendsten Anregungen kamen jedoch von der Agrarwissenschaft, wobei J. H. v. THÜNEN, als Theoretiker und praktischer Landwirt zugleich, an der Spitze steht. Er hat in seinem Hauptwerk „Der isolierte Staat in Beziehung auf Landwirtschaft und Nationalökonomie" (1826) bis heute gültige Grundlagen der Agrargeographie geschaffen, indem er die räumliche Differenzierung der Produktion und ihrer Intensität nach der Marktentfernung und der Höhe der Transportkosten aufzeigte (s. S. 58). Schon vorher hatte sich A. THAER (1752-1828), Professor der Landwirtschaft in Berlin, um die Verbesserung der Betriebe verdient gemacht, indem er unter Anwendung naturwissenschaftlicher Erkenntnisse u. a. die Einführung des Fruchtwechsels förderte. Die großräumige Gliederung der Erde nach Landbauzonen aufgrund agrarstatistischer Daten wurde seit 1900 vor allem von T. H. ENGELBRECHT bearbeitet; auch er brachte seine Erfahrungen als praktischer Landwirt mit ein.

Schließlich hat die Wirtschaftsgeschichte schon vor dem 1. Weltkrieg bahnbrechende Erkenntnisse zur Agrargeographie beigesteuert, so in den Werken von V. HEHN (1911) über die Ausbreitung von Kulturpflanzen und Haustieren oder von E. HAHN über die Entwicklung der Wirtschaftsformen („Von der Hacke zum Pflug" 1914). Erst durch HAHN wurde die frühere *Dreistufentheorie* widerlegt und nachgewiesen, daß sich der Feldbau direkt aus der Sammelwirtschaft ohne Zwischenstufe des Nomadismus entwickelt hatte.

Neben diesen Leistungen der Nachbarwissenschaften blieben die wirtschaftsgeographischen Arbeiten bis zur Jahrhundertwende meist statistisch-beschreibende Produktenkunden, welche die Verbreitungsmuster der Bodennutzung ohne tiefere Hintergründe aufzeigten. Vor dem 1. Weltkrieg setzte sich dann ein beziehungswissenschaftlicher Ansatz durch, der die agrarräumliche Differenzierung vor allem in Abhängigkeit von den naturräumlichen Grundlagen sah, also noch in naturwissenschaftschaftlichem Determinismus befangen war.

Erst in den letzten 80 Jahren erfolgte der Durchbruch zur kulturgeographischen Sicht, die den Menschen als entscheidenden Faktor für die Gestaltung des Agrarraumes in den Vordergrund stellt und neben den ökologischen und ökonomischen auch den sozialen Kräften gleichen Rang zumißt. Die Landwirtschaft wurde nun nicht mehr nur als naturabhängige und bedarfsorientierte Wirtschaftsform, sondern als eine eigene, für den Großteil der Menschheit bestimmende Lebensform gesehen. Die Agrargeographie knüpfte dabei wohl an ältere Erkenntnisse der Nationalökonomie und der landwirtschaftlichen Betriebslehre an, suchte sie aber zu verbinden und im Vergleich die räumliche Differenzierung der Agrarwirtschaft als eigene Aufgabe zu erkennen. Beispielhaft ist hier die programmatische Arbeit von H. BERNHARD über die „Agrargeographie als wissenschaftliche Disziplin" (1915) zu nennen. Über die Interpretation des äußeren Bildes hinaus strebte das Fach nun auch eine selbständige theoretische Fundierung an. Dazu gehört als Aufgabe, die Struktur eines Agrarraumes als Kombination ökologischer und sozioökonomischer Faktoren wie auch seine Funktion zu erfassen, worauf u. a. E. OTREMBA hingewiesen hat. Schon vor ihm hat L. WAIBEL (1933 a, b) in methodisch grundlegenden Arbeiten zu Problemen der agrargeographischen Nomenklatur und agrarräumlichen Gliederung Stellung genommen; seine *„Wirtschaftsformationen"* sind räumliche Einheiten, die sich in Natur, Wirtschafts-, Lebensform und Produktionsziel voneinander unterscheiden. Raumgliederung und -typisierung sind bis heute ein weites und noch sehr unterschiedlich gepflegtes Arbeitsfeld der Agrargeographen geblieben.

Nach dem 2. Weltkrieg haben neue Methoden, z. T. unter nordamerikanischem und britischem Einfluß, Bedeutung gewonnen. So wird die abstrahierende Modellbildung, die in der Agrarwissenschaft von J. H. v. THÜNEN und für die Zentralen Orte von W. CHRISTALLER (1933) begründet wurde, im Rahmen der Wirtschafts- und Sozialgeographie ausgebaut, wobei u. a. P. HAGGETT und R. J. CHORLEY führend sind. Über agrarwirtschaftliche Theorien als Grundlage der Agrarpolitik finden sich aufschlußreiche Beiträge bei H. H. HERLEMANN (1961) und J. D. HENSHALL (1970). Die Modellbildung ist verknüpft mit der Anwendung ökonometrischer, mathematisch-statistischer Methoden, wobei die Fülle der Daten nur mit elektronischer Verarbeitung und Computerprogrammen zur Faktorenanalyse bewältigt werden kann. Neben der generalisierenden Modellbildung, mit der komplexe Zusammenhänge und Prozesse überschaubar gemacht werden können, wird weiterhin die empirische Erfassung von Agrarräumen, namentlich in den Entwicklungsländern, durch Feldforschung gepflegt. Unmittelbare Geländearbeit bleibt angesichts des raschen Strukturwandels auch in den Industrieländern weiterhin unentbehrlich.

Zu den neueren Richtungen in der Agrargeographie zählen ferner die Innovationsforschung (s. S. 67) nach T. HÄGERSTRAND (1952), C. BORCHERDT (1961) u. a. sowie die vorwiegend angelsächsische Verhaltens- und Wahrnehmungskonzeption (behaviour, perception), die den psychologischen, subjektiven Aspekt betont und die Landnutzung nicht nur unter der Zielsetzung des maximalen Gewinns sieht (s. S. 65).

Seit 1970 verstärkt sich die sozialgeographische und funktionale Denkweise. Die Agrarwirtschaft wird nicht nur als Produktions- sondern auch als Dienstleistungszweig angesehen, so für die Landschaftspflege und die Erholungsnutzung. Die Agrargeographie dient ferner zunehmend der Raumplanung und Förderung der Entwicklungsländer und ist damit mehr als früher anwendungs- und praxisorientiert.

In der Agrargeographie des Auslandes sind für die USA und Großbritannien neben den modernen Richtungen die klassifizierenden Methoden („Types of farming“) oder die Landnutzungskartierung („Land Utilization Survey“) zu nennen. In Frankreich wird der Untersuchung der Agrarwirtschaft als Lebensform („genres de vie rurale“) besondere Aufmerksamkeit geschenkt. Sozialgeographische Aspekte haben neben den Fragen der Neulandgewinnung in den Niederlanden eingehende Berücksichtigung gefunden. In der Sowjetunion stand die theoretische Konzeption hinter der Grundlagenforschung für die Leistungssteigerung und bessere Koordination der Wirtschaftsräume zurück. Dies trifft auch für viele Entwicklungsländer zu bei ihrem Bestreben, von der bisherigen Abhängigkeit zu einer stärker autozentrierten Wirtschaft zu gelangen.

Diese vielfältigen Entwicklungen und Methoden der Agrargeographie können im folgenden nur insoweit berücksichtigt werden, als sie für eine Einführung von Bedeutung sind.

1.3 Arbeitsmethoden und Hilfsmittel

Die Aufgaben und Forschungsziele der Agrargeographie bestimmen ihre Arbeitsmethoden. Sie können hier nur in den Grundzügen vorgestellt werden. Ihre Anwendung unterliegt keinem starren Schema, sondern hängt vielmehr von dem jeweiligen Untersuchungsgegenstand und der Problemstellung ab. Dabei ist von vornherein auf eine klare Begriffsanwendung zu achten.

Die eigene aspektgeleitete *Beobachtung im Gelände* ist unentbehrlich zur aktuellen Bestandsaufnahme agrargeographischer Sachverhalte. Die Forschung darf sich zwar nicht auf die Anschauung beschränken, doch kann diese durch sekundäre Quellen und deduktive Ableitungen nie voll ersetzt werden. Übergeordnete Probleme, wie das der Typisierung, sind nur aufgrund der unmittelbaren Kenntnis der Agrarräume zu lösen. Die Beobachtung muß gezielt erfolgen, d. h. sie soll die den Raum prägenden, dominanten Erscheinungen und, soweit möglich, ihre Ursachen zu erkennen versuchen. Um ein möglichst flächendeckendes Beobachtungsnetz zu erzielen, ist gerade in der Agrargeographie, ähnlich wie bei der Geomorphologie, eine kleinräumige Begehung auch abseits der modernen Verkehrswege unerläßlich.

Soweit großmaßstäbige Karten (z. B. Flurkarten 1:5000) zur Verfügung stehen, können Anbaugefüge oder Sozialstruktur und funktionale Gliederung der ländlichen Siedlungen genau festgehalten werden. Die Kartierung zwingt zu möglichst lückenloser Erfassung und macht bereits Zusammenhänge deutlich.

Die Geländearbeit muß durch die *Befragung* ergänzt werden, da viele Fakten weder durch Beobachtung noch durch Sekundärquellen zu ermitteln sind. Sorgfältig vorbereitete Fragen an die Bevölkerung, an Behörden, Betriebsleiter und Fachleute können sich z. B. auf das Produktionsziel, die wechselnden Anbauverhältnisse oder auf die Sozialstruktur beziehen. Dabei sind Vorkenntnisse über die Mentalität der Bevölkerung und Einfühlungsvermögen notwendig. Durch Versand von standardisierten Fragebögen in systematischer Auswahl können persönliche Interviews breitenwirksam ergänzt werden.

Neben den topographischen unterstützen *thematische Karten* und *Bildmaterial* die Geländearbeit. Für die Agrargeographie wichtige Grundlagen bieten z. B. Karten über Klima- und Bodenverhältnisse (Darstellung der Bodentypen und -werte), über Bevölkerungsverteilung oder Verkehrsstruktur. Hervorragende Möglichkeiten zur agrargeographischen Interpretation bietet ferner die Photographie, wobei seit dem 2. Weltkrieg neben terrestrische Bilder zunehmend Luftbildaufnahmen der Fernerkundung *(Remote sensing)* getreten sind; *Satellitenbilder* können heute bereits die Nutzungsstruktur von großen Ausschnitten der Erdoberfläche wiedergeben (DIERCKE Weltraumbild-Atlas). Eindrucksvoll lassen sich durch Photographie z. B. die Einzelheiten der Flurformen und des Anbaugefüges in seinem jahreszeitlichen Wechsel erfassen. Als besonders nützlich haben sich dabei Infrarotaufnahmen erwiesen, welche die Nutzungsarten nach dem Chlorophyllgehalt der Pflanzen schärfer differenzieren. Durch Infrarot-(Falschfarben-) bzw. Multispektralaufnahmen kommt z. B. die Intensität der Nutzung in Bewässerungsgebieten hervorragend zum Ausdruck. Im internationalen Rahmen stehen heute modernste technische Einrichtungen wie ERTS (Earth Resources Technological Satellite) und *Landsat* im Dienste der Agrar- und Forstwirtschaft.

Selbstverständlich gehört auch die Durchsicht der einschlägigen Literatur zur Vorbereitung agrargeographischer Arbeiten. Dabei sollte nicht nur das landeskundliche Schrifttum des Untersuchungsraumes berücksichtigt werden; gleichermaßen wichtig ist Literatur, die methodische Anregungen vermittelt und Vergleiche mit anderen Gebieten ermöglicht. Um die Entwicklung der Anbau- und Sozialstrukturen feststellen zu können, sind *Archivalien* auszuwerten; zweckdienliche Angaben finden sich z. B. auf alten Flurkarten, die bis in das 17. Jh., und in Grundbüchern bzw. Urbaren, die bis in das 14. Jh. zurückführen.

Die wichtigste Quelle für die quantitative Erfassung agrargeographischer Fakten und unentbehrliche Grundlage aller Typisierungen ist die *Statistik*. Agrarstatistische Daten werden heute in fast allen Staaten und von internationalen Organisationen, wie der EU und FAO (= *Food and Agricultural Organization* der UNO) erhoben; ihre Verwendbarkeit ist jedoch sorgfältig zu überprüfen. Statistische Erhebungen werden fast immer nach Verwaltungseinheiten (Gemeinden oder größere Bezirke) durchgeführt, die sich nur selten mit wirtschafts- oder naturräumlichen Einheiten decken. Um diese genau zu ermitteln, sollte man die Daten für Einzelbetriebe als kleinste organisatorische Einheit des Agrarraumes heranziehen. Die Summenwerte großräumiger Statistiken, z. B. für Anbauflächen, können sich aus einer sehr unterschiedlichen Verteilung innerhalb des Erhebungsgebietes ergeben. Deshalb kommt dem selbständig erhobenen und interpretierten Datenmaterial in der agrargeographischen Forschung besondere Bedeutung zu. Schwierig ist zudem die Erfassung des jahreszeitlich wechselnden oder auf einer Parzelle gemischten Anbaus (z. B. Baumwiesen oder -äcker). Vorsicht ist auch bei statistischen Durchschnittswerten geboten, die oft den wahren Sachverhalt verschleiern; so sind z. B. mittlere Betriebsgrößen mißverständlich, wenn sie sich als Durchschnitt für ein Gebiet ergeben, das nur Groß- und Kleinbetriebe aufweist. Summen- und Durchschnittswerte müssen deshalb nach dem Anteil der einzelnen Faktoren (z. B. Betriebsgrößenklassen, Verteilung der Anbauprodukte) aufgeschlüsselt werden, wobei die relativen (Prozent-) Werte meist mehr aussagen als die absoluten Zahlen.

Wenn die amtliche Statistik bereits eine Klassifizierung und Gruppenbildung durchgeführt hat, ist zu überprüfen, wieweit die Schwellenwerte zwischen den Gruppen repräsentativ für das jeweilige Gebiet sind. Klassifizierungen können nicht ohne weiteres übertragen werden; so sind z. B. für die Abgrenzung von Großbetrieben in Nordamerika andere Werte anzusetzen als in Südwestdeutschland. Die für die Agrargeographie besonders wichtigen Daten zur Nutzungsintensität (Flächenerträge nach Wert und Menge, Arbeitskraft- und Kapitaleinsatz) lassen sich häufig nur durch eigene Erkundungen ermitteln. Zu diesen Schwierigkeiten kommt, daß Statistiken rasch veralten und die Unterschiede von Erhebungszeit und -methode den Vergleich zwischen den Ländern erschweren. Außerdem ist die sehr unterschiedliche Zuverlässigkeit zu beachten; viele Entwicklungsländer müssen sich notgedrungen auf Stichproben und grobe Schätzungen mit Hochrechnungen beschränken.

Diese Probleme sind bei aller Anerkennung des Wertes und der Leistung statistischer Erhebung auch bei der elektronischen *Datenverarbeitung* zu berücksichtigen. So kann der Computer aus schlechtem Datenmaterial niemals gute Ergebnisse liefern, andererseits aus zuverlässigen Zahlen bei durchdachter Programmierung grundlegende Erkenntnisse nicht nur bestätigen, sondern auch gewinnen. Über die Anwendung mathematisch-statistischer Methoden unterrichten entsprechende Einführungen (z. B. G. BAHRENBERG und E. GIESE 1975, J. GÜSSEFELDT 1988), aber auch agrargeographische, namentlich angelsächsische Werke (z. B. J. R. TARRANT 1974 , W. B. MORGAN and R. J. MUNTON 1978). Der unbezweifelbare Wert der heute auch in der Agrargeographie weit verbreiteten Faktorenanalyse liegt darin, daß sie bei einer großen Datenfülle den Grad der Abhängigkeit zwischen zahlreichen Variablen (z. B. Betriebsformen und Produktionsergebnissen in räumlicher und zeitlicher Differenzierung) ermittelt und bei sinnvoller Programmierung und Interpretation Zusammenhänge deutlich macht, die mit konventionellen Methoden kaum zu erkennen sind. Für die Typisierung und Klassifizierung sind mathematisch-statistische Methoden unentbehrlich bei der Suche nach Gruppen, die nach Zahl, Umfang und Korrelation ihrer Merkmale möglichst optimal sein sollen (Distanzgruppierung).

Bei einer sehr großen Zahl von Daten, die nicht vollständig oder nur sehr kostspielig zu ermitteln sind, bleiben auch die modernen Berechnungen auf Stichproben (samples) angewiesen. Sie beruhen entweder auf zufälliger Auswahl (random sampling) mit entsprechender Chancengleichheit, oder auf gezielter Auswahl, die sich an bestimmten Schichten, Gruppen oder Hierarchien orientiert. Die Stichprobenmethode enthält immer die Gefahr mangelnder Repräsentation bzw. subjektiver, voreingenommener Wahl.

So sind letzten Endes Problembewußtsein, Sachverstand, Objektivität und Kritikfähigkeit des Bearbeiters ausschlaggebend für den Erfolg aller Arbeitsmethoden.

2 Kulturgeographische Grundlagen

2.1 Bevölkerungsentwicklung und -struktur

Die Bevölkerung und ihre sozioökonomische Entwicklung sind – in Verbindung mit den ökologischen Möglichkeiten der verschiedenen Teilräume – die entscheidenden Faktoren für die wirtschaftsräumliche Gestaltung der Erde. Die Zunahme der Erdbevölkerung und Wanderungen haben den Gang der agrarischen Erschließung bestimmt; sie gehören heute angesichts der beschränkten Tragfähigkeit der Erde zu den dringlichsten Problemen der Planung (vgl. auch J. BÄHR 1992).

Die Gesamtzahl der Erdbewohner betrug vor 2000 Jahren nur 0,2 Mrd.; sie stieg dann zunächst langsam an, erreichte in der Mitte des 17. Jh. erst 0,6 Mrd. und um 1820 1 Mrd. Die Folgezeit brachte den sprunghaften Anstieg auf derzeit etwa 5,7 Mrd. (Tab. 1). Für das Jahr 2025 wird eine Gesamtbevölkerung von 8,5 Mrd. (nach Weltbevölkerungsbericht 1991) erwartet.

Dabei müssen gerade hinsichtlich der agrarwirtschaftlichen Produktion und Versorgung die großen regionalen Unterschiede auf der Erde beachtet werden. Die Zunahme ist am stärksten in den Entwicklungsländern, in denen heute fast drei Viertel der Menschheit leben (Tab. 1).

Tab. 1: Verteilung und Wachstum der Erdbevölkerung (nach Fischer Weltalmanach 1996)

	Einwohner in Millionen				Anteil in %
	1800	1900	1960	1995	1995
Europa	} 187	296	425	504	8,8
ehemal. UdSSR		134	214	293	5,1
Angloamerika	} 24	82	199	} 774	} 13,5
Lateinamerika		74	212		
Afrika	90	133	276	728	12,7
Asien	602	925	1668	3389	59,3
Australien/Ozeanien	2	6	16	28	0,5
Erde	906	1650	3010	5716	100

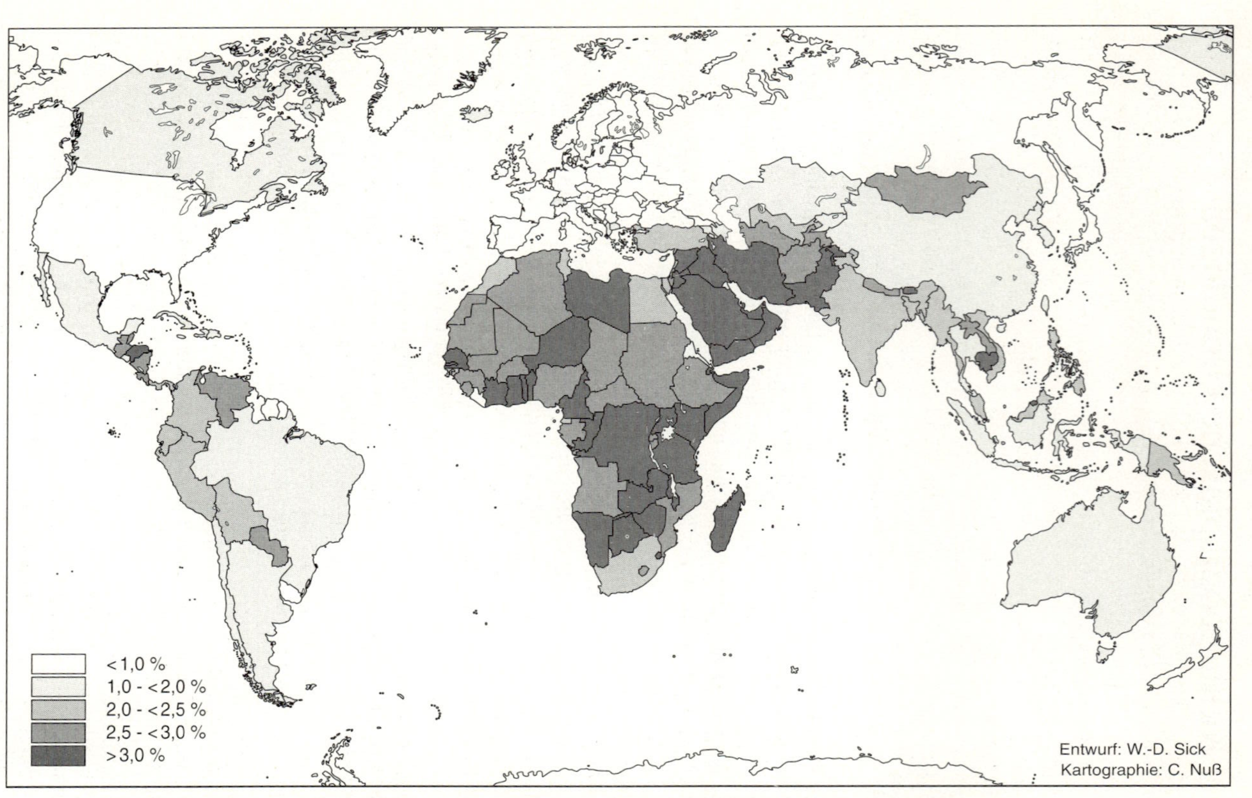

Abb. 1: Jährliches Bevölkerungswachstum der Staaten 1985 - 1993 (nach Fischer Weltalmanach 1996)

Noch deutlicher werden die Kontraste bei der Betrachtung der einzelnen Staaten (Abb. 1), wobei die Entwicklungsländer im allgemeinen eine mehrfach höhere Zuwachsrate (1985-1993 z. B. Jordanien 5,9 %, Dschibuti 4,9 %) aufweisen als die Industrienationen (z. B. Deutschland, Frankreich 0,6 %, Belgien 0,3 %). Dahinter liegt die bekannte Ursache, daß mit der verbesserten Gesundheitsfürsorge die Sterberaten in den Entwicklungsländern gesunken sind, die Geburtenraten aber sehr hoch bleiben, während in den Industrieländern die Geburtenraten sinken und die Sterberaten mit zunehmender Überalterung eher wieder steigen. Der Anteil der Jugendlichen unter 15 Jahren liegt in den Entwicklungsländern meist über 40 %, in den Industrienationen aber unter 30 %.

Infolge der hohen Zuwachsraten kommen auf die Entwicklungsländer schwere Belastungen zu, da schätzungsweise jedes Prozent Bevölkerungszunahme etwa 3 % des Nationaleinkommens für Neuinvestitionen erfordert und die Agrarproduktion nicht Schritt halten kann. Maßnahmen zur Geburtenbeschränkung waren bisher wenig wirkungsvoll und werden in vielen Ländern der Dritten Welt aus religiösen oder politischen Gründen ganz abgelehnt.

Kontrastreich wie die Bevölkerungsentwicklung ist die heutige *Bevölkerungsverteilung* über die Erde (DIERCKE Weltatlas 1996, S. 234/235). Der globale Mittelwert von 39 Einw./km² verdeckt die Spanne, die von den Ländern höchster Dichte mit über 300 Einw./km² (Bangladesch, Taiwan, Südkorea, Niederlande, Belgien und kleine Inselstaaten wie Singapur, Malta oder Mauritius) bis zu sehr dünn bevölkerten Staaten mit unter 5 Einw./km² (Mongolei, Mauretanien, Libyen, Australien) reicht. Aussagereicher als die Gliederung nach Ländern, die in sich sehr unterschiedlich dicht bevölkert sein können, ist die regionale Verteilung. Hierbei fallen deutlich die Dichtezentren der Menschheit (mit über 200 Einw./ km²) ins Auge, nämlich Westeuropa zwischen Südostengland und Norditalien, Südasien mit Konzentration in der Gangesniederung, die Tiefländer Ostchinas, Japan, Java und die Ostküste von Nordamerika. Kleinere Konzentrationsgebiete liegen in Südamerika (nördliche Andenhochländer, Südostküte) und in Afrika (Nigeria, Nildelta, Gebiete westlich des Viktoriasees, Südostküste). Dem stehen die kaum oder nicht bewohnten subpolaren, ariden und gebirgigen Regionen gegenüber.

Hinter dieser Verteilung müssen sowohl die naturräumlichen wie die kulturellen Ursachen gesehen werden. So haben z. B. die fruchtbaren Niederungen im niederschlagsreichen Süden und Osten Asiens oder die Lößgebiete Mitteleuropas die Bevölkerungsverdichtung begünstigt. Die Dichtezentren beruhen aber auch auf der frühen Entwicklung von Hochkulturen in Süd- und Ostasien, auf der Verstädterung und Industrialisierung in Mitteleuropa und Nordamerika und auf der kolonialzeitlichen Erschließung an den Küsten der Südkontinente. Mit den unterschiedlichen Zuwachsraten bahnen sich erhebliche Verschiebungen an; Anzahl und Bevölkerung der Dichtezentren werden in den Entwicklungsländern erheblich stärker wachsen als in den Industrieländern.

Alle Daten über Dichte und Zuwachs der Bevölkerung müssen sowohl zur lokalen Tragfähigkeit wie zu den weltwirtschaftlichen Verflechtungen in Beziehung gesetzt werden. So bedeuten hohe Dichtewerte in den Industrieländern auch bei ökologisch bedingter ungenügender Agrarproduktion keine Übervölkerung, wenn fehlende Agrarprodukte aufgrund hoher Industrieexporte eingeführt werden können. Auf der anderen Seite ist in Entwicklungsländern, die noch stark auf Selbstversorgung angewiesen sind, die Grenze der Tragfähigkeit auch bei niedrigen Dichtewerten schon erreicht, wenn z. B. Niederschlagsarmut oder rasche Bodenerschöpfung die Agrarproduktion beschränken.

Dies ist auch bei anderen agrargeographisch wichtigen Bevölkerungsdaten zu beachten. Dazu gehört die *physiologische Bevölkerungsdichte*, bei der die Einwohnerzahl in Bezug zur landwirtschaftlichen Nutzfläche gesetzt wird und sich der Wert für die Erde gegenüber der arithmetischen Dichte (d. h. bezogen auf die Gesamtfläche) um das Dreifache auf etwa 100/km^2 LN erhöht. Abgesehen von der Schwierigkeit, die Nutzfläche zu definieren und zu begrenzen, besitzen physiologische Dichtewerte je nach Intensität der Bodennutzung höchst unterschiedliches Gewicht. Dies wird deutlich, wenn man z. B. die intensiv genutzte Fläche der Niederlande mit den extensiven Weidegebieten der Südhalbkugel vergleicht.

Erhebliche Veränderungen in der Bevölkerungsverteilung und damit in Produktion und Bedarf ergeben sich durch *Wanderungen*. Beispiele in der Vergangenheit sind die Völkerwanderungen und die europäische Auswanderung nach Übersee, in der Gegenwart die Flüchtlings- und Gastarbeiterbewegungen. Weltweit vollzieht sich heute die *Verstädterung* mit der Abwanderung der Landbevölkerung in die größeren Zentren bzw. in deren Randgebiete (Suburbanisierung). Der Anteil der *Stadtbevölkerung* 1995 (s. Tab. 2) liegt in den Industrieländern am höchsten, doch nimmt er auch in den Entwicklungsländern in letzter Zeit rasch zu. Extreme Beispiele sind (nach UNO Statistical Yearbook) auf der einen Seite Stadtstaaten wie Singapur (100 % Stadtbevölkerung) und Hongkong (95 %) oder Belgien (97 %) und Israel (91 %), auf der anderen Seite Ruanda (6 %) oder Bhutan (6 %). Danach umfaßt die ländliche Bevölkerung der Erde noch etwa zwei Drittel, in manchen Entwicklungsländern über drei Viertel, in den industrialisierten Kontinenten aber nur noch ein Viertel der Gesamtbevölkerung oder weniger. Die Zunahme der nichtautarken Stadtbevölkerung bringt einen wachsenden Bedarf an Agrarprodukten mit sich, der aus dem Inland oder durch Importe gedeckt werden muß.

Tab. 2: Anteil der Stadtbevölkerung (nach J. Bähr 1992 u. a)

Kontinent	Stadtbevölkerung in Mio.		% der Gesamtbevölkerung		Zuwachs 1980-95 in %
	1980	1995	1980	1995	
Europa (ohne SU)	349	371	72	74	6
ehemalige Sowjetunion	166	193	62	66	16
Nordamerika	182	207	74	74	14
Australien/Ozeanien	17	19	72	72	12
Asien	588	978	23	31	66
Lateinamerika	232	316	63	70	36
Afrika	131	196	28	29	50
Welt	1665	2280	38	42	27

Innerhalb der ländlichen Bevölkerung ist zwischen den in der Landwirtschaft Beschäftigten und den in anderen Wirtschaftszweigen Berufstätigen zu unterscheiden. Schätzungsweise umfassen die landwirtschaftlichen Erwerbspersonen mit ihren Angehörigen heute mit etwa 2 Mrd. noch gut ein Drittel der Erdbevölkerung. In den Entwicklungsländern überschreitet der landwirtschaftliche Anteil an der gesamten Erwerbsbevölkerung fast immer 60 % mit Spitzenwerten z. B. in Ruanda (1993 91 %) und Nepal (91 %). Dagegen sinkt der Prozentsatz in fast allen Industrieländern auf unter 20 %, in Nordamerika, Australien und den EU-Ländern sogar auf unter 10 % (Abb.2). Diese Zahlen sagen jedoch wenig über die Höhe der Agrarproduktion aus, da bei hohem Kapitaleinsatz durch Rationalisierung und Mechanisierung viel höhere Flächenerträge erzielt werden können als bei einer zahlreichen, noch mit traditionellen und zeitaufwendigen Methoden wirtschaftenden Agrarbevölkerung.

Das Verhältnis zwischen Bevölkerungsverteilung und Nahrungsversorgung zeigt sich in dem sehr unterschiedlichen *Nahrungsangebot* (Abb.3). Der durchschnittliche Kalorienbedarf pro Tag und Einwohner wird auf 2700 veranschlagt. Der tatsächliche Verbrauch schwankt aber (nach Statistical Yearbook der UNO 1990) zwischen den USA (3680) und manchen europäischen Ländern (Irland 3987, Benelux 3922) einerseits und Werten unter 1800 in vielen Entwicklungsländern (Afghanistan 1700, Äthiopien 1694, Tschad 1641) andererseits. Etwa 800 Millionen Menschen sind chronisch unterernährt. Sie leben im „Hungergürtel der Erde“, der Afrika, Südasien und Teile Lateinamerikas umfasst.

In diesen Gebieten ist die Ernährung nicht nur unzureichend, sondern auch einseitig. Es fehlt insbesondere an tierischem Eiweiß und an Fett. So besteht in der Proteinzufuhr pro Tag und Einwohner ein großer Kontrast zwischen den Industrieländern (z. B. USA 111 g, Frankreich 113 g, Irland 120 g) und Entwicklungsländern wie Mosambik (30 g), Komoren (38 g) oder Zentralafrikanische Republik (47 g) nach Angaben der UNO für 1990. Dazu kommt der häufige Mangel an Vitaminen. So treten in diesen Ländern neben der

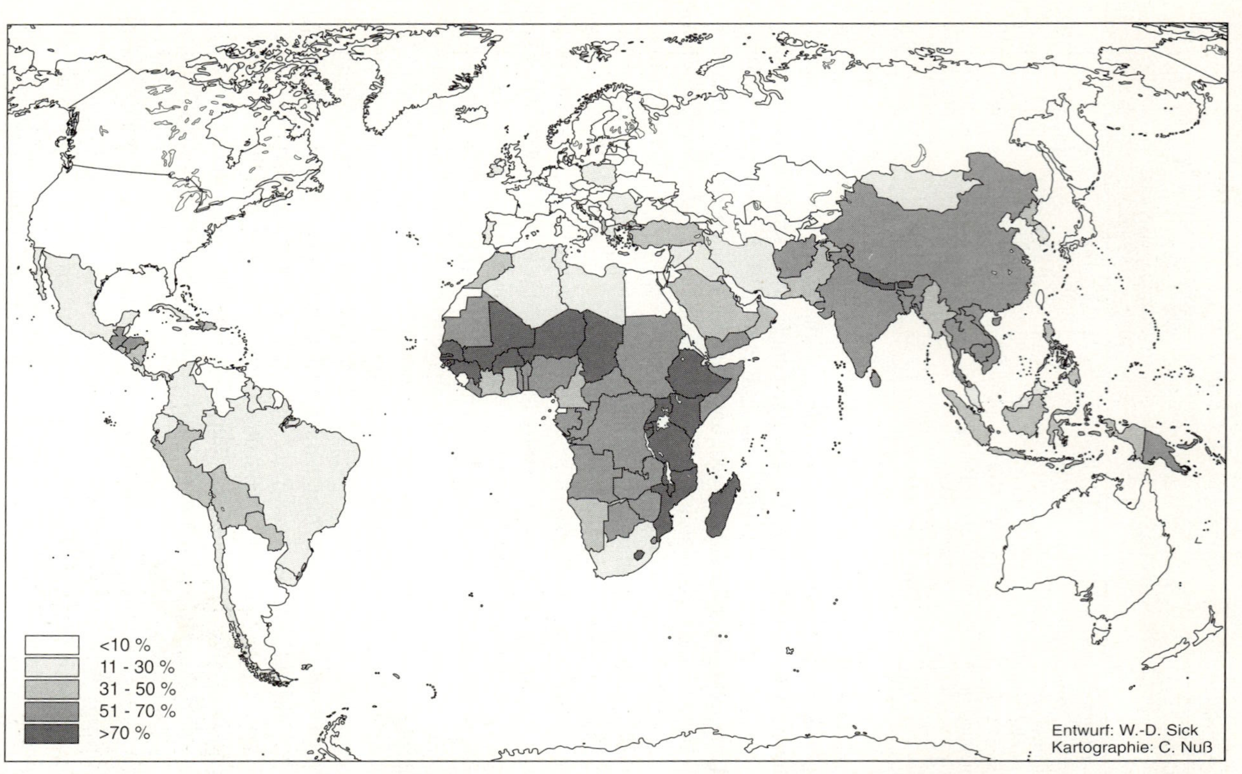

Abb. 2: Anteile der in der Landwirtschaft aktiven Bevölkerung an der Gesamtzahl der wirtschaftlich aktiven Bevölkerung 1993 (in %) (nach FAO Production Yearbook, Vol. 48, 1994)

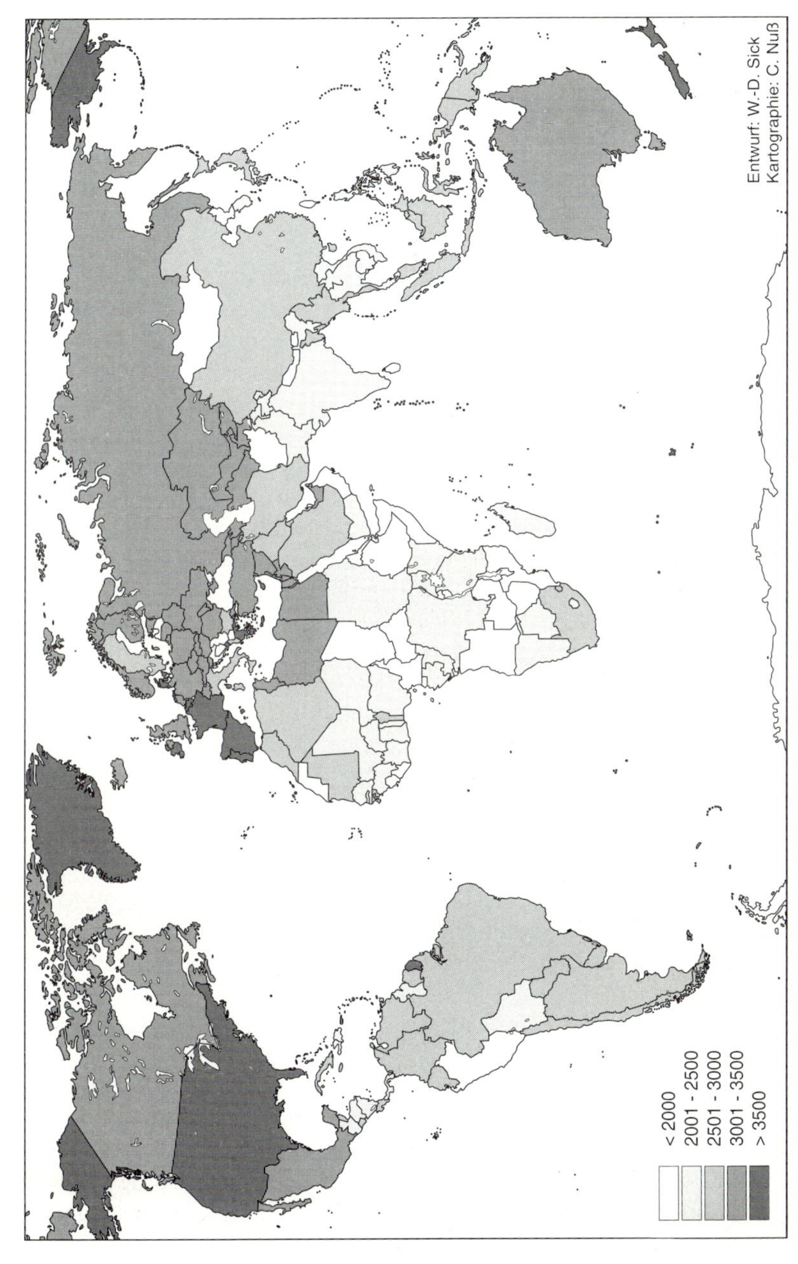

Abb. 3: Tägliches Nahrungsangebot pro Person in Kilokalorien 1992 (nach FAO Production Yearbook Vol. 48, 1994)

Unterernährung Mangelkrankheiten auf wie Beriberi wegen fehlender Vitamine oder die afrikanische Kwashiorkor[1]-Krankheit wegen ungenügender Eiweißzufuhr. Auf der anderen Seite haben die Länder Westeuropas und Nordamerikas eine sowohl nach Menge wie nach Zusammensetzung überreichliche und deshalb ungesunde Ernährung. Daraus ist ersichtlich, daß die ausreichende Versorgung der ganzen Erdbevölkerung nicht nur ein Problem der Produktionssteigerung, sondern auch der besseren Verteilung ist.

Für die Zukunft ergibt sich angesichts der wachsenden Bevölkerung und ihres Nahrungsbedarfs die entscheidende Frage nach den Grenzen der irdischen *Tragfähigkeit*. Dazu haben namhafte Autoren Stellung genommen. Schon 1798 äußerte T. R. MALTHUS, daß die Bevölkerung in geometrischer, die Nahrungsmittelproduktion hingegen nur in arithmetischer Progression zunähme und forderte Geburtenbeschränkung, allerdings nur für die unteren Schichten. Nach MALTHUS (1798) wurde die Notlage des Proletariats durch Übervölkerung und nicht durch Ausbeutung verursacht. Berechnungen über die Tragfähigkeit konnten erst in jüngerer Zeit erfolgen. So versuchte A. PENCK 1925 eine Bonitierung der Erde aufgrund der Eignung der Klimazonen und kam dabei auf eine „höchstdenkbare“ Einwohnerzahl von 15,9 Mrd., die er dann allerdings auf die „wahrscheinlich größtmögliche Zahl“ von 7,7 Mrd. reduzierte. Er überschätzte dabei jedenfalls die Tragfähigkeit der von rascher Bodenerschöpfung bedrohten feuchten Tropen (s. S. 47). W. HOLLSTEIN legte 1937 eine genauere Berechnung vor, die auf der Körnerproduktion der Klimagebiete und dem Kalorienbedarf beruhte, aber auch die mögliche Produktionsintensivierung einbezog. Danach ist eine ausreichende Ernährung für maximal 13,3 Mrd. Erdbewohner möglich. Wesentlich höher, nämlich bei 30-38 Mrd., liegen die Schätzungen von F. BAADE (1960), der die Rodung großer Waldflächen und weltweite Rationalisierungsmaßnahmen mit Mechanisierung und Kunstdüngung einkalkulierte. Dagegen sind jedoch sowohl vom Natur – wie vom Energiehaushalt her gesehen Bedenken zu erheben. W. MÜLLER-WILLE (1978) berechnete die Dichte und Tragfähigkeit der einzelnen Erdräume im Verhältnis zu ihrer bioklimatischen Ausstattung und ermittelte daraus über- und unterbesetzte Gebiete. Nach H. O. SPIELMANN (1989) trägt stationäre Weidewirtschaft eine landwirtschaftliche Bevölkerung von 0,5 je km², *Shifting cultivation* jedoch von 30 und Naßreisbau sogar von 750.

Die Berechnung der Tragfähigkeit der Erde hat bis heute keine befriedigende Lösung gefunden, weil dabei eine sehr große Zahl von Faktoren zu berücksichtigen ist (C. BORCHERDT und H. P. MAHNKE 1973). Zunächst muß die natürliche Produktionskraft in ihrer regionalen Differenzierung ermittelt und ein vergleichbarer Indikator gefunden werden, der sich auf die Mengenerträge oder auf den Nährwert der Produktion stützt. Dabei ist aber auch die

[1] Kwashiorkor, eine Krankheit, die durch Eiweißmangel mit Hautschäden verbunden ist und zur Leberschrumpfung führt.

Intensität der heutigen und der künftig zu erwartenden Agrarproduktion mit ihren großen Unterschieden zwischen Industrie- und Entwicklungsländern zu berücksichtigen. Weiterhin darf die Tragfähigkeit eines Raumes nicht nur aufgrund seiner Agrarproduktion berechnet werden, sie muß die gesamte Wirtschaftsstruktur und die Kapitalkraft einbeziehen. Dies ist deshalb notwendig, weil die „innenbedingte", nur auf der Produktion des eigenen Raumes beruhende Tragfähigkeit durch die „außenbedingte", d. h. mit Einfuhr von Nahrungsmitteln, erweitert werden kann. Sehr unterschiedlich sind schließlich die Ernährungsbedürfnisse der Bewohner verschiedener Räume je nach Lebensstandard und Nahrungsgewohnheiten. Dabei ist wiederum zu entscheiden, ob die Tragfähigkeit nur nach dem Existenzminimum oder nach einem anzustrebenden, „angemessenen" Lebensstandard berechnet wird.

Für die agrare Tragfähigkeit wird von BORCHERDT/MAHNKE (1973, S. 23) zusammenfassend folgende Definition vorgeschlagen: *„Die agrare Tragfähigkeit eines Raumes gibt diejenige Menschenmenge an, die von diesem Raum unter Berücksichtigung eines dort in naher Zukunft erreichbaren Kultur- und Zivilisationsstandes auf überwiegend agrarischer Grundlage auf die Dauer unterhalten werden kann, ohne daß der Naturhaushalt nachteilig beeinflußt wird"*.

Der am Schluß dieser Definition genannte Gesichtspunkt ist bei allen bisherigen Berechnungen, die theoretisch noch erhebliche Landreserven für die wachsende Erdbevölkerung nachweisen, besonders zu beachten. Die Vergrößerung des Nahrungsspielraumes der Menschheit durch Expansion und Intensivierung der Nutzung findet ihre Grenzen dort, wo Natur- und Energiehaushalt gestört und überfordert werden (S. 131, 184 f).

2.2 Die sozioökonomische Entwicklung

Die Agrarwirtschaft ist die älteste Wurzel der Kulturentwicklung; das lateinische Wort „cultura" hatte zunächst die Bedeutung von Anbau und Bodenpflege. Die Geschichte der Landwirtschaft ist eng verflochten mit der allgemeinen Wirtschafts- und Sozialgeschichte, deren Kenntnis zum Verständnis der heutigen agrargeographischen Strukturen und Funktionen notwendig ist.

Es wurde versucht, die zeitlich und räumlich sehr komplexe Wirtschafts- und Gesellschaftsentwicklung der Menschheit in Theorien zu fassen, wobei sich Stufen ergaben, die einander folgten, aber auch noch nebeneinander bestehen. Aus der großen Zahl der Theorien können hier nur wenige genannt werden. So gelangte E. FRIEDRICH (1926) zu *Wirtschaftsstufen*, die von der zunehmenden Beherrschung der Natur durch den Menschen ausgehen:

Die *reflexive Wirtschaft* ist die niedrigste Stufe, auf welcher wirtschaftliche Tätigkeit nur als Reflex auf die Grundbedürfnisse des Menschen ausgeübt wird. Er hängt völlig vom Angebot der Natur ab, die er noch nicht umgestalten kann. Diese älteste Stufe ist heute höchstens noch bei kleinen Restgruppen in tropischen Regenwäldern vertreten.

Auch bei der *instinktiven Wirtschaft* bleibt der Naturzwang noch ausschlaggebend, doch findet bereits eine bessere Anpassung aufgrund gesammelter Erfahrungen statt. Primitiver Pflanzenbau und vielleicht schon Tierhaltung lösen die Sammelwirtschaft ab, einfache Werkzeuge werden verwendet, und die Natur wird, z. B. durch Brandrodung, stellenweise verändert. Auch diese Stufe ist nur noch in wenig erschlossenen Gebieten zu finden.

Die *traditionelle Wirtschaftsstufe* bringt mit planmäßiger Anwendung langer Erfahrungen entscheidende Fortschritte. Durch intensive Bodenbearbeitung, z. T. mit Bewässerung, wird die Natur großflächig umgestaltet. Mit der Ausbildung von Bergbau, Handwerk, Handel und Verkehr ist eine ausgeprägte Arbeitsteilung verbunden. Neue soziale Organisationsformen entstehen mit der Gründung von Städten und Staaten. Diese Stufe wurde schon vor mehreren tausend Jahren bei den alten Hochkulturen des Orients, Indiens, Chinas und Amerikas erreicht. Heute ist sie in weiten Teilen der Subtropen, der Trockengebiete, der tropischen Savannen und Gebirge verbreitet und umfaßt damit die meisten Entwicklungsländer.

Die *wissenschaftlich-technische Wirtschaft* als höchste Stufe ermöglicht durch wissenschaftliche Erkenntnisse und technische Fortschritte nicht nur die zielbewußte, rationelle Nutzung, sondern auch die weitgehende Beherrschung der Natur. Diese wird durch vielseitigen, intensiven Anbau, durch die Entwicklung von Städteballungen und Industriegebieten tiefgreifend verändert und z. T. geschädigt. Diese Stufe ist überwiegend in der gemäßigten Klimazone vertreten. Sie wurde zunächst in Europa erreicht und dann in Nordamerika, Japan und in den europäisch besiedelten Teilen der Südkontinente verbreitet. Heute findet sie zunehmend auch in den Entwicklungsländern Eingang.

H. Bobek verfaßte 1959 einen grundlegenden Aufsatz über die „Hauptstufen der Gesellschafts- und Wirtschaftsentfaltung in geographischer Sicht". Er unterscheidet sechs Stufen:

Die primitive *Wildbeuterstufe* umfaßte den größten Teil (98-99 %) der Menschheitsgeschichte; heute ist sie auf winzige Rückzugsgebiete beschränkt. Sammeln und Kleintierjagd ohne Anbau oder Viehhaltung, geringe Volksdichte und starke Naturabhängigkeit sind die Kennzeichen.

Auf der Stufe der *spezialisierten Sammler, Jäger und Fischer* setzen im Jungpaläolithikum und Mesolithikum neben der nun auch auf größere Tiere spezialisierten Jagd der Anbau von Nutzpflanzen und damit die Rodung größerer Waldflächen ein. Anbau, Konservierung und Vorratsbildung ermöglichen die Ernährung einer dichteren Bevölkerung und die Entwicklung von Dauersiedlungen. Die Naturlandschaft erleidet bereits tiefe Eingriffe.

Die Stufe des *Sippenbauerntums* bringt im Neolithikum, am frühesten wohl im Vorderen Orient, seit dem 7. Jt. v. Chr. den entscheidenden Übergang zum Bauerntum, d. h. zur planmäßigen Nahrungsmittelproduktion durch Daueranbau mit Getreidearten und durch Nutztierhaltung. Es ist noch umstritten, ob sich der Anstoß des Orients über Indien, die Heimat vieler tropischer Nutzpflanzen, weiter in die Tropen verbreitet hat und in welchen Gebieten sich Vorstufen dieses Bauerntums auch anderweitig (z. B. in Amerika) selbständig entwickelt haben. Mit der Intensivierung der Bodennutzung, bei der neben die Hacke der Pflug tritt, verdichtet sich die Bevölkerung weiter (bis 10 Einw./km^2). Gleichzeitig setzt die Arbeitsteilung mit Handwerk, Handel und Dorfmärkten ein. Die Stammessiedlungen sind von zugehörigen Territorien umgeben, der Naturraum wird großflächig in eine Kulturlandschaft umgewandelt. Sekundärwuchs kennzeichnet die im Feldwechselsystem bewirtschafteten Gebiete.

Der *Hirtennomadismus* wird (nach E. HAHN 1896, K. DITTMER 1954 u. a.) nur als unselbständiger, ökologisch bedingter Seitenzweig der Bauernkultur angesehen, da er auf pflanzliche Nahrungsmittel angewiesen bleibt, Übergangsformen (Teilnomadismus, Transhumanz) zum Feldbau aufweist und in manchen Gebieten, so in Amerika, als Stufe überhaupt fehlt. Der Nomadismus scheint sich aus der viehhaltenden Getreidebaukultur des Vorderen Orients ausgegliedert und weit in die benachbarten Trockenräume verbreitet zu haben. Die Überlegenheit der berittenen Nomaden gegenüber den Bauern führte zu weitreichenden Eroberungen im afrikanisch-asiatischen Trockengürtel und z. T. zu Reichsbildungen, die aber ohne feste Organisationsstrukturen und bauliche Hinterlassenschaften (Städte) blieben.

Der Schritt zur Staatenbildung in zentralisiert-monarchischer oder dezentralisiert-feudaler Form erfolgt auf der Stufe der *herrschaftlich-organisierten Agrargesellschaft.* Sie beruht auf der Verfügungsgewalt der Herrschenden über Menschen und Boden und ermöglicht große Gemeinschaftsleistungen wie die Errichtung von Bewässerungsanlagen und monumentalen Bauten. Herrschaft und spezialisierte Arbeitsteilung führen zur Bildung sozialer Schichten und Gruppen (Priester, Krieger, Beamte und Handwerker neben den Bauern) und zu sekundär- und tertiärwirtschaftlichen Lebensformen in den zentralen Orten. Die Bevölkerungsdichte steigt unter dem Schutz des Staates im Mittel auf 20 Einw./km^2 an. Die ältesten organisierten Herrschaften und Staaten sind im Vorderen Orient auf der Grundlage des Bauerntums entstanden, zuerst bei dem sumerischen Bewässerungsbau, später auch in anderen subtropischen Stromtiefländern als Wurzel der antiken Hochkulturen.

Ebenfalls im Vorderen Orient entwickelten sich seit dem 4. Jh. v. Chr. das *ältere Städtewesen* und der *Rentenkapitalismus.* Nunmehr werden die Städte als Sitz der Herrschaft zu den entscheidenden Zentren der Kulturentwicklung.

Sie sind befestigt, funktional und baulich bereits differenziert und von einem abhängigen bäuerlichen Hinterland umgeben. Es bildet sich eine hierarchische Stufung der zentralen Orte aus. Der Rentenkapitalismus entsteht aus der Kommerzialisierung der herrschaftlichen Rentenansprüche an die bäuerliche und gewerbliche Unterschicht. Es gelingt der städtischen Oberschicht, durch die Verschuldung der Bauern Besitztitel an den Produktionsfaktoren (Boden, Wasser, Saatgut, Geräte, Arbeit) zu erwerben und damit den Ertrag ohne eigene produktive Arbeit abzuschöpfen. Die nun ausgebeuteten, am Rande des Existenzminimums lebenden Kleinbauern sind zum Raubbau gezwungen, und andererseits ist die parasitäre Oberschicht nicht willens, das erworbene Kapital in der Landwirtschaft zu reinvestieren und selbst zu produzieren. Die Entwicklung wird gehemmt, und die Kultur erstarrt trotz des materiellen und kulturellen Reichtums der Städte. Diese Gesellschafts- und Wirtschaftsform verbreitete sich von ihrem orientalischen Ursprungsgebiet nach Indien, China, in den Mittelmeerraum und mit der iberischen Kolonisation der Neuzeit auch in Lateinamerika. Überall gewann die Stadt die Vorherrschaft gegenüber dem abhängigen, dienenden Land.

Die jüngste und höchste Stufe ist nach H. BOBEK durch den *produktiven Kapitalismus*, die *industrielle Gesellschaft* und das *jüngere Städtewesen* gekennzeichnet. Mit den Fortschritten von Naturwissenschaften und Technik entwickelt sich, gefördert durch den Staat, eine aktive Wirtschaft, in der nun das Kapital produktiv investiert wird. Kennzeichen dieser Stufe sind die seit dem 18. Jh. in mehreren Phasen erfolgte Industrialisierung mit Mechanisierung der Produktion, die Ausbildung der Industriegesellschaft mit zunächst zunehmenden, heute aber abgeschwächten Klassengegensätzen, die rasche Verstädterung mit starkem Dienstleistungssektor und das verlangsamte Bevölkerungswachstum. Hier interessieren besonders die Auswirkungen auf die Agrarwirtschaft, die durch Technisierung, künstliche Düngung, Neuzüchtungen, Sortenwahl und Schädlingsbekämpfung rationalisiert und intensiviert wird. Der Bauer wird im kapitalistischen System zum kalkulierenden und investierenden Unternehmer, im sozialistischen System zum Mitglied eines Produktionskollektivs und damit in beiden Fällen der jeweiligen Industriegesellschaft angeglichen. Diese letzte Stufe hat sich von Großbritannien und Kontinentaleuropa nach Nordamerika, Rußland, Japan und in die europäischen Siedlungsgebiete der Südkontinente ausgebreitet. Ihr Eindringen in die Entwicklungsländer führte nicht nur zu Fortschritten, sondern auch zu Konflikten mit den traditionellen Lebensformen und zu einer steigenden Abhängigkeit von der Produktion der Industrieländer.

Diese Stufenfolge hat – nach BOBEK – nur der europäisch-vorderasiatische Raum voll durchlaufen; im übrigen fanden, namentlich in den früheren Kolonialgebieten, vielfältige Überschichtungen mit Ausfall von Stufen statt. Heute ist eine starke Durchmischung der Entwicklungsstadien festzustellen.

Dies gilt auch für die von W. W. ROSTOW 1960 aufgezeigten Wirtschaftsstufen bzw. Wachstumsstadien, die überwiegend die jüngere Entwicklung umfassen:

In der *traditionellen Gesellschaft* sind Wissenschaft und Technologie noch nicht verfügbar oder werden nicht genutzt, so daß die Produktion je Einwohner gering bleibt. Der überwiegende Teil der Erwerbstätigen ist in der Landwirtschaft beschäftigt, die Macht liegt in den Händen der Grundbesitzer, und die soziale Mobilität bleibt gering, so daß die Bevölkerung in Fatalismus verharrt.

In der *Gesellschaft des Übergangs* werden durch innere oder äußere Anstöße die Voraussetzungen für den wirtschaftlichen Aufstieg geschaffen. Entscheidend ist dabei nach ROSTOW die Steigerung der Investitionsrate, die zusammen mit technischen Fortschritten zur Produktionserhöhung führt. Das Wachstum vollzieht sich zunächst in der Landwirtschaft, im Bergbau und im Infrastrukturbereich. Zugleich erhöht sich die soziale Mobilität.

Der entscheidende Durchbruch wird in der *Phase des wirtschaftlichen Aufstiegs* (*take-off*, „Startgesellschaft") erzielt. Das nunmehr eigendynamische Wachstum der Volkswirtschaft beruht auf der Steigerung der Investitionsrate auf mindestens 10% des Volkseinkommens und auf der Ausbildung von Wachstumsindustrien, die Impulse für andere Wirtschaftsbereiche geben. Leitfunktionen besaßen z.B. die Baumwoll- und Schwerindustrie oder der Bahnbau. Diese *„Take-off-Phase"* wurde zuerst in Großbritannien um 1800, in Deutschland um 1850, in Indien und China erst um 1950 erreicht.

Die *Reifegesellschaft* kann mit moderner Technologie ihre Ressourcen voll nutzen. Die Zuwachsraten der Produktion liegen höher als die der Bevölkerung, d.h. das Pro-Kopf-Einkommen steigt an. Die älteren Leitindustrien werden durch neue Wachstumsbranchen (Elektrotechnische, Chemische Industrie u.a.) ergänzt oder abgelöst. Der große Bedarf an spezialisierten Arbeitskräften mit steigenden Löhnen im sekundären und tertiären Sektor hat zur Folge, daß der Anteil der landwirtschaftlich Erwerbstätigen auf unter 20% absinkt.

Die *Phase des Massenkonsums* wurde bisher nur von Europa, Nordamerika, Japan und Australien voll erreicht. Als Ziele rücken nunmehr die soziale Sicherheit, der Ausbau des Wohlfahrtsstaates und der Verbrauch hochwertiger Güter und Dienstleistungen in den Vordergrund. Die Entwicklung dieser Phase wie auch der weiteren Zukunft bleibt für ROSTOW noch unbestimmt.

Kritisch wurde zu dieser Theorie angemerkt, daß die Stufenfolge nicht zwangsläufig sei und in den Entwicklungsländern dafür viele endogene Voraussetzungen fehlen, die in den Industrienationen vorhanden waren, z.B. Technologie und Kapitalbildung.

Der Bedeutungswandel der Wirtschaftszweige wird in der von C. CLARK (1940) und J. FOURASTIÉ (1954) aufgestellten *Sektor-Theorie* untersucht. In dieser „ökonomischen Transformation“ verschiebt sich das Schwergewicht zunehmend vom primären agrarwirtschaftlichen zum sekundären und schließlich zum tertiären Sektor der Dienstleistungen. Den Ausschlag für diese Entwicklung gibt, daß mit steigendem Volkseinkommen die Nachfrage nach Agrarprodukten weniger stark wächst als die nach Industrieprodukten und schließlich nach hochwertigen Dienstleistungen, d. h. daß die „Einkommenselastizität“ der Sektoren unterschiedlich ist. Dies wirkt sich in einer Verlagerung der Produktionsfaktoren (Kapital und Arbeit) und der Zuwachsraten vom primären zum sekundären und heute zunehmend zum tertiären Sektor aus. Als Beweis dient die Verteilung in der Berufsstruktur. Während in den Entwicklungsländern der Anteil der landwirtschaftlich Erwerbstätigen überwiegt, spielt dieser in den Industrieländern nur noch eine geringe Rolle, und die Mehrzahl der Arbeitskräfte entfällt auf den sekundären oder bereits auf den tertiären Sektor.

Auch zu dieser Theorie wurde kritisch eingewendet, daß die Abfolge nicht gesetzmäßig sei und viele regionale Unterschiede bestünden. Zudem wird mit Recht betont, daß in den Entwicklungsländern die Zunahme des tertiären Sektors angesichts der meist geringen Qualififikation und Entlohnung der Dienstleistungen und des aufgeblähten Verwaltungsapparates kein Merkmal der Höherentwicklung sei. In diesen Ländern muß der Agrarsektor für die Selbstversorgung zunächst noch Vorrang haben. Aber auch für die Industrieländer ist es fraglich geworden, ob der zunehmende Konsum hochwertiger Güter, der mit materialistischer Gesinnung, Rohstoff- und Energieverknappung einhergeht, wirklich zu der „Großen Hoffnung des 20. Jahrhunderts“ (nach dem Buchtitel von J. FOURASTIÉ) berechtigt.

Tab. 3 versucht, die Entwicklungsstufen der als Auswahl genannten Theorien in ihrer zeitlichen Folge zu parallelisieren:

Tab. 3: Entwicklungsstufen der Menschheit im zeitlichen Vergleich

E. Friedrich	H. Bobek	W. W. Rostow	J. Fourastié u. a.
Reflexiv	Wildbeuter	traditionelle Gesellschaft	überwiegend primärer Sektor
Instinktiv	spezialisierte Jäger, Sammler, Fischer		
Traditionell	Sippenbauern, Nomaden, herrschaftlich organisierte Agrargesellschaft, Rentenkapitalismus	Übergang	
Rationell	produktiver Kapitalismus, Sozialismus	Take-off Reifestadium Massenkonsum	überwiegend sekundärer, überwiegend tertiärer Sektor

2.3 Die Entwicklung des Agrarraumes

Die sozioökonomische Entwicklung der Menschheit wurde von der Ausdehnung der dauernd agrarisch genutzten Fläche begleitet. Grundlegend unterrichten darüber u. a. die Arbeiten von E. WERTH (1954), C. O. SAUER (1969), H. v. WISSMANN (1957) und zusammenfassend H. HAMBLOCH (1982).

Die ältesten Wirtschaftsstufen der Wildbeuter, Sammler, Jäger und Fischer umfassen zwar den größten Teil der Menschheitsgeschichte, haben aber den Naturraum noch nicht zum Agrarraum umgestaltet. Der entscheidende Übergang von der aneignenden zur produzierenden Landwirtschaft mit Anbau, Nutztierhaltung und permanenten Siedlungen erfolgte wohl nach Ende der Würmkaltzeit, wobei mehrere Entstehungszentren anzunehmen sind (Abb. 4). Sie liegen alle im tropisch-subtropischen Gürtel der Nordhalbkugel, vorzugsweise an der ökologisch und ökonomisch begünstigten Grenze zwischen Wald und offenem Land, d. h. am Rand der Savannen- bzw. Steppengebiete. Dabei sind von Beginn an als Grundformen der Pflanzenreproduktion die vegetative Vermehrung durch Stecklinge bzw. Knollen und die Vermehrung durch Säen von Samen zu unterscheiden. So stehen sich bei den ältesten Zentren des Landbaus der Pflanzbau der tropischen Wald- und Savannenbauern mit Knollengewächsen einerseits, der Saatbau der Steppenbauern mit Getreidearten andererseits gegenüber, wobei gegenseitige Überschichtungen erfolgten.

Das älteste Entwicklungszentrum des Landbaus scheint im südasiatischen Raum gelegen zu haben. In Thailand wurde nach Radiokarbonmessungen Gemüsesaatgut aus der Zeit um 9500 v. Chr. ermittelt. Das östliche Indien und Südostasien werden als wichtigstes Genzentrum tropischer Nutzpflanzen mit Knollengewächsen (Yams, Taro), Hülsenfrüchten und Fruchtbäumen (Kokusnuß) bzw. -stauden (Bananen) angesehen. Zu dem mit dem Grabstock durchgeführten Pflanzbau trat wohl erst später der Reisbau, der sich von Südostasien (Thailand) in das westliche Indien, nach Südchina (im 4. Jt. v. Chr.) und in die malaiische Halbinsel verbreitete.

Andere frühe Landbaugebiete lagen in Afrika am Nordrand des Regenwaldes. Pflanzbau soll hier schon im 5. Jt. v. Chr. betrieben worden sein. Frühe Zentren der Züchtung, insbesondere für Hirse, sind im westlichen Sudan und in Äthiopien anzunehmen. Im 3. und 2. Jt. v. Chr. besaß der Hackbau in den nördlichen Savannen Afrikas bereits weite Verbreitung. Ungeklärt ist, inwieweit hierbei Einflüsse aus Südwestasien mitwirkten.

Auch in Amerika reichen die Anfänge des Landbaus bis in das 8. Jt. v. Chr. zurück. Hier liegt eine eigenständige Entwicklung vor, wenn auch Einflüsse aus Südostasien nicht auszuschließen sind. Die ältesten bekannten Landbauzentren Amerikas sind das südliche Mexiko und das nordwestliche Südamerika. Aus dem tropischen Tiefland Südamerikas stammt der ursprünglich mit

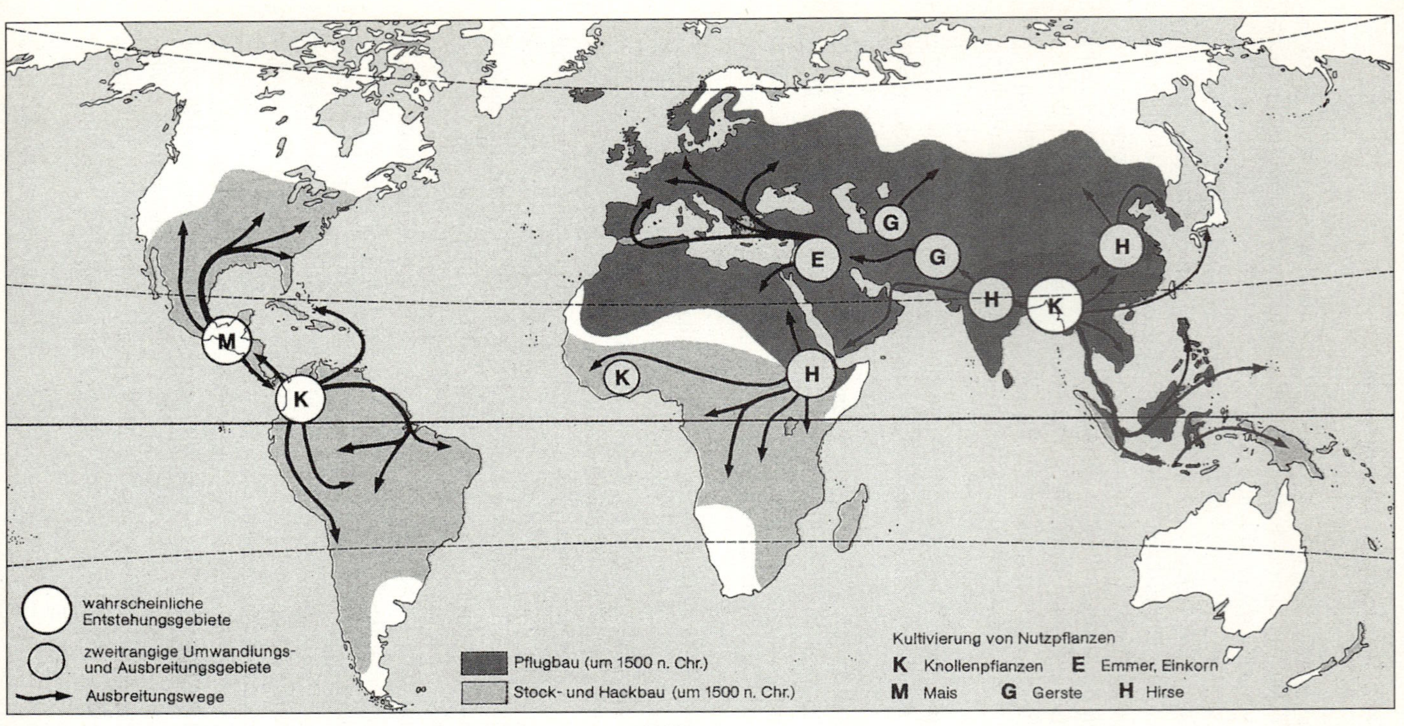

Abb. 4: Entstehung und Ausbreitung des Landbaus (nach HAMBLOCH *1982)*

dem Pflanzstock betriebene Anbau von Maniok, Süßkartoffeln (Batate) und Erdnuß, aus dem andinen Hochland der von Kartoffeln und anderen Knollenpflanzen. Mexiko hingegen ist die Heimat des Saatbaus mit Mais seit dem 8. Jt. v. Chr. Zwischen diesen beiden Zentren wurden die Kulturpflanzen ausgetauscht, doch erscheint der Mais in Peru erst im 2. Jt. v. Chr. Mindestens seit dieser Zeit wurde die Bewässerung angewendet. Es fehlte jedoch hier wie in den tropischen Landbauzentren der Alten Welt der Pflugbau mit Getreide und Großviehhaltung.

Das älteste Züchtungszentrum für außertropische Getreidearten (Weizen aus der Domestizierung der Wildformen von Emmer und Einkorn; Gerste) liegt im südwestasiatischen Orient. Hier wurde bei damals günstigen ökologischen Rahmenbedingungen (W. WEISCHET 1991) im Übergangssaum vom Wald zur Steppe der Anbau von Getreide und Hülsenfrüchten, zunächst mit der Hacke, schon seit dem 8. Jt. v. Chr. betrieben. Er rückte seit dem 6. Jt. v. Chr. in die Stromniederungen von Euphrat und Tigris, im 4. Jt. auch des Nils vor, wo als Gemeinschaftsleistung die Bewässerung entwickelt wurde und sich die ältesten antiken Hochkulturen entfalteten. Im Orient liegt auch das wohl einzige Entstehungszentrum des Pfluges im 4. Jt. v. Chr. Sein Einsatz war verbunden mit der Züchtung des Rindes als Zugtier. Mit der engen Verknüpfung von Getreidebau, Pflugbau und Großviehhaltung, die zusammen mit der Bewässerung erst die Ernährung dichterer und städtischer Bevölkerung ermöglichte, ist der Vordere Orient die Urheimat der höchsten Stufe der Ackerbaukultur. Der Hirtennomadismus hat sich erst als Seitenzweig des Ackerbaus entwickelt, blieb aber immer auf Ergänzung durch den Anbau angewiesen. Die Haltung von Schafen und Ziegen war schon vor der Domestizierung wildwachsender Körnerfrüchte bekannt (H. v. WISSMANN 1957).

Der Vordere Orient besaß als Innovationszentrum ein weites Ausstrahlungsgebiet sowohl nach Osten wie nach Westen. Im Osten finden sich Getreidebau und Viehhaltung im 4. Jt. v. Chr. am Indus; am Ganges tritt Getreide- mit Pflugbau anscheinend erst im 2. Jt. v. Chr. auf. Er verband sich in Indien mit dem hier eigenständigen Anbau von Baumwolle und Reis und der Züchtung des Zeburindes. Auch in China bestand ein selbständiges Entwicklungszentrum im nördlichen Lößgebiet mit Hirse-, Sojabohnen- und Maulbeeranbau schon im 6. Jt. v. Chr. Die Nutzung der außertropischen Getreidearten, des Großviehs und vielleicht auch des Pfluges anstelle von Hacke und Spaten wird in China ebenfalls auf den Einfluß Südwestasiens zurückgeführt. Der Reisanbau in Südchina kommt hingegen seit dem 4. Jt. v. Chr. aus dem südostasiatischen Entwicklungszentrum.

Nach Westen breitete sich der vorderasiatische Getreide-Pflugbau einerseits im 4. Jt. v. Chr. über Ägypten bis in das nordwestliche Afrika (Maghreb) und nach Äthiopien aus, andererseits erreichte er über das Mittelmeergebiet Mittel- und Westeuropa.

Vermittler vom Orient nach Europa waren die im Neolithikum (4. Jt. v. Chr.) einwandernden Bandkeramiker. Der Ackerbau fand hier vor allem in den von Natur fruchtbaren Lößlandschaften, aber auch auf den ebenfalls leicht zu bearbeitenden Sandböden günstige Grundlagen. Zudem hat das relativ warme, den Steppenpflanzen zusagende Klima des Neolithikums die Ausbreitung gefördert. In Europa erhielt die Bauernkultur, die auf der engen Verknüpfung von Großviehhaltung, Getreide- und Pflugbau beruht, ihre volle Ausprägung. Verbunden mit späteren technischen Fortschritten wurde dieser Kontinent zum neuen Entwicklungszentrum für die Weltagrarwirtschaft.

Im 1. Jt. v. Chr. umfaßte der Agrarraum der Erde somit bereits einen breiten Gürtel, der von Europa und Nordafrika über Südwestasien bis Südost- und Ostasien reichte und das mittlere Amerika mit einschloß. Die Zentren des tropischen Pflanzbaus am Südrand und des Saatbaus mit Getreide am Nordrand hatten sich nicht nur ausgebreitet, sondern waren auch, sich überschichtend, miteinander in Verbindung getreten.

Die folgende Zeit brachte insbesondere für Europa noch eine stärkere Differenzierung. Der Mittelmeerraum wurde in der Antike durch den Anbau von Weizen, Wein und Ölbaum bestimmt, verbunden mit Viehhaltung in den stark entwaldeten Gebirgen. Dazu traten Obst- und Gemüsebau, der wie der Weinbau durch die Römer auch nach Mitteleuropa übertragen wurde. Die Araber brachten Baumwolle, Dattelpalme und Zuckerrohr nach Spanien und förderten die Bewässerung. Andere Kulturpflanzen Südeuropas wurden teils schon im Altertum (Reis, Zitrone), teils erst in der Neuzeit (Apfelsine) eingeführt. In Mitteleuropa erfuhr das Kulturland durch die mittelalterliche Rodung der Waldgebirge und die Moorkolonisation eine Ausweitung, in Nord- Nordeuropa dauerte das Vordringen des Anbaus gegen das Waldland bis in das 20. Jh. Auch in Osteuropa wurde das Kulturland, sowohl gegen Wald als auch gegen Steppe vorrückend, noch in jüngster Zeit erweitert.

Die entscheidende letzte Phase zur Gestaltung des Agrarraumes begann mit der europäischen *Kolonisation* und der Übertragung europäischer Wirtschaftsformen seit Ende des 15. Jh. Der Getreidebau mit Pflug fand nunmehr großflächig Eingang im östlichen Nordamerika, im südöstlichen Südamerika, in Südafrika und Australien. Die Viehhaltung wurde weniger eng mit dem Ackerbau verknüpft als in Europa; sie breitete sich mit extensiver Weidewirtschaft vorwiegend in den niederschlagsärmeren Teilen Nord- und Südamerikas, Südafrikas und Australiens aus. In den tropischen Gebieten wurden einerseits manche traditionellen Anbaukulturen durch Einbeziehung in die Weltwirtschaft verstärkt, oft jedoch auf Kosten der Selbstversorgung der Bevölkerung. Andererseits entstand mit der zuerst in Afrika von den Portugiesen entwickelten Plantagenwirtschaft eine neue, export- und kapitalorientierte Betriebsform, die sich vornehmlich in den küstennahen Teilen der Tropen entwickelte.

Mit der Kolonialisierung erlebte die ganze Erde einen Ausbreitungsprozeß der Kulturpflanpflanzen und Nutztiere weit über ihre ursprüngliche Heimat hinaus. Dies war nur möglich unter der Pflege des Menschen, der die eingeführten Pflanzen und Tiere vor der Konkurrenz der einheimischen Flora und Fauna schützte. Die Übertragung erfolgte in Verbindung mit den großen Auswanderungsbewegungen im 16. und 19. Jh., die z.B. die europäischen Getreide- und Haustierarten nach Übersee brachten. Kulturpflanzen wurden aber auch durch gezielte wirtschaftspolitische Maßnahmen übertragen, wie das Beispiel der heimlichen Verpflanzung des Kautschuk von Südamerika nach Südostasien zeigte. Die verwirrende Vielfalt der Wanderbewegungen vollzog sich innerhalb der Alten Welt, zwischen dieser und der Neuen Welt wie auch innerhalb der Tropen. Dabei bildeten sich neue Schwerpunkte; so hat der ursprünglich südamerikanische Kakao heute in Westafrika, der afrikanische Kaffee in Lateinamerika sein stärkstes Verbreitungsgebiet gewonnen.

Die Tab. 4 zeigt die ursprünglichen Zuchtgebiete der wichtigsten Kulturpflanzen, deren heutige Verbreitung meistens weit darüber hinausgeht.

Tab. 4: Ursprungsgebiete der Pflanzenzüchtung (z. T. nach C. D. Darlington 1964, aus D. Grigg 1974, S. 287)

Mittelmeergebiet	Olive, Spargel, Hopfen
Südwestasien	Emmer, Weizen, Gerste, Lein, Raps, Linse, Erbse, Kirsche, Feige, Mandel, Wein
Zentralasien	Buchweizen, Apfel, Birne, Walnuß
Indien- Südostasien	Reis, Yams, Taro, Banane, Zuckerrohr, Baumwolle, Mango, Jute, Kokosnuß, Gewürze
China	Sojabohne, Aprikose, Pfirsich, Apfelsine, Maulbeerbaum
Afrika	Hirse, Kaffee, Ölpalme
Mexiko – Mittelamerika	Mais, Baumwolle, Sisal, Pfeffer, Vanille
Peru	Kartoffel, Süßkartoffel (Batate), Tomate, Papaya, Baumwolle, Tabak
Brasilien	Maniok, Erdnuß, Bohnen, Kakao, Kautschuk

Die jüngste Entwicklung des Agrarraumes seit Mitte des 19. Jh. wurde durch die *Rationalisierung* und *Technisierung* der Agrarwirtschaft bestimmt. Dazu gehören moderne ertragssteigernde und bodenschonende Fruchtwechselsysteme, die zunächst in England erprobt wurden (z. B. Norfolker Fruchtfolge). Die Mechanisierung der Landwirtschaft bahnte sich zuerst in den USA an und setzte sich in Europa erst nach dem 2. Weltkrieg voll durch. Der Einsatz von Dampfpflug, Traktor und Mähdrescher seit Ende des 19. Jh. in den USA ist beispielhaft für diesen technischen Fortschritt. Eine erhebliche Ertragssteigerung konnte durch neue Düngemittel erzielt werden; so wurde seit 1840 der südamerikanische Guano und kurz darauf die chemische, auf den Forschungen von J. v. LIEBIG beruhende Kunstdüngung angewendet. Zur Ausweitung der Anbaufläche trug die Züchtung neuer Pflanzensorten bei. Dadurch konnte z. B. die Grenze des Weizenanbaus in Kanada, der Sowjetunion und Australien sowohl in kühle als auch in trockene Räume weiter vorgeschoben werden. Für die dicht bevölkerten Gebiete Asiens war die Züchtung ertragshöherer Reissorten lebenswichtig. Neue biotechnische Methoden (Gen-, Zellkulturtechniken) entwickeln leistungsfähige und krankheitsresistente Pflanzen und Tiere (Biorevolution der Landwirtschaft). Schließlich ist die Entwicklung von Pflanzenschutz- und Schädlingsbekämpfungsmitteln (Herbizide und Pestizide) zu nennen, die allerdings heute auch Schäden für den Verbraucher befürchten lassen.

Die Technisierung erstreckte sich auch auf die Verarbeitung und den Transport von Agrarprodukten. Die moderne Agrarindustrie umfaßt Molkereien, Fleisch- und Zuckerfabriken und die Verarbeitung z. B. von Zuckerrohr, Kaffee oder Sisal in den tropischen Plantagen. Der Export der Produkte wurde seit dem 19. Jh. stark durch den Bahnbau und die Entwicklung der Konservierungstechnik mit dem Einsatz von Kühlwagen und -schiffen gefördert. Durch den technischen Fortschritt sanken die Transportkosten, wodurch der Versand auch über weite Entfernungen rentabel wurde, so z. B. von Weizen oder Fleisch aus Übersee nach Europa.

Die Erschließung von Neuland seit dem 19. Jh. trug viel weniger zur Ertragssteigerung bei als die intensivierenden technischen Neuerungen. Nennenswert wurde das Kulturland nur noch in der Sowjetunion (z. B. Kasachstan), in China, Australien und im östlichen Tiefland von Südamerika sowie am Rande des borealen Nadelwaldes ausgeweitet, wenn man von den relativ kleinflächigen Einpolderungen, z. B. der Niederlande, absieht (vgl. Beispiele bei H. J. NITZ 1976).

Der heutige Agrarraum der Erde, Ergebnis einer fast zehntausendjährigen Entwicklung, zeigt in Umfang und Verteilung erhebliche Unterschiede zwischen den Kontinenten (Tab. 5):

Das Ackerland umfaßt erwartungsgemäß in Europa den höchsten Anteil an der Gesamtfläche, ist aber auch in Asien infolge der hohen Bevölkerungs- und Nutzungsdichte im Süden und Osten überdurchschnittlich stark vertreten. Der geringe Anteil in Australien läßt sich auf das Klima zurückführen, in Afrika und Südamerika zudem auf die z. T. noch extensive Nutzung. Die Dauerkulturen, d. h. im wesentlichen die Nutzung von Fruchtbäumen und -sträuchern, erreichen ebenfalls in Europa, vor allem durch die starke Verbreitung im Mittelmeerraum, den höchsten Anteil. Die Dauerweiden erlangen der Fläche nach in Australien die weitaus stärkste Bedeutung, während die übrigen Kontinente weniger vom Mittelwert der Erde abweichen. Bei der Verbreitung des Waldlandes zeigt sich deutlich die im Verhältnis zur Gesamtfläche große Ausdehnung tropischer Wälder in Südamerika und des borealen Nadelwaldes in der ehemaligen Sowjetunion. Die Werte für das übrige Land (vorwiegend Ödland) sind in Afrika und Australien infolge der großen, ungenutzten Trockenräume, in Asien und Nordamerika außerdem wegen der Gebirgsräume überdurchschnittlich, während der Anteil im intensiv genutzten Europa gering ist. Auf der gesamten Erde befindet sich wenig mehr als ein Zehntel ihrer Landflächen in intensiv agrarischer Nutzung.

Tab. 5: Nutzflächenverteilung 1993 (nach FAO Production Yearbook Vol. 48, 1994)

	Landfläche	Ackerland		Dauerkulturen		Dauerweide		Waldland, Forste		Anderes	
	Mio. ha	Mio. ha	%	Mio. ha	%	Mio. ha	%	Mio. ha	%		
Europa[1]	472	122	26	14	3	80	17	158	33	98	21
ehemal. UdSSR	2190	227	10	5	0,3	325	15	983	45	650	30
Asien[1]	2678	428	16	40	1	800	30	535	20	875	33
Afrika	2964	169	6	19	1	853	29	761	26	1162	39
Australien/ Ozeanien	883	44	5	5	1	447	51	42	5	345	39
Nord- und Zentralamerika	2178	264	12	8	0,4	362	17	855	39	689	32
Südamerika	1752	89	5	14	1	495	28	846	48	308	18
Erde	13117	1343	10	105	1	3362	26	4180	32	4127	31

[1] Ohne ehemalige Sowjetunion

3 Naturgeographische Grundlagen

Die naturgeographische Ausstattung bildet die Grundlage und bestimmt die Möglichkeiten und Grenzen der Landnutzung. Zunächst sollen die einzelnen physiogeographischen Faktoren, sodann die Nutzungsgrenzen und das Agrarpotential in den Landschaftsgürteln der Erde, die sich aus der Kombination der Faktoren ergeben, behandelt werden.

3.1 Die Bedeutung der einzelnen Naturfaktoren für die Agrarwirtschaft

Die *Oberflächenformen*, entstanden aus dem Wirkungsgefüge von Gesteinsuntergrund, Tektonik, Klima, Wasserhaushalt und Bodenbildung, beeinflussen die Nutzbarkeit. Der Form nach sind die großen Ebenen, z. B. die Aufschüttungen von Tieflandströmen (Nordchina), die Flachländer (Prärien, Pampa), Beckenräume (Anden) oder Hochflächen (Ostafrika) besonders für die Nutzung geeignet. Diese ist in den Berg- und Gebirgsländern durch das hängige Gelände eingeschränkt; so wird Ackerbau ohne künstliche Terrassierung meist nur bis zu etwa 25° Hangneigung betrieben, da sonst Arbeitsaufwand und Abschwemmungsgefahr zu groß sind. Steilere Lagen bleiben der Grünland- und Waldnutzung vorbehalten. Bevorzugte Anbauflächen innerhalb der Gebirge sind natürliche Terrassen, Schwemmfächer oder Talsohlen, insbesondere in siedlungs- und verkehrsgünstigen Durchgangstälern. Alte eingerumpfte Gebirgsblöcke bieten der Nutzung geeignetere Flächen als die reliefreichen jungen Faltengebirge.

Das *Klima* bestimmt in Zusammenhang mit dem Relief die Verbreitungsspannen der Nutzung, wobei weniger die Durchschnitts- als die Extremwerte und die jahreszeitliche Variabilität maßgeblich für Möglichkeiten und Risiken sind. Dabei sind die sehr unterschiedlichen Klimaansprüche der einzelnen Nutzpflanzen zu berücksichtigen, die jeweils optimale neben marginalen Standorten aufweisen.

Bei den *Temperaturen* ist neben der Höhe die Dauer bestimmter Werte für die Länge der Vegetationsperiode, d. h. für Wachstum und Reife entscheidend. Beispielsweise benötigen Waldbäume mindestens einen Monat mit durchschnittlich über 10 °C. Dieser Wert muß bei Weizen 4-5 Monate hindurch überschritten sein, während der Kakao Jahresmitteltemperaturen von etwa 25 °C bei nur geringen Monatsschwankungen verlangt. Lebenswichtig für alle Pflanzen ist die Dauer der frostfreien Zeit. Im Gegensatz zu den zeitweilig frostverträglichen Gewächsen (Getreide, Obstbäume der gemäßigten Zone) müssen die nicht frostverträglichen als einjährige Kulturen auf die frostfreie Zeit beschränkt oder aber in ganz frostfreiem Klima gehalten werden. Für den ganzjährigen Anbau warm-tropischer Gewächse, z. B. von Kaffee, hat H. v. WISSMANN (1948) die Begrenzung durch Frost bzw. Wärmemangel untersucht. Demnach ist in den äußeren und kontinentalen Teilen der Tropen das Auftreten des Frostes entscheidend, während in den ozeanischen Teilen und innertropischen Gebirgen der Anbau bereits durch Mangel an Wärme (bei Monatsmitteltemperaturen unter 18,3 °C) begrenzt wird, da hier zwar frostfreie, aber zu kühle Gebiete auftreten. Andererseits können zu hohe Temperaturen (z. B. bei Kaffee über 30 °C) ebenfalls schädlich sein.

Innerhalb ihrer Grenzwerte stellen die Kulturpflanzen sehr differenzierte Ansprüche für ein optimales Gedeihen. Für die gemäßigte Zone seien als Beispiele die Gunst des wintermilden Klimas für Frühgemüse, der Sommerwärme für den Getreidebau, der Herbstwärme für den Wein, andererseits des kühlen Sommers für Wald und Grünland genannt.

Die Temperaturwerte müssen stets in Verbindung mit den verfügbaren Wassermengen, d. h. mit den jeweiligen *Niederschlägen* gesehen werden, wobei neben der Jahresmenge wiederum die jahreszeitliche Verteilung wichtig ist. Der höchste Bedarf tritt naturgemäß in der Wachstumszeit auf; in dieser Hinsicht sind die immer- und sommerfeuchten gegenüber den winterfeuchten Gebieten bevorzugt. Andererseits wirkt sich für Reife und Ernte bei vielen Pflanzen (z. B. Wein, Baumwolle) Trockenheit günstig aus, dauernder Niederschlag also nachteilig. Dieser wird wiederum von Wald- und Grünlandgebieten bevorzugt. Der Gesamtbedarf liegt bei den einzelnen Nutzungsformen sehr unterschiedlich. Während die extensive Viehwirtschaft bereits bei 75 mm Jahresniederschlag beginnen kann, wird der Regenfeldbau erst bei mindestens 250 mm möglich, und manche Pflanzen der feuchten Tropen (Reis, Zuckerrohr, Jute, Bananen) benötigen sogar über 1500 mm im Jahr. Verheerend können sich größere Niederschlagsschwankungen auswirken, die z. B. in der Sahelzone und in Australien bis zu 50 % vom Mittelwert abweichen und ein entsprechendes Vor- und Zurückweichen der Anbaugrenzen zur Folge haben.

Die Form der Niederschläge ist insofern wichtig, als feinverteilter, stetiger Regenfall den Boden gut durchfeuchtet, aber nicht abschwemmt, was bei plötzlichen heftigen Güssen eintreten kann. Schnee bildet im Winter eine schützende Decke für die Saaten und in den Gebirgen eine Wasserreserve für niederschlagsarme Vorländer. Er ist aber bei Frost schädlich für die Blüten und bei der Schneeschmelze ein starker Erosionsfaktor. Hagelfälle können strichweise verheerend wirken.

Die *Winde* verursachen Schäden durch Austrocknung, Bodenauswehung und Sandanwehung; hohe Windstärken, z. B. der tropischen Wirbelstürme, vernichten jährlich viele Pflanzungen. Während der warme Föhn im Frühjahr die Pflanzenentwicklung beschleunigt, wird die Verdunstung durch heiße Winde (z. B. in Nordamerika und Nordafrika) gefährlich gesteigert. Nachteilig wirken aber auch kalte Fallwinde (Bora und Mistral im Mittelmeergebiet) auf die Kulturpflanzen.

Die für die Agrarwirtschaft letzthin entscheidende, räumlich und zeitlich wechselnde Kombination der *Klimaelemente* kommt in den Jahreszeitenklimaten der Erde zum Ausdruck, die von C. TROLL und K. H. PAFFEN (1964) in Anlehnung an den ökologisch bedingten Habitus der natürlichen Vegetation ermittelt wurden. Aus Niederschlagsmenge und Temperaturhöhe ergibt sich die Dauer der humiden bzw. ariden Zeit, je nachdem, ob die Niederschläge die (potentielle) Verdunstung über- oder unterschreiten (DIERCKE Weltatlas S. 220/221). Extensive Weidewirtschaft kann noch bei 1-2, Regenfeldbau jedoch erst bei 3-4 humiden Monaten im Jahr betrieben werden. Die für den Regenfeldbau erforderliche Niederschlagsmenge schwankt dabei je nach Temperaturhöhe zwischen 250 und über 1000 mm/Jahr. Von den einzelnen Kulturpflanzen benötigen z. B. Bananen und Kakao mindestens 6, Kaffee 4-5, Baumwolle 3-4 humide Monate im Jahr.

Be- und Entwässerung, Frost- und Windschutz sowie Züchtung kälte- und trockenresistenter Pflanzen können den Spielraum begrenzt erweitern. Andererseits können Witterungs- und Klimaschwankungen katastrophale Folgen haben; die unperiodische Variabilität des Klimas ist besonders gefährlich, wenn sie selten auftritt und wirtschaftlich voll genutzte Gebiete unvorbereitet trifft.

Die Auswirkungen des jährlichen *Witterungsablaufs* mit seinen großen Unterschieden zwischen der Stetigkeit der inneren Tropen und dem starken Wechsel der gemäßigten Breiten spürt die Agrarwirtschaft besonders. Diesem Ablauf müssen nicht nur der Anbaurhythmus der einzelnen Kulturpflanze mit Saat bzw. Pflanzung, Pflege und Ernte folgen, sondern auch die oft vielseitigen Anbaukombinationen mit Vor- und Nachfrucht oder Stockwerkkulturen, d. h. mit mehreren jährlichen Saat- und Erntezeiten innerhalb eines Betriebes. Dies bestimmt wiederum den Arbeitsrhythmus (Arbeitskalender) mit Spitzenbelastungen besonders während der Ernte, für die oft zusätzliche Arbeitskräfte benötigt werden, manchmal verbunden mit großräumiger Wanderung von Saisonarbeitern. Von den jahreszeitlichen Unterschieden zwischen den

Klimagebieten hängt schließlich die Marktbelieferung mit Agrarprodukten aus konkurrierenden bzw. sich ergänzenden Räumen ab. So finden z. B. in jedem Monat des Jahres Getreideernten auf der Erde statt; Nord- und Südhalbkugel ergänzen sich auch bei der Obsternte.

Die *natürliche Vegetation* leistet nach ihrer Dichte und Zusammensetzung der Agrarerschließung unterschiedlich starken Widerstand und gibt mit ihrem klima- und bodenabhängigen Aufbau Hinweise auf die mögliche landwirtschaftliche Nutzung. Der arbeits- bzw. kapitalaufwendigen Erschließung dichter Waldgebiete steht die Gunst der offenen Savannen und Steppen gegenüber. In den Gebirgen folgen die Feld-, Wald- und Weidenutzung den Höhenstufen der natürlichen Vegetation. Die Beseitigung der ursprünglichen Pflanzengesellschaften, insbesondere der Wälder, in großen Teilen der Erde hat zu schwerwiegenden Störungen des ökologischen Gleichgewichts in Klima, Böden und Wasserhaushalt, zu erhöhter Erosion und verminderter Ertragfähigkeit des Bodens (s. S. 48) geführt. Selbst ökologisch angepaßte Aufforstungen können diese Schäden nur unvollkommen ausgleichen.

Die *Böden*, bei deren Bildung Gesteinsuntergrund, Relief, Klima, Vegetation, Bodenfauna und menschliche Eingriffe zusammenwirken, bedingen als Nährstoffträger maßgeblich die Agrarwirtschaft. Bei ihrer Gliederung sind die nach den Korngrößen bestimmten Bodenarten (z. B. Sand-, Schluff-, Tonböden) von den Bodentypen (z. B. Schwarz-, Braunerden, Podsole) zu unterscheiden, die sich aus der Gesamtwirkung der genannten Faktoren ergeben. In der Verbreitung stehen die zonalen, von den Klimagürteln bestimmten Böden (z. B. tropische Roterden) den azonalen gegenüber, bei denen Relief oder Ausgangsgestein die Klimaeinflüsse überdecken (z. B. Moor-, Vulkanböden, Rendzinen u. a.).

Die agrarische Nutzbarkeit der Böden richtet sich nach ihren chemischen, physikalischen, hydrologischen und biologischen Eigenschaften. Wichtige Kriterien stellen dabei die Mächtigkeit und Korngröße (Textur), die Wasser- und Luftdurchlässigkeit (Kapillarität, Porosität) und Wärmeleitfähigkeit sowie die Regenerationsfähigkeit dar, die z. B. in Schwemmland- oder Vulkangebieten groß ist. Für die Bodenqualität entscheidend sind der nach der Gesteinsaufbereitung verbliebene Restmineralgehalt, die Humusstoffe des Oberbodens und die *Kationenaustauschkapazität*, d. h. die Fähigkeit, Pflanzennährstoffe zu speichern. Die Träger der Austauschkapazität sind neben den Humusstoffen die Tonminerale, die in Abhängigkeit vom Klima eine sehr unterschiedliche Austauschkraft besitzen (Montmorillonite 10-20 mal größer als Kaolinite).

Menge und Wirkungsgrad der verfügbaren Nährstoffe werden auch von der Bodenreaktion (pH-Wert) beeinflußt, d. h. von der Wasserstoffionenkonzentration in der Bodenlösung, die sauer (Werte unter 6,5), neutral (6,5-7,4) oder alkalisch (über 7,4) sein kann, wobei saure Böden mehr in feuchten, alkalische mehr in trockenen Klimaten auftreten. Als Ergebnis der Bodenbildung entstehen Horizonte, wobei der A-Horizont den humushaltigen, in humiden Gebieten oft ausgelaugten, in Steppengebieten aber sehr fruchtbaren Oberboden darstellt. Im B-Horizont werden in feuchtem Klima die ausgelaugten Substanzen des Oberbodens ausgefällt, in trockenem Klima aufsteigende Lösungen angereichert. Der C-Horizont ist das Gestein als Ausgangsmaterial der Bodenbildung.

Die *Bodenbewertung* (Bodenschätzung) erfolgt in der Bundesrepublik Deutschland einheitlich nach Gesetz (1965), wobei alle Böden auf einen in der Hildesheimer Börde gelegenen Musterboden mit dem Spitzenwert 100 bezogen werden. Aus der Beurteilung von Bodenart, geologischer Entwicklung und Zustandsstufe ergibt sich zunächst die *Bodenzahl*, die den erzielbaren Reinertrag im Verhältnis zum Spitzenboden angibt. Dabei sind 8 °C Jahresmitteltemperatur, 600 mm Jahresniederschlag und ebene Lage unterstellt; Abweichungen davon werden in der *Ackerzahl* mitberücksichtigt. Gleichermaßen werden die *Grünlandzahlen* ermittelt, die auch die Wasserverhältnisse einbeziehen. Die Multiplikation dieser Zahlen mit der Fläche der zugehörigen Teilstücke ergibt deren *Ertragsmeßzahl*. Aus der Summe der Ertragsmeßzahlen, geteilt durch die Gesamtfläche des Betriebes, erhält man schließlich dessen *Bodenklimazahl*. Diese Einheitsbewertung bildet die Grundlage für Käufe, Enteignungen und Entschädigungen, z. B. bei der Flurbereinigung.

Die im einzelnen sehr unterschiedlichen Ansprüche der Kulturpflanzen an die Böden lassen sich nur an Beispielen aufzeigen. So bevorzugt der Weizen milde Lehmböden, die Kartoffel leichte sandige Böden, der Kaffee gedeiht am besten auf tiefgründigen, humusreichen und durchlässigen, der Reis hingegen nur auf schweren, wasserhaltigen Böden.

Die weitverbreiteten anthropogenen Bodenschäden können hier ebenfalls nur angedeutet werden. So senkt einseitige, düngerlose Nutzung die Fruchtbarkeit, führen ungeeignete Pflugtiefe zur Profilzerstörung, Bewässerung ohne ausreichende Drainage zur Bodenversalzung, Fichtenmonokulturen in Forsten zur Rohhumusbildung. Besonders tiefgreifende Folgen bringt die großflächige Rodung mit Auslaugung, Abschwemmung und Ausblasung des Oberbodens, die z. B. in den Badlands Nordamerikas eine Rekultivierung nicht mehr zulassen.

Neben Vorbeugemaßnahmen wie Düngung, Fruchtwechsel oder Erosionsschutz ist für eine bleibende Ertragsfähigkeit entscheidend, daß die Nutzung nicht nur ökonomische, sondern auch ökologische Kriterien berücksichtigt, d. h. sich den jeweiligen klimatischen, hydrologischen und pedologischen Voraussetzungen weitestmöglich anpaßt.

3.2 Die Grenzen der Landnutzung

Die Anthropogeographie gliedert die Erde nach der Besiedlungsweise in die dauernd bewohnte *Ökumene* und die nicht besiedelte *Anökumene*; zwischen beiden liegt die nur zeitweilig bewohnte *Subökumene*. Die jeweilige Abgrenzung stellt ein schwieriges und vieldiskutiertes Problem. Nach H. Hambloch (1982) entfallen näherungsweise auf die Vollökumene 47 %, auf die Subökumene 41 % und auf die Anökumene (ohne Antarktis) 12 % der Landoberfläche. Zur Anökumene gehören die siedlungsfeindlichen Polar- und Trockengebiete, die höheren Gebirgsregionen und die unbewohnten Teile der immerfeuchten tropischen Regenwälder.

Die Grenzen der Landnutzung lassen sich ebenso schwer bestimmen wie die der Besiedlung. Auch hier führen Übergangssäume von der intensiv und dauernd genutzten Ackerfläche über extensiv bewirtschaftetes Weide- und Waldland bis zur nur noch inselförmigen Nutzung am Rande der Anökumene. Zudem unterliegen die Grenzen ständigen Verschiebungen infolge der Klimavariabilität, des wechselnden Marktbedarfes und veränderter Anbautechniken. So schieben sich z. B. die Grenzen mit der Einführung schnellreifender Getreidesorten vor, während Ertragssteigerungen in anbaugünstigen Gebieten oder mehrjährige Frost- und Dürrekatastrophen in den Grenzräumen zur Schrumpfung der Anbaufläche führen können. Die tatsächlichen Anbaugrenzen bleiben meist hinter den theoretisch möglichen zurück, weil sie nicht nur von den Naturgrundlagen, sondern auch von der Rentabilität abhängen, d. h. sich nach Marktbedarf und Ernährungsgewohnheiten, Arbeits- und Kapitaleinsatz richten.

Auf der physiogeographischen Seite sind Klima und Relief die wichtigsten Faktoren der Nutzungsgrenzen, die sich für den Feldbau am deutlichsten fassen lassen.

Die *Kältegrenzen* liegen dort, wo mit zunehmender geographischer Breite (Polargrenze) oder zunehmender Höhe (Höhengrenze) die Temperaturen für den Anbau zu niedrig werden.

Die *Polargrenze des Ackerbaus* richtet sich nach den Temperaturen der Sommermonate, die eine für Feldpflanzen ausreichend lange Vegetationsperiode (mindestens 110 Tage, Fröste nicht unter - 4 °C) und in kontinentalen Gebieten das Auftauen des Frostbodens gewährleisten müssen. Polwärts bleibt nur noch extensive Wald- und Weidewirtschaft möglich. Die Anbaugrenze rückt auf der wintermilden Westseite und im sommerwarmen Inneren der Nordkontinente weiter polwärts vor als im Osten. Sie schwankt in Eurasien zwischen 60 und 70° N, in Nordamerika zwischen 53 und 65° N, auf der Südhalbkugel schneidet sie nur Südamerika zwischen 46 und 55° S. Wie unterschiedlich die Polargrenzen der einzelnen Kulturpflanzen, ihren Wärmeansprüchen folgend, verlaufen, zeigen die Beispiele mit Angabe der Breitengrade des Grenzsaums (nach B. ANDREAE 1983, S. 58 f., u. a.; vgl. auch DIERCKE Weltatlas, S. 228/229 ①):

Tab. 6: Polargrenzen einzelner Nutzpflanzen

	nördl./südl. Breite
Gerste, Hafer, Kartoffeln	70°
Sommerweizen	63°
Zuckerrüben	61°
Körnermais, Reis, Soja	45°-54°
Agrumen, Baumwolle, Tabak, Erdnüsse, Batate, Zuckerrohr, Tee	35°-42°
Kakao, Kaffee, Bananen, Maniok, Kautschuk	19°-25°
Kokospalmen, Ölpalmen	15°-16°

Für die Pflanzen der warmen Tropen ist nach H. v. WISSMANN die auf S. 39 genannte Wärmemangel- bzw. Frostgrenze maßgeblich. Technisch-biologische Fortschritte wie Vorkeimen (jarowisieren), Zucht von schnellreifenden Weizensorten und von Hybridmais haben manche Anbaugrenzen weit polwärts verschoben (P. ROSTANKOWSKI 1981). Sommergerste, Hafer und Kartoffeln dringen bis zur Feldbaugrenze vor; sie gedeihen noch bei nur 80 Tagen mit einer Mitteltemperatur von über 10 °C. An der Polargrenze Kanadas und Finnlands ist die Agrarnutzung in den letzten Jahrzehnten aber zurückgewichen, da die Landwirtschaft sich auf günstigere Standorte konzentriert und die Grenzgebiete einem Funktionswandel, z. B. zur Freizeitnutzung, unterliegen (E. EHLERS und A. HECHT 1994).

Die *Höhengrenze des Anbaus* trennt die höheren Gebirgsteile inselartig von den genutzten tieferen Gebieten und geht in hohen Breiten in die Polargrenze über. Die Höhengrenze steigt im allgemeinen mit den Temperaturen von den Polen zum Äquator hin an. Sie wird jedoch nicht nur von der Breitenlage bestimmt, sondern auch durch Niederschlagshöhe, Ozeanität oder Kontinentalität des Klimas, Hangexposition und Massenerhebung der Gebirge variiert. So liegen die höchsten Grenzen des Anbaus nicht in den äquatornahen Feuchttropen, sondern mit weit über 4000 m in Tibet und im Altiplano der Anden, wo das trockenere Klima und der Masseneffekt der Gebirge die Temperaturen erhöhen.

Die Obergrenzen derjenigen Kulturpflanzen, die sowohl in gemäßigten Breiten wie in tropischen Gebirgen gedeihen, liegen dementsprechend in sehr unterschiedlichen Höhen:

Tab. 7: Höhengrenzen des Anbaus

Mais	1160 m (Alpen) – 3850 m	(Titicacasee)
Weizen	1800 m (Alpen) – 3950 m	(Tibet)
Kartoffeln	2000 m (Alpen) – 4300 m	(Titicacasee)
Sommergerste	2100 m (Alpen) – 4750 m	(Tibet)

für subtropisch-tropische Gewächse

Kakao	1300 m (Kolumbien)	Baumwolle	2400 m (Ecuador)
Naßreis	2000 m (Indonesien)	Zuckerrohr	2500 m (Ecuador)
Bananen	2000 m (Ostafrika)	Agrumen	2600 m (Ecuador)
Kaffee (arab.)	2350 m (Kolumbien)		

Wie bei der Polargrenze folgt jenseits, d. h. über der Höhengrenze des Anbaus, noch eine Stufe der extensiven Weidewirtschaft mit einer Höhenspanne bis über 1000 m. Die absoluten Grenzen der Landnutzung werden nur selten erreicht; in vielen Gebirgen haben fehlende Rentabilität in entlegenen und steilen Gebieten sowie Bodenabschwemmungen zur Bergflucht und damit zum Rückweichen der Höhengrenze geführt. Auch hier ist häufig ein Funktionswandel erfolgt und die Agrar- durch die Freizeitnutzung ersetzt worden.

In den warmen Tropen gibt es wegen zu hoher Temperaturen für manche Pflanzen auch eine Untergrenze; so werden z. B. 1000 m von Weizen und Kartoffeln, 700 m von europäischen Gemüsearten oder 500 m von Tee kaum unterschritten.

Die *Trockengrenze des Anbaus* scheidet innerhalb der Nutzfläche der Erde Räume aus, die infolge geringer Niederschläge und hoher Verdunstung die Agrarwirtschaft verbieten. Die agronomische Trockengrenze für den Regenfeldbau liegt bei 3-4 humiden Monaten, für die je nach Temperatur 250 bis 1000 mm Jahresniederschlag erforderlich sind. Extensive Viehwirtschaft ist noch bei 1-2 humiden Monaten möglich. Die Oasen bilden bewässerte Inseln des Anbaus innerhalb der Trockengebiete. Die Trockengrenzen der einzelnen Kulturpflanzen richten sich nach dem jeweiligen Wasserbedarf.

Tab. 8: Mindestwerte der Niederschläge in mm / Jahr für den Anbau von

Bananen	2000	Zuckerrüben	450	Erdnuß	300
Zuckerrohr	1500	Kartoffeln	400	Hirse	250
Kakao	1300	Weizen	300	Gerste	250

Diese Werte schwanken jedoch mit der temperaturabhängigen Höhe der Verdunstung. Grenzpflanzen sind z. B. am subtropischen Nordrand des afrikanischen Trockengürtels Gerste und Dattelpalme, am tropischen Südrand Gerste, Hirse, Erdnuß und Sisal. Die Gerste ist eine Pionierpflanze sowohl an der Kälte- wie an der Trockengrenze.

Durch Bewässerung, Trockenfarmen (s. S. 117) und trockenresistente Sorten kann zwar die Anbaugrenze hinausgeschoben werden, doch verursachen die gerade an der Trockengrenze häufigen Niederschlagsschwankungen katastrophale Rückschläge, wie das Beispiel der Sahelzone wiederholt zeigte.

Feuchtgrenzen umschließen azonale Gebiete, die durch Überschwemmungen, Moorbildung oder wasserstauende schwere Böden eine Nutzung ausschließen. Trockenheitliebende Pflanzen wie Sisal, Hirse und Erdnuß haben ihre eigene Feuchtgrenze innerhalb anderweitig nutzbarer Räume. Durch Entwässerung bzw. Abflußregelung und Moorkultivierung läßt sich die Feuchtgrenze zurückdrängen.

Auch die *Meergrenze* der Landnutzung unterliegt durch Abrasion oder Sturmfluteinbrüche einerseits, durch Neulandgewinnung (z. B. in den Niederlanden) andererseits dauernden Veränderungen. Sie zeigt vielleicht am deutlichsten die Instabilität der Grenzen in der Auseinandersetzung zwischen Mensch und Natur.

Zusammenfassend ergibt sich, daß an der Polar- und Höhengrenze in den Industrieländern heute fast überall eine Kontraktion der Nutzfläche stattfindet. In den Entwicklungsländern erfolgt eine Expansion noch an der Trocken- und Höhengrenze, verbunden mit großen Risikofaktoren (E. EHLERS 1984).

3.3 Die Landschaftsgürtel als agrarische Eignungsräume

(s. DIERCKE Weltatlas, S. 226/227 ① und 228/229 ①-③)

Die Landschaftsgürtel der Erde geben mit den Faktorenkomplexen Klima, Boden, Pflanzen- und Tierwelt den regionalen Rahmen für die Nutzung, die sich mit der jeweiligen Gunst oder Ungunst der ökologischen Grundlagen auseinander zu setzen hat (vgl. K. MÜLLER-HOHENSTEIN 1979, J. SCHULTZ 1995).

Tropen

In den Tropen liegen alle Monatsmittel im Tiefland über 18 °C. Die Temperaturschwankungen des Tages sind höher als die zwischen den Monatsmitteln (Tageszeitenklima). Die Nutzung ist thermisch ganzjährig begünstigt, muß jedoch die jahreszeitlich unterschiedlichen Niederschläge berücksichtigen.

Die *immerfeuchten Tropen* weisen im Tiefland Monatsmitteltemperaturen zwischen 25 und 28 °C und hohe Niederschläge (meist über 1500 mm) während des ganzen Jahres mit Maxima nach den Sonnenhöchstständen auf.

Mit mindestens zehn humiden Monaten verfügt die Pflanzenwelt über ganzjährig ausreichende Feuchtigkeit. Diesem Klima entspricht als natürliche Vegetation der immergrüne *tropische Regenwald*. Seine Dichte und Artenstreuung erschweren Holznutzung und Erschließung, das feuchtheiße Klima belastet den Menschen und begünstigt Krankheiten. Nach vorübergehender Nutzung degradiert der Regen- zum Sekundärwald und schließlich zur offenen Grasflur.

In den *wechselfeuchten Tropen* sind die Unterschiede der Monatsmittel noch gering (22-25 °C), doch ist nun für die Nutzung die dem Sonnenstand entsprechende Konzentration der Niederschläge auf nur eine Regenzeit im Jahr wichtig. Die Zahl der humiden Monate sinkt auf sechs bis neun, die Niederschlagsmenge auf 1000 bis 1500 mm im Jahr. Infolge geringerer Bewölkung ist die Einstrahlung größer als in den immerfeuchten Tropen. Der immergrüne Regenwald geht in den zeitweilig laubwerfenden Feucht- bzw. Monsunwald über, durchsetzt von edaphisch bedingten Grasfluren. Diese *Feuchtsavanne* erleichtert im Übergang vom Wald zum offenen Land die Erschließung.

In der polwärts anschließenden *Trockensavanne* sind thermisch die Schwankungen des Tages noch immer größer als die der Monatsmittel. Die Jahresniederschläge sinken unter dem Einfluß des subtropischen Hochdruckgürtels auf 500-1000 mm, die Zahl der humiden Monate auf vier bis sechs. Die Vegetation besteht aus lockeren laubabwerfenden Baum- und Strauchbeständen, durchsetzt von offenem Grasland und immergrünen Galeriewäldern längs der Flüsse. In der kurzen Regenzeit während der wärmeren Monate ist noch Regenfeldbau möglich.

In der *Dornsavanne* werden nur noch 250-500 mm Jahresniederschlag und zwei bis vier humide Monate erreicht. In der Vegetation überwiegen neben den in der Trockenzeit verdorrenden Gräsern wasserspeichernde Gewächse (z. B. stammsukkulente Kakteen und Euphorbien). Der Feldbau weicht der extensiven Weidewirtschaft. Neben den geringen, häufig schwankenden Niederschlägen wird die Nutzung in den Trocken- und Dornsavannen durch tierische Schädlinge (z. B. Termiten, Wanderheuschrecken) bedroht.

Die Agrarwirtschaft der Tropen wird in Wechselwirkung mit Klima und Vegetation entscheidend von der Entwicklung und Tragfähigkeit der *Böden* bestimmt. Wesentlich sind dabei die bodendynamischen Unterschiede zwischen den feuchten Tropen (Regenwald, Feuchtsavanne) und den trockenen Tropen (Trocken-, Dornsavanne).

In den feuchten Tropen bewirken die ständig hohen Temperaturen und Niederschläge eine tiefgründige chemische Verwitterung. Doch sind die Böden (Ferrallite, Latosole) stark ausgewaschen; mit geringem Restmineralgehalt und wenig mächtiger Humusschicht sind sie nährstoffarm. Zudem haben die hier überwiegenden zweischichtigen Tonminerale nur eine geringe

Speicherfähigkeit für Pflanzennährstoffe. Die hohe Produktionskraft des Feuchtwaldes beruht auf der außerordentlich raschen Umsetzung des Nährstoffvorrates innerhalb der Phytomasse, wobei die Wurzelpilze *(Mycorrhizae)* für die Speicherung und Aufbereitung der Nährstoffe entscheidend sind. Die ständige Regeneration des Waldes bleibt nur durch den raschen Mineralkreislauf zwischen oberster Bodenschicht und Pflanzen gesichert.

Die Rodung unterbricht diesen Kreislauf: Die oberflächennahe Humussubstanz wird zerstört, die Wurzelpilze sterben ab und können durch kurzlebige Kulturpflanzen nicht mehr aufgebaut werden. Künstliche Düngung kann die Verluste infolge der schwachen Speicherfähigkeit der Tonminerale nicht ersetzen. Verstärkte Erosion vermindert den Mineralgehalt weiter. Die Rodung stört so das ökologische Gleichgewicht grundlegend. Die Feld-Wald-Wechselwirtschaft kann Bodendegradierung und -abtrag nur vorübergehend verringern, ist jedoch noch am besten angepaßt. Mit hohem Arbeitsaufwand und geringen Erträgen kann sie aber nur eine dünn siedelnde Agrarbevölkerung ernähren. Damit sind die Bewohner der feuchten Tropen ökologisch tiefgreifend benachteiligt und im wirtschaftlichen Fortschritt gehemmt (W. WEISCHET 1977, differenzierte Darstellung bei J. SCHULTZ 1995).

Eine Regeneration der Böden mit neuer Mineralzufuhr ist bei rezentem Vulkanismus mit Aschedüngung oder bei Überschwemmungen durch mineralhaltige „Weißwasserflüsse“ möglich. Auf hängigem Gelände kann die Abspülung auch vorteilhaft sein, wenn sie frische Gesteinssubstanz in die Bodenbildung einbezieht und den Mineral- und Nährstoffgehalt sichert. So kann in tropischen Vulkanlandschaften, Stromebenen und Gebirgen auch eine dichte Bevölkerung ernährt werden.

In den trockenen Tropen ist die potentielle Bodenfruchtbarkeit höher als in den feuchten Tropen. Chemische Verwitterung und Aufbereitungstiefe der Böden sind geringer, der Restmineralgehalt ist höher. Der Anteil an den austauschstärkeren dreischichtigen Tonmineralen nimmt zu. So sind die fersiallitischen Böden der Trockengebiete gegenüber den ferrallitischen der feuchten Tropen begünstigt. Doch beschränken nun die geringen und unsicheren Niederschläge den Feldbau, der in der Dornsavanne künstliche Bewässerung erfordert. Die Anlage von Staudämmen ist jedoch in den Flachmuldentälern der wechselfeuchten Tropen schwierig, da bei einer großen Dammlänge nur eine geringe Dammhöhe möglich ist; zudem kann der damit geringe Stauraum rasch zugeschwemmt werden. Die Trockensavannen sind aber trotz klimatischer Behinderung mit ihrer guten Bodenqualität die bevorzugten Gebiete der Tropen mit hohem Kulturanteil.

Diese Klima-, Vegetations- und Bodenfaktoren machen die mit den tropischen Landschaftsgürteln wechselnde Nutzungsstruktur besser verständlich. In den *immerfeuchten Tropen* ist ganzjährige Nutzung mit mehreren Ernten bei einjährigen Kulturen möglich. Baum- und Strauchkulturen (Öl-, Kokospalmen, Kautschuk, Kakao, *Coffea robusta*) stehen der natürlichen Vegetation am nächsten. Der Selbstversorgung dienen die Feldpflanzen Maniok, Batate, Yams und Taro, die wasserbedürftigen Pflanzen Reis, Zuckerrohr und Bananen auch dem Export. Die Viehhaltung wird durch Krankheiten und Schädlinge beeinträchtigt.

In der *Feuchtsavanne* konzentriert sich der Anbau auf eine, höchstens zwei Ernten nach den feuchten Monaten. Gegenüber den Baum- nehmen die Feldkulturen zu, darunter solche mit geringem Niederschlagsbedarf (Hirse, Mais, Tabak, *Coffea arabica*, Erdnuß, Baumwolle). Die Viehhaltung findet bessere Voraussetzungen als in den immerfeuchten Tropen.

In der *Trockensavanne* treten die Baumkulturen gegenüber den für die Feuchtsavanne genannten Feldpflanzen noch stärker zurück. Die kurze Regenzeit erlaubt nur eine jährliche Ernte. Die an sich fruchtbaren Böden sind in der Regenzeit durch Abschwemmung gefährdet. Die Viehhaltung nimmt konkurrierend zum Feldbau große Flächen ein.

In der *Dornsavanne* wird jenseits der agronomischen Trockengrenze die Viehhaltung mit Rindern in den feuchteren, Ziegen und Schafe in den trockeneren Gebieten beherrschend. Bei Überweidung wird die Grasnarbe zerstört und der Dornbusch breitet sich aus, nach dessen Abholzung das ökologische Gleichgewicht endgültig zerstört ist.

Neben den hygrisch bedingten Landschaftsgürteln der Tropen müssen die *tropischen Gebirge* mit ihrer stärkeren thermischen Differenzierung gesondert betrachtet werden. Mit der Höhe wandelt sich parallel zu Klima, Vegetation und Böden die Agrarnutzung, besonders deutlich in den südamerikanischen Anden (Abb. 23). Die heiße Tieflandstufe *(Tierra caliente)* reicht bis etwa 1000 m ü. M. und zeigt je nach Klima die Merkmale der tropischen Landschaftsgürtel (s. o.). Die *Tierra templada* liegt zwischen 1000 und 2400 m ü. M. mit Jahresmitteltemperaturen zwischen 18 und 22 °C. Die Vegetation besteht an den feuchten Kordillerenhängen aus relativ artenarmem Bergwald und zeigt in den trockenen Becken und Tälern alle Abstufungen bis zur Dornsavanne. In der Bodennutzung mischen sich tropische und subtropische Kulturpflanzen (Kaffee, Bananen, Agrumen, Mais). In feuchteren Gebieten gedeihen noch Reis und Zuckerrohr, in trockeneren Erdnüsse und Baumwolle. Die kühle *Tierra fria* (2400-3800 m ü. M., Jahresmitteltemperaturen 8-18 °C) mit Nebelwald an den feuchten Hängen wird mit den einheimischen Mais- und Kartoffelarten sowie den Getreide-, Obst- und Gemüsearten aus den gemäßigten Breiten der Alten Welt genutzt. Daneben spielt die Rinder- und Schafhaltung mit Weiden und Feldfutterbau eine große Rolle. Infolge ganzjährig häufiger Fröste endet der Feldbau in der kalten *Tierra helada* (3800-4800 m ü. M., Jahresmittelwert 0-8 °C). Die feuchtere Páramovegetation geht nach Süden in die trockenere Punavegetation über. Es ist nur extensive Weidewirtschaft möglich; sie endet an der Schneegrenze in der *Tierra nival (glacial).* Die für Äquatornähe genannten Höhengrenzen heben sich nach Süden und erreichen ihre höchsten Werte im Altiplano Perus und Boliviens.

Andere tropische Hochgebirge zeigen ähnliche Stufen. So folgen in Äthiopien einander die feuchtheiße *Kolla* (bis 1700 m), die temperierte *Woina Dega* (bis 2500 m), die kühle *Dega* (bis 3700 m) und die kalte *Tschoke* mit entsprechendem Nutzungswandel.

Die semiariden Randgebiete der Tropen (Trocken- und Dornsavanne) und der Subtropen (Steppen, Wüstensteppen) unterliegen zunehmender *Desertifikation,* d.h. der Schädigung oder Zerstörung des ökologischen Potentials durch unangepaßte menschliche Nutzung (H. Mensching und F. Ibrahim 1976; H. Mensching 1979, 1980, 1990; Diercke Weltatlas 224). Sie hat die natürliche, durch Klimaschwankung verursachte Wüstenbildung *(Desertion)* noch verstärkt und bedroht heute über ein Sechstel der Weltbevölkerung auf einer Fläche von etwa 3,6 Mrd. ha, vornehmlich in der von Dürrekatastrophen heimgesuchten Sahelzone Afrikas. Ursachen sind hier die verstärkte Nutzung durch rasche Bevölkerungszunahme, Wanderungsbeschränkungen in der Kolonialzeit und Seßhaftwerden von Nomaden. Die Viehbestände wurden vergrößert, die Weideflächen überstockt und der Grundwasserspiegel durch Tiefbrunnen abgesenkt. Weidebrände und Holzgewinnung zerstörten die Baum- und Strauchbestände, der Ackerbau drang mit Erdnuß-, Baumwoll- und Hirseanbau in nur für extensive Viehhaltung geeignete Trockengebiete ein und reduzierte die Weideflächen weiter. Die Folgen sind eine gelichtete und degradierte Vegetation sowie Erosion und Windabtragung mit Staubstürmen und Dünenbildung. Erhöhte Verdunstung verstärkt die Dürregefahr. Die Versalzung nimmt infolge fehlender Bodendurchspülung und sinkendem Grundwasserspiegel zu. So hat der Mensch wüstenähnliche Bedingungen geschaffen, die zum Vordringen der Wüste führen *(„man made desert“).*

Trockengebiete

Im Übergang zwischen Tropen und Subtropen liegen im westlichen Nord- und Südamerika, vor allem in Nordafrika, Zentralasien und Australien die *Wüsten* und *Wüstensavannen* bzw. *-steppen.* Entscheidendes Merkmal ist die Niederschlagsarmut mit unter 250 mm im Jahr und weniger als zwei humiden Monaten. Dabei ist der tropische Teil gegenüber dem subtropischen bevorzugt, da die wärmeren und feuchteren Monate zusammentreffen und Frostfreiheit besteht. Doch sind die Niederschläge kurz, unregelmäßig und fehlen in der Kernwüste oft viele Jahre. Die Vegetation paßt sich in den Randgebieten mit weitständigen Xero- und Halophyten sowie niedrigem Kraut- und Graswuchs an. Die Böden sind wenig entwickelt, humus- und stickstoffarm und durch hohe Verdunstung häufig salzhaltig, in den Kerngebieten treten nur Rohböden auf. So muß sich die Nutzung auf die Randgebiete mit extensiver nomadischer Viehhaltung und sporadischer Jagd- und Sammelwirtschaft beschränken. In schärfstem Gegensatz dazu liegen inselförmig die Oasen, in denen mit Bewässerung ein intensiver Anbau möglich ist (s. S. 161).

Subtropen

In den Subtropen (warmgemäßigte Zone) überwiegen im Gegensatz zu den Tropen thermisch die jahres- gegenüber den tageszeitlichen Schwankungen. In der Niederschlagsverteilung sind neben den genannten Trockengebieten die winterfeuchten Subtropen (s. K. ROTHER 1984) auf den Westseiten der Kontinente von den sommer- und immerfeuchten auf den Ostseiten mit erheblichen Konsequenzen für die Nutzung zu unterscheiden.

In den *winterfeuchten Subtropen* (Mittelmeergebiet, Kalifornien, Mittelchile, Südwestafrika, Südaustralien) beruht die Sommertrockenheit auf dem Einfluß des Randtropenhochs, die Winterfeuchtigkeit auf zyklonalem Wettergeschehen, wobei die Zahl der humiden Monate auf vier zurückgehen kann. Die Niederschlagsarmut in der thermisch begünstigten Jahreszeit ist ein schwerer Nachteil, der allerdings durch die Seltenheit der Fröste und die verminderte Verdunstung im Winter gemildert wird. Der Sommertrockenheit ist die Hartlaubvegetation angepaßt (u.a. immergrüne Stein- und Korkeichen). Das Waldkleid des Mittelmeerraumes wurde seit der Antike durch Raubbau, Rodung und Überweidung weitgehend zerstört und durch die degradierte Pflanzengesellschaft der (z.T. auch natürlichen) Garrigue und Macchie ersetzt. In den entwaldeten Bergländern ist, besonders durch Starkregen nach der Trockenzeit, die Erosion weit verbreitet und hat die Bodenprofile z.T. zerstört. Je nach Eisengehalt sind auf Kalk rote, auf silikatreichem Gestein braune mediterrane Böden verbreitet. Seit dem 19. Jh. sucht man den Schäden der Entwaldung durch Aufforstung (mit Kiefern- und Eukalyptusarten) zu begegnen.

Im Regenfeldbau können ausgedehnte Flächen mit Getreide genutzt werden, doch zwingt die Sommertrockenheit bei intensiver Nutzung zu künstlicher Bewässerung. Sie konzentriert sich in den küstennahen Räumen, wo sich, oft im Stockwerkbau, Feld- und Baumkulturen mischen. Neben Wein und den eingeführten Agrumen ist vor allem der Ölbaum typisch, mit dem die mediterranen Subtropen nach Norden abgegrenzt werden. Die Viehhaltung wird durch den Mangel an Grünland behindert und ist auf Feldfutterbau oder auf Fernweidewirtschaft mit Wanderungen zwischen Gebirgen und Tiefland (Transhumanz, s. S. 123) angewiesen.

Die *sommer- und immerfeuchten Subtropen* der Ostseiten beziehen ihre Niederschläge aus zyklonalen, konvektiven oder monsunalen Luftbewegungen bei meist über fünf humiden Monaten. Die Temperaturschwankungen nehmen nach Norden mit kühlen Wintern und gelegentlichem Frost zu, doch begünstigt der zugleich feuchte und warme Sommer die Nutzung. Die subtropischen Feucht- und Monsunwälder weichen in trockenen küstenfernen Gebieten den Gras- und Dornbuschsteppen. Unter den Böden herrschen rotbraune und gelbe, im Norden auch podsolierte Braunerden vor; ein Sonderfall ist der schwarzerdeartige Boden der argentinischen Pampa auf Löß. Mit den Niederschlägen nehmen chemische Verwitterung und Entwicklungstiefe zu. Im Anbaugefüge sind neben meist untergeordneter Viehhaltung und Getreidebau in Ostasien Reis, Tee und Agrumen, im südöstlichen Nordamerika Baumwolle, Erdnüsse und Tabak vertreten.

Kühlgemäßigte Zone
In der fast ganz auf die Nordhalbkugel beschränkten kühlgemäßigten Zone (vgl. B. HOFMEISTER 1985) sind die jahreszeitlichen Unterschiede mit Mittelwerten von 15-20 °C im wärmsten und 10 bis –30 °C im kältesten Monat deutlich ausgeprägt, wobei die Jahresschwankung vom ozeanischen Westen zum kontinentalen Osten ansteigt. Die Niederschläge, im Winter mehr zyklonalen, im Sommer mehr konvektiven Ursprungs, reichen in den feuchteren Teilen für den im Winter laubabwerfenden Wald aus, in den trockeneren jedoch nur für Steppenvegetation. Die Zone trägt die größten Feldbaugebiete der Erde, da neben günstiger Temperatur- und Niederschlagsverteilung und hoher technischer Entwicklung die Bodenentwicklung vorteilhaft ist. Chemische und physikalische Verwitterung sind ausgewogen, der Oberboden ist relativ mächtig und humusreich, jedoch reicht die Verwitterung nicht so tief wie in den feuchten Tropen, so daß Restmineralgehalt und Nährstoffvorrat größer sind. Die hier vorwiegenden Tonminerale besitzen eine wesentlich höhere Austauschkapazität, wodurch auch künstliche Düngung als Nährstoffersatz stärker wirken kann. Die Mineralstoffe sind nicht wie in den feuchten Tropen in der Biomasse, sondern im Boden konzentriert und werden weniger rasch in den Kreislauf einbezogen, so daß auch nach der Rodung ein Vorrat lang verfügbar ist.

Auf dieser Grundlage konnte sich ein vielseitiges Anbaugefüge entwickeln, das neben allen Getreidearten zunehmend auch Mais, eine Reihe von Hackfrüchten, Futterpflanzen und in klimamilden Gebieten Sonderkulturen (Obst, Wein, Feldgemüse) umfaßt (S. 102). Der Feldbau ist meist eng mit der Viehwirtschaft verbunden, die auf Stallfütterung oder auf Beweidung sowohl in feuchten ozeanischen Gebieten wie in den Gebirgen beruht. Häufig ist in dieser Zone auch die Verflechtung mit der Waldnutzung anzutreffen.

Die Besonderheit des *ozeanischen Teilgebiets* sind milde Winter und kühle Sommer, d.h. relativ geringe Jahresschwankungen und ganzjährige Niederschläge. Die natürliche Vegetation besteht aus Laub- und Mischwäldern mit Kiefern auf trockenen, Fichten auf feuchteren Höhenstandorten, durchsetzt von Mooren und durch Rodung und Beweidung entstandenen Heidegebieten. Im vielfältigen Bodenmosaik überwiegen Braunerden und Parabraunerden, in niederschlagsreichen Gebieten auch Podsole. Die meist nährstoffreichen, gut durchfeuchteten und durchlüfteten Böden haben die großräumige Erschließung für den Ackerbau begünstigt. Das Anbaugefüge umfaßt alle oben genannten Kulturpflanzen, wobei die wintermilden und niederschlagsreichen Gebiete der fast ganzjährigen Grünlandnutzung und dem Frühgemüsebau förderlich sind.

Im *kontinentalen Teilgebiet* nehmen die thermischen Jahresschwankungen mit wärmeren Sommern und kälteren Wintern zu. Die Niederschläge fallen ganzjährig mit Sommermaximum. Neben den Braunerden sind graue Waldböden und Podsole stärker vertreten. Mit zunehmender Winterkälte steigt der Nadelwaldanteil. Der Feldbau trägt der Winterkälte durch Sommergetreidearten Rechnung. Im kühleren, feuchteren Norden treten Roggen, Gerste, Kartoffeln, Futterbau und Waldwirtschaft, im wärmeren und trockeneren Süden Weizen, Mais und Zuckerrüben in den Vordergrund.

Auch in den *Steppengebieten* sind kalte Winter und warme Sommer (Juli über 20 °C) bestimmend. Doch verhindern die geringen Niederschläge (unter 400 mm im Jahr mit ariden Sommermonaten) die geschlossene Bewaldung. Die Vegetation geht mit zunehmender Trockenheit von der Baum- in die offene Kraut- und Grassteppe und schließlich in die Zwergstrauch- und Wüstensteppe über. Der typische Steppenboden ist die Schwarzerde (Tschernosem) mit A-C-Profil, dem der Ausfällungshorizont B der Braunerden und Podsole fehlt. Auf kalkhaltigem Muttergestein, z. B. Löß, reichert sich in dem zeitweilig ariden Klima Kalk im Oberboden an.

Mit ihrer mächtigen Humusschicht und nachhaltigen Speicherkraft gehören die Schwarzerden zu den besten Ackerböden der Erde. Die leicht erschließbaren Steppen Nordamerikas, Rußlands und der Ukraine sind die wichtigsten Produktionsgebiete für Weizen, Mais, Zuckerrüben und Ölpflanzen. Nach Zerstörung der natürlichen Vegetation fielen allerdings auch große Flächen der Bodenabtragung durch Wind und Wasser zum Opfer. In den trockensten Teilen der Steppe erreicht der Anbau auf den geringmächtigen und häufig versalzten Böden seine Grenze und wird von extensiver, z. T. nomadischer Viehhaltung abgelöst.

Die Höhenstufung in den *Gebirgen* der kühlgemäßigten Zone ist sehr vielfältig und kann nur angedeutet werden. In den Alpen folgen z. B. die Stufen der Laub- und Nadelwälder und über der Waldgrenze die Matten. Parallel dazu finden sich Feld- und Wiesennutzung in den tieferen, Waldnutzung in den mittleren und Weidenutzung in den höheren Gebirgslagen.

Kaltgemäßigt-boreale Zone

In der kaltgemäßigt-borealen Zone (vgl. U. TRETER 1993) liegt das thermische Jahresmittel nur noch zwischen +3 °C und –3 °C, wobei die Monatsmittel im langen Winter –25 °C unter-, im Sommer +10 °C überschreiten können. Waldwuchs ist möglich, doch gedeihen bei einer Vegetationszeit von unter 120 Tagen die meisten Laubhölzer nicht mehr. Der beherrschende Nadelwald wird von Mooren, begünstigt durch das feucht-kalte Klima, durchsetzt. Der typische Boden ist der Podsol, bei dem die Nadelstreu einen stark sauren Rohhumus über dem Bleichhorizont liefert. Humusstoffe und Eisenoxide können sich im B-Horizont zu Ortstein verbinden. Im Norden wird der Baumwuchs auch durch den tiefreichenden, im Sommer nur oberflächlich auftauenden und dann wasserstauenden Dauerfrostboden behindert.

Der Ackerbau beschränkt sich neben der vorherrschenden Waldwirtschaft auf Rodungsinseln, auf denen noch Sommergerste und Kartoffeln gedeihen und Grünland genutzt werden kann. Die nährstoffarmen Böden erfordern bei längerer Nutzung Düngerzugaben. Der Ackerbau ist heute in Nordamerika und Nordeuropa wegen mangelnder Rentabilität rückläufig.

In der *Subpolarzone* sinkt die Mitteltemperatur auch im wärmsten Monat unter 10 °C, und die Vegetationszeit reicht für den Baumwuchs nicht mehr aus. Die Tundra umfaßt nur Zwergsträucher, Flechten, Moose und Moore. Wenig entwickelte Podsol- und vernäßte Gleyböden herrschen vor, polwärts Rohböden. Klima und Böden schließen den Ackerbau aus und die Nutzung beschränkt sich wie in den Trockenräumen auf extensive Weidewirtschaft, hier als Rentierhaltung.

In der *polaren Zone* endet schließlich mit Vegetation und Bodenbildung jegliche agrarische Nutzung.

Rückblickend sind in den Landschaftsgürteln der Erde jeweils *Gunst-* wie *Ungunst-(Risiko-)faktoren* zu erkennen. Die inneren Tropen sind bei ausreichender Wärme und Feuchtigkeit durch die geringen Nährstoffressourcen des Bodens benachteiligt, während die Randtropen bei günstigerer Bodenstruktur unter saisonalem Wassermangel leiden, der in den Trockengebieten der entscheidende Ungunstfaktor ist. Auch in den Subtropen ist die hygrische Instabilität nachteilig, während in der kühlgemäßigten Zone die thermische und hygrische Ausgeglichenheit bei häufig günstiger Bodenstruktur ein Gunstfaktor ist. Erst in der subpolaren Zone tritt das thermische Risiko wieder in den Vordergrund. Insgesamt ist aber die Instabilität der hygrischen Systeme der größte Risikofaktor der Erde, am deutlichsten in den Grenzzonen des Trockenraums. Allgemein ist eine Risikostreuung mit vielseitig-elastischer Betriebsorganisation oder Flächenwechsel anzustreben (H. ACHENBACH 1994). Über die Verbreitung, Eigenschaften und Bedeutung der einzelnen Nutzpflanzen in den Landschaftsgürteln der Erde unterrichten zusammenfassend A. SPRECHER v. BERNEGG (1929-1936); P. SCHÜTT (1972); T. ESDORN und H. PIRSON (1973); G. FRANKE (1980); S. REHM und G. ESPIG (1984). Vgl. dazu auch DIERCKE Weltatlas, S. 228/229.

4 Kräfte und Prozesse im Agrarraum

Die Strukturen und Funktionen des Agrarraumes unterliegen einer Reihe z. T. gesetzmäßiger Kräfte und Prozesse, die in zahlreichen wirtschaftswissenschaftlichen Theorien und Modellen erfaßt vorliegen. Davon kann nur eine Auswahl gegeben werden; für weiterreichende und den Wirtschaftsraum als ganzes umfassende Zusammenhänge sei auf den Band Wirtschaftsgeographie (Neuauflage 1994) von H.-G. WAGNER dieser Seminar-Reihe verwiesen.

4.1 Produktionsfaktoren und Intensität

Die grundlegenden Produktionsfaktoren der Agrarwirtschaft sind Boden, Arbeit und Kapital. Bei der Wirksamkeit dieser Faktoren muß nach der Produktivität und der Intensität unterschieden werden. Die *Produktivität* gibt die Ergiebigkeit des Faktoreneinsatzes an. Hierbei wird die *Boden-(Flächen-) produktivität* mit dem Mengenertrag je Hektar Nutzfläche angegeben. Beim Vergleich verschiedener Produkte muß dieser Ertrag auch in Bezug zum Nährwert gesetzt werden; so beträgt z. B. im durchschnittlichen Hektarertrag der Nährwert der Banane das Dreifache und des Reises etwa das Doppelte des Weizens. Die *Arbeitsproduktivität* wird am Ertrag je Arbeitskraft, die *Kapitalproduktivität* am Ertrag je Kapitaleinsatz (d. h. bauliche und technische Betriebsmittel) gemessen. In den Entwicklungsländern Afrikas ist die Flächen- und Arbeitsproduktivität gering, in den Industrieländern Europas hoch. In den flächenreichen Ländern Amerikas ist die Flächen-, in den bevölkerungsreichen Ländern Süd- und Ostasiens die Arbeitsproduktivität gering.

Die *Intensität* wird hingegen nach dem Einsatz von Arbeit und Kapital je Flächeneinheit bestimmt, der sich neben den unterschiedlichen natürlichen Grundlagen in der Flächenproduktivität auswirkt. Die *Arbeitsintensität* wird nach der je Flächeneinheit aufgewendeten Arbeitsstundenzahl gemessen. So steigt z. B. im allgemeinen der Aufwand vom Getreide- über den Hackfruchtbau bis zu den Sonderkulturen, zu denen z. B. Wein-, Obst-, Feingemüse und Tabakanbau gerechnet werden (s. S. 102), und zum stadtnahen marktorientierten Gartenbau. Außerdem kennzeichnet große Arbeitsintensität Gebiete mit kapitalarmen Kleinbetrieben und zahlreich verfügbaren, billigen Arbeitskräften. Bekanntes Beispiel ist die kleinparzellierte, gartenartige Nutzung in den Reisbaugebieten Süd- und Ostasiens.

Der Einsatz von Kapital ersetzt oder ergänzt die menschliche Arbeitskraft durch Maschinen und andere industrielle Betriebsmittel. Hohe *Kapitalintensität* findet sich vornehmlich in Großbetrieben und in Gebieten mit hohen Arbeitslöhnen, aber relativ niedrigen Industriepreisen. Beispiele bieten die dünnbesiedelten Farmgebiete im mittleren Westen der USA, wo mechanisierte Großbetriebe allein durch Familienarbeitskräfte bewirtschaftet werden. Aber auch in Westeuropa erfordern Landflucht und hohe Löhne zunehmend den Einsatz arbeitsparender Maschinen.

Die *Betriebsintensität* ergibt sich als Summe aus Arbeits- und Kapitalintensität. Diese Faktoren können einander substituieren, d. h. daß sich z. B. bei hohen Löhnen Arbeits- durch Kapitalintensität, bei hohen Kapitalgüterpreisen Kapital- durch Arbeitsintensität ersetzen läßt. Innerhalb eines Betriebes kann der Ausgleich durch unterschiedliche Intensität der Betriebszweige erfolgen, z. B. im Verbund von arbeitsintensiven Sonderkulturen und arbeitsextensiverem Getreidebau. Wenn sowohl der Arbeits- wie der Kapitaleinsatz niedrig ausfällt, kann ein Betrieb auch mit geringen Flächenerträgen noch rentabel sein, z. B. bei der extensiven Weidewirtschaft. Intensität darf nicht mit Rationalität verwechselt werden. So wirtschaftet ein Betrieb unrationell, wenn hohe Flächenerträge durch zu hohen Kapital- und Arbeitseinsatz wieder aufgezehrt werden. Entscheidend ist letzthin immer der verbleibende Reinertrag.

In der Gesamtentwicklung von der traditionellen Wirtschaft der Agrarländer zur technisierten der Industrieländer verlagert sich die Intensität entsprechend der Verfügbarkeit und den Kosten zunehmend von der Arbeit zum Kapital. Tab. 9 zeigt, wie in der Bundesrepublik Deutschland infolge der Mechanisierung der Arbeitszeitaufwand zwischen 1950 und 1980 gesunken ist, d. h. wie die Arbeitsintensität ab-, die Arbeitsproduktivität aber zugenommen hat.

Tab. 9: Arbeitszeitaufwand in ausgewählten Produktionsverfahren

Produktionsverfahren	Einheit	Arbeitszeitaufwand in Stunden je Einheit und Jahr bei typischer Mechanisierung um 1950	um 1980
Getreidebau	ha	150	< 15
Kartoffelbau	ha	326	< 50
Zuckerrübenbau	ha	460	< 60
Heugewinnung	ha	77	< 15
Milchkühe	1 Tier	145	< 30
Mastschweine	10 Tiere	80	< 15
Legehennen	100 Tiere	500	< 25

Quelle: Kuratorium für Technik und Bauwesen in der Landwirtschaft. Darmstadt 1979

4.2 Das Ertragsgesetz

Das Verhältnis zwischen dem Aufwand der Produktionsfaktoren und dem erzielten Ertrag läßt sich in dem auch in der Agrarwirtschaft grundlegenden *Gesetz vom abnehmenden Ertragszuwachs* anwenden. Danach steigt mit zunehmendem Aufwand der Rohertrag zwar zunächst rasch, dann aber nur noch langsam an und läßt sich schließlich nicht mehr erhöhen. Dies bedeutet, daß der Reinertrag (Landrente), der nach Abzug aller Aufwandskosten vom Rohertrag bleibt, nur bis zu einem bestimmten Punkt steigt, dann aber sinkt und sogar in Verlust übergeht (Abb. 5). So können z. B. die Erträge durch verstärkte Düngung nicht beliebig erhöht werden und durch Überdüngung sogar sinken; der übersteigerte Einsatz von teuren Maschinen und Arbeitskräften führt ebenfalls zum Verlust. Wenn dieser Verlust nicht durch steigende Markt-

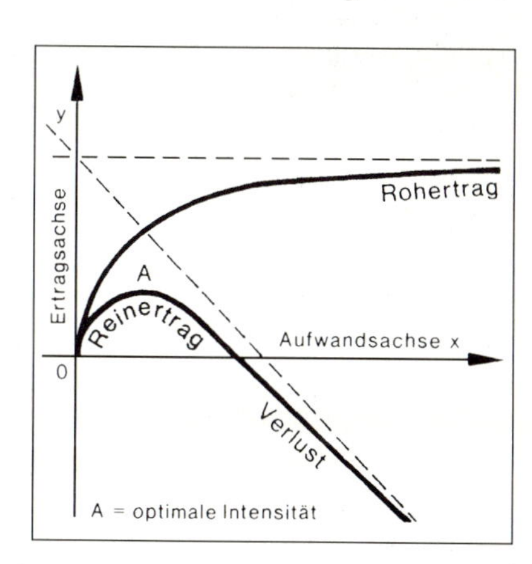

Abb. 5: Das Gesetz vom abnehmenden Ertragszuwachs (nach OTREMBA *1976; nach* KRZYMOWSKI*)*

preise oder Subventionen wieder ausgeglichen wird, hilft nur die Umstellung auf eine andere Produktionsrichtung mit günstigeren Ertrags-Kosten-Relationen.

Vor dieses Problem sehen sich viele Betriebe in der EU gestellt, die bei wenig steigenden Marktpreisen einen im Vergleich zum Reinertrag zu hohen Aufwand betreiben und Subventionen erhalten müssen, um weiterhin existieren zu können. Sie sind jenen großen Betrieben in Übersee unterlegen, die mit geringerem Aufwand je Flächeneinheit eine höhere Landrente erreichen.

Es gehört zu den wohl schwierigsten und wichtigsten Aufgaben des Betriebsinhabers, den mit Preis- und Lohnschwankungen immer wieder wechselnden Optimalpunkt zwischen Kosten und Ertrag zu finden und damit den bestmöglichen Nettoerlös zu erzielen. Je stärker eine Agrarwirtschaft rationalisiert ist, um so mehr spiegelt der Agrarraum diesen ökonomischen Anpassungsprozeß wider. Die langfristigen, durch Raubbau und Umweltschädigung verursachten Kosten bleiben dabei allerdings meist außer acht.

4.3 Standortfaktoren in der Agrarwirtschaft und das Intensitätsgesetz v. THÜNENS

J. H. v. THÜNEN hat mit empirischen Untersuchungen auf seinem Gut Tellow in Mecklenburg schon 1826 nachgewiesen, daß die Intensität der Bodennutzung infolge der Ertrags- und Aufwandrelationen auch räumlich einer gesetzmäßigen Anordnung folgt. Durch diese Anwendung des Ertragsgesetzes auf den Agrarraum hat v. THÜNEN die richtungweisenden Grundlagen der Agrargeographie geschaffen. Entscheidend ist dabei die Erkenntnis, daß sich mit der Entfernung zwischen Produktions- und Marktort auch Kosten und Gewinn verändern, wobei die mit der Distanz steigenden Transportkosten den Ausschlag geben. Um dieses Prinzip zu verdeutlichen, entwarf v. THÜNEN ein abstraktes Modell. Sein *„Isolierter Staat"* enthält inmitten einer homogenen Ebene nur eine Stadt als Nachfragezentrum für Agrar- und als Angebotszentrum für Industrieprodukte. Die Transportkosten steigen proportional zur Entfernung und zum Gewicht auf den radial gleichwertigen Verkehrslinien; die Verderblichkeit der Güter wird mitberücksichtigt. Angebot und Nachfrage sind ausgeglichen, so daß die Marktpreise stabil bleiben.

Aufgrund dieses Modells sucht v. THÜNEN nach der optimalen Ordnung der Bodennutzung, die den höchstmöglichen Reinertrag (Lagerente, Grundrente) abwirft. Dieser ergibt sich aus dem Marktpreis abzüglich der Produktions- und Transportkosten, d. h. nach der Formel

$R = E\,(p - a) - Efk.$

R = Lagerente pro Flächeneinheit
E = Produktionsmenge pro Flächeneinheit
p = Marktpreis pro Produkteinheit
a = Produktionskosten pro Produkteinheit
f = Transportrate pro Distanzeinheit
k = Entfernung des Produktionsstandorts vom Konsumzentrum

Dies bedeutet, daß in Marktnähe infolge geringer Transportkosten eine höhere Lagerente erzielt wird als in Marktferne. Der marktnahe Landwirt kann somit seinen Betrieb durch erhöhten Kapital- und Arbeitseinsatz mehr intensivieren als der marktferne, der seine Produktionskosten infolge hoher Transportkosten senken und also extensiver wirtschaften muß, um noch eine Rente zu erübrigen. Verstärkend wirkt, daß die ebenfalls vom Landwirt zu tragenden Transportkosten für Industriegüter in Marktferne größer sind.

Auch wenn man berücksichtigt, daß in Nähe des Marktes die Produktionskosten (Löhne, Boden- und Pachtpreise) höher liegen als in Marktferne, und somit der stadtnahe Landwirt nicht nur intensiver wirtschaften kann, sondern auch muß, ergibt sich doch infolge der Transportkostenersparnis eine für den stadtnahen Betrieb positivere Bilanz. Im ganzen besteht somit ein Intensitätsabfall von innen nach außen, bei dem der intensive marktnahe Betrieb mit hohen Produktions-, aber geringen Transportkosten und hohen Erträgen dem extensiven marktfernen Betrieb mit gegenteiligen Eigenschaften gegenübersteht.

Angewendet auf mehrere Nutzungsarten ergeben sich aus diesem Prinzip je nach den Transporteigenschaften der Produkte unterschiedliche Standortbereiche, deren Rentabilität nach innen durch die steigenden Produktions-, nach außen durch die steigenden Transportkosten begrenzt wird.

Die Kritik hat v. THÜNEN vor allem die Realitätsferne seines abstrahierenden und isolierenden Modells vorgeworfen. Er selbst nahm jedoch bereits einige realitätsbezogene Abwandlungen vor, so die Ausweitung der Intensitätsringe längs transportbilliger Verkehrswege (Flüsse), die Ausbildung getrennter Ringsysteme bei mehreren Städten und den differenzierenden Einfluß wechselnder Bodengüte. Man muß zudem die Entstehungszeit des Modells vor dem Bahnbau berücksichtigen, als der Transport noch durch Pferd und Wagen erfolgte und eine enge Austauschbindung zwischen dem Markt und seinem Umland bestand. So muß das statische Modell heute dynamisch umgesetzt werden, indem man die technischen Fortschritte und veränderten Markt-, Produktions- und Verkehrsverhältnisse einbezieht. Durch die modernen Verkehrsmittel erfolgen Transporte heute mit relativ geringem Arbeits- und Kostenaufwand. Gestaffelte Frachtraten verbilligen den Transport über große Entfernungen. Konservierungseinrichtungen ermöglichen die

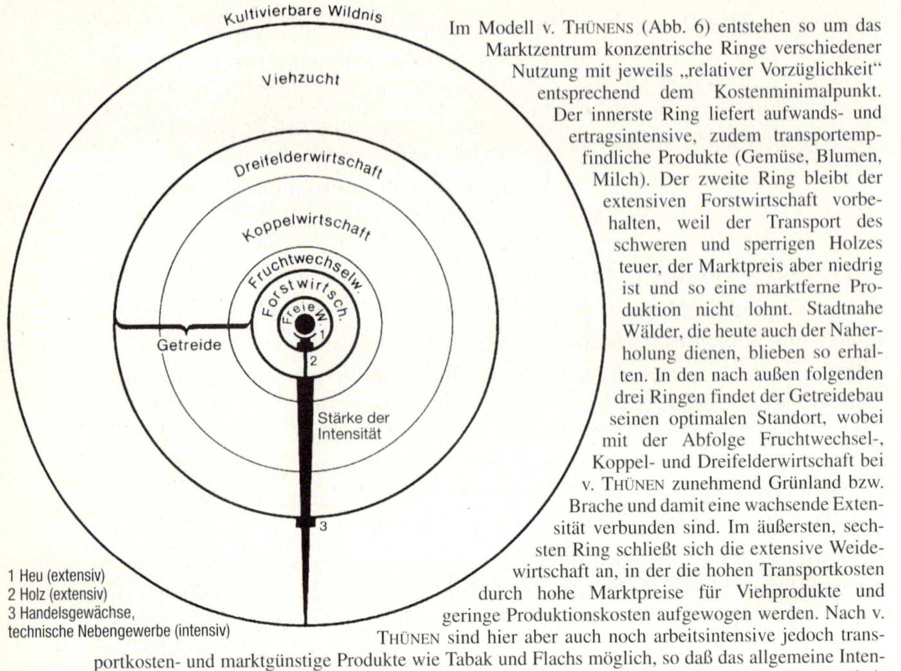

Im Modell v. THÜNENS (Abb. 6) entstehen so um das Marktzentrum konzentrische Ringe verschiedener Nutzung mit jeweils „relativer Vorzüglichkeit" entsprechend dem Kostenminimalpunkt. Der innerste Ring liefert aufwands- und ertragsintensive, zudem transportempfindliche Produkte (Gemüse, Blumen, Milch). Der zweite Ring bleibt der extensiven Forstwirtschaft vorbehalten, weil der Transport des schweren und sperrigen Holzes teuer, der Marktpreis aber niedrig ist und so eine marktferne Produktion nicht lohnt. Stadtnahe Wälder, die heute auch der Naherholung dienen, blieben so erhalten. In den nach außen folgenden drei Ringen findet der Getreidebau seinen optimalen Standort, wobei mit der Abfolge Fruchtwechsel-, Koppel- und Dreifelderwirtschaft bei v. THÜNEN zunehmend Grünland bzw. Brache und damit eine wachsende Extensität verbunden sind. Im äußersten, sechsten Ring schließt sich die extensive Weidewirtschaft an, in der die hohen Transportkosten durch hohe Marktpreise für Viehprodukte und geringe Produktionskosten aufgewogen werden. Nach v. THÜNEN sind hier aber auch noch arbeitsintensive jedoch transportkosten- und marktgünstige Produkte wie Tabak und Flachs möglich, so daß das allgemeine Intensitätsgefälle hier wie im zweiten Ring unterbrochen ist. Entscheidend bleibt für die Standortentscheidung immer die Gesamtbilanz. Wo jegliche Nutzung unrentabel wird, beginnt am Außensaum des „Isolierten Staats" die unkultivierte Wildnis. Diese ringförmige Anordnung der Nutzung ist nach v. THÜNEN gleichermaßen auf der Wirtschaftsfläche der einzelnen Betriebe zu beobachten.

Abb. 6: Die THÜNENschen Ringe (nach PETERSEN 1944; nach v. THÜNEN)

Versendung verderblicher Güter über weite Strecken. So haben die Transportkosten heute gegenüber den Produktionskosten meist nur untergeordnete Bedeutung, und die Thünenschen Ringe können bis zur Unkenntlichkeit verzerrt sein.

Dennoch bleibt das Grundprinzip, die räumliche Ordnung der Bodennutzung nach dem jeweils vorteilhaftesten Aufwand-/Ertragsverhältnis, gültig. Dies zeigt sich darin, daß in allen Landbauzonen Ringe abnehmender Intensität um die Agrarbetriebe zu erkennen sind. So folgen in mitteleuropäischen Betrieben häufig von innen nach außen Gartenland und Weiden für das Milchvieh, Ackerland und Wald. In subtropischen Gebieten werden Agrumen-, Wein und Olivenkulturen von extensiverem Weizenbau und ortsfernen Weiden umgeben. In wechselfeucht-tropischen Räumen folgen ortsnaher intensiver Bewässerungsreisbau, extensiver Regenfeldbau und periphere Naturweiden einander. Dies wird an den auf S. 147 f vorgestellten Beispielen der Agrarregionen noch verdeutlicht. Auch im weltweiten Rahmen kann eine Abfolge von der intensiven Landnutzung im Umkreis der Ballungs- und

Industriezentren bis zu den marktfernen extensiven Weidegebieten am Rand der Ökumene erkannt werden.

Das Modell v. THÜNENS enthält nur einen einzigen zentralen Marktort. Mit der Anordnung einer Vielzahl von *Zentralen Orten* befaßt sich das Modell von W. CHRISTALLER (1933). Er suchte nach der optimalen Marktverteilung, die eine gleichmäßige Versorgung des Umlandes gewährleistet und bei der die Entfernungen zwischen den Marktorten sowohl die Versorgungswege und Transportkosten für den Käufer minimieren als auch die Absatzgebiete für den Verkäufer maximieren. Infolge der verschiedenen Reichweite der in den Zentren angebotenen Güter entsteht eine hierarchische Anordnung, bei der Orte höherer Zentralität jeweils von einem Kreis von Orten geringerer Zentralität umgeben sind.

Für die Agrarwirtschaft gewinnt dieses Modell insofern Bedeutung, als es die kostenoptimalen Distanzen zu den Marktorten für Verkauf und Kauf von Gütern aufzeigt. Je größer Wert und Reichweite dieser Güter sind, um so höher ist der Rang des aufgesuchten Marktortes. Durch die moderne Verkehrsentwicklung hat sich dieses Netz der zentralen Orte stark verändert. Der Transport ist heute auch für geringerwertige Güter über größere Entfernungen hinaus lohnend. So wurden die Marktbereiche erweitert, und untere zentrale Orte haben an Bedeutung verloren, weil die größere Mobilität es erlaubt, auch höherrangige zentrale Orte rasch zu erreichen. Zudem spielt die Entfernung zu den nächstgelegenen Marktorten heute nur noch für wenige Agrarprodukte, z. B. Obst oder Gemüse, eine Rolle. Der weltweite Agrarexport und -import läßt sich mit dem zentralörtlichen Netz nicht mehr in Verbindung bringen.

Die Größe und Verteilung der städtischen Zentren wirkt sich aber in anderer Hinsicht zunehmend auf die agrarwirtschaftliche Struktur ihres Umlandes aus. Der innerste, intensiv agrarisch genutzte Thünensche Ring wird durchsetzt und verdrängt von städtischen Wohn- und Gewerbeanlagen, insbesondere an den Verkehrslinien. Die hohen Bodenpreise können die Standortvorteile der stadtnahen Agrarwirtschaft aufheben bzw. zum Verkauf der Nutzfläche führen. Dem Wechsel des Bodens in städtische Hand geht häufig eine Extensivierung voraus, da eine langfristige Investition gescheut und der Boden als Spekulationsobjekt betrachtet wird. Viele Grundstücke werden als Bauerwartungsland nicht mehr genutzt. Zu dieser Extensivierung trägt auch der Wandel der Sozialstruktur mit dem Übergang zum landwirtschaftlichen Nebenerwerb bei.

Unter den klassischen Theorien hat die *Industriestandortlehre* von A. WEBER ebenfalls Berührungspunkte mit der Landwirtschaft (vgl. W. BRÜCHER 1982). Nach A. WEBER (1922) bestimmen die Kosten für den Materialtransport, die Arbeitskosten und Agglomerationsvorteile den Standort eines Industriebetriebs. Im Hinblick auf die Transportkosten wählen demnach viele Betriebe, die Agrarprodukte verarbeiten, vorzugsweise ihren Standort in der Nähe der Produktionsgebiete, insbesondere wenn es sich um schwere Güter handelt und um solche, die bei der Verarbeitung stark an Gewicht verlieren (Gewichtsverlustmaterialien); das gleiche gilt für leicht verderbliche Güter. So liegen z. B. Zuckerfabriken, Konservenfabriken, Brennereien, Molkereien, Mühlen oder Tabak verarbeitende Betriebe häufig inmitten der entsprechenden Produktionsräume. Dies kann den verstärkenden Rückkoppelungseffekt zeigen, daß sich die Zahl der auf ein Produkt spezialisierten Agrarbetriebe infolge der günstigen Absatzmöglichkeit vermehrt.

Damit sind die *Agglomerationswirkungen* angesprochen, die neben A. WEBER zahlreiche Wirtschaftstheoretiker (u. a. E. v. BÖVENTER 1962) hervorheben. Die Vor- und Nachteile der Lage in der Nähe städtischer Agglomerationen, d. h. die intensivierende Absatzgunst und die extensivierende Verstädterung, wurden schon erwähnt. Aber auch die Konzentration der Agrarbetriebe selbst ist hier anzuführen, insbesondere wenn sie gleiche Produktionsziele auf entsprechender ökologischer Grundlage haben. Die Nachbarschaft solcher Betriebe erleichtert die Kooperation bei der Erzeugung und Vermarktung spezialisierter Produkte und vermindert die Kosten. Die gegenseitige Information über Anbaumethoden und Marktentwicklungen, der gemeinsame Einsatz von Maschinen, die Organisation von Einkauf und Verkauf, die bessere Ausnutzung der Infrastruktur, vornehmlich der Verkehrsmittel mit spezialisierten Transporteinrichtungen, und gemeinsame Lagerhaltung sind „Fühlungsvorteile" einer organisierten Konzentration. Beispiele dafür liefern Milchwirtschaftsbetriebe in den Niederlanden oder Weizen- und Erdnußfarmen in den USA.

Diese Vorteile finden zunehmend bei Neugründungen, z. B. im Rahmen der Aussiedlung und der Kolonisation von Neuland, Beachtung. So werden Hofgruppen den Einzelhöfen vorgezogen und die Betriebe bei arrondierten Fluren nicht inmitten, sondern an den Berührungspunkten der Besitzparzellen angelegt.

Diese Beispiele verdeutlichen, daß mit der heutigen Annäherung agrar- und industriewirtschaftlicher Methoden in der Betriebsführung auch manche Standortfaktoren für beide Zweige gemeinsam gelten.

4.4 Das Verhältnis von Angebot und Nachfrage

Während im Modell v. THÜNENS eine automatische Anpassung der Agrarproduktion an die Nachfrage und damit stabile Preise die Voraussetzung gaben, besteht in der Realität häufig ein Ungleichgewicht zwischen Angebot und Nachfrage, das sich in räumlichen Verschiebungen der Nutzung auswirken kann, weil sich die Preis-Kosten-Relationen und damit die optimalen Standorte verändern. Im Grundsatz reagiert der Markt mit steigenden Preisen, wenn die Nachfrage höher ausfällt als das Angebot, mit fallenden Preisen, wenn die Nachfrage unter dem Angebot liegt. In der Folge können steigende Preise bewirken, daß das Angebot steigt, die Nachfrage aber nachläßt, während fallende Preise eine wachsende Nachfrage bei eingeschränktem Angebot hervorrufen. Gründe und Auswirkungen dieser ständigen Ausgleichsprozesse sind näher zu betrachten.

Eine im Vergleich zum Angebot hohe Nachfrage kann auf der raschen Zunahme der Bevölkerung und des Lebensstandards, d.h. der Kaufkraft, beruhen. Verstärkend wirkt die mit dieser Entwicklung häufig verbundene Verstädterung, die eine Abnahme der Agrarbevölkerung und Landverknappung hervorruft. Der hohe Lebensstandard läßt zudem die Vorliebe für hochwertige Güter, z.B. für tierische Veredelungsprodukte (Fleisch, Eier, Käse) gegenüber pflanzlichen Produkten (Kartoffeln, Mehlprodukte) ansteigen. So stieg der Fleischverbrauch in Deutschland pro Kopf zwischen 1800 und 1980 von 17 kg auf 91 kg. Diese Entwicklungen lassen sich namentlich in den Industrieländern seit dem 19. Jh. verfolgen. Der Ausgleich konnte hier durch hohe Ertragssteigerung, vor allem infolge starken Kapitaleinsatzes (Düngung, Mechanisierung) erreicht werden, aber auch durch ergänzende Agrarimporte, die infolge hoher Industrieexporte leicht zu bestreiten waren. Bei manchen einheimischen Produkten stieg der Ertrag, z.B. bei Getreide und Vieh, bereits so weit, daß Überfluß herrscht und die Preise ohne Subventionen wieder sinken.

In vielen Entwicklungsländern bleibt hingegen der Nachfrageüberhang infolge anhaltend starker Bevölkerungszunahme und ungenügender Produktion so groß, daß fast die Hälfte der Menschheit unter mangelnder oder einseitiger Ernährung leidet. Die Produktion wird hier nicht nur durch den Kapitalmangel, sondern häufig auch durch die ökologische Ungunst mit geringer Bodenfruchtbarkeit oder Naturkatastrophen (Dürren, Überschwemmungen) beschränkt.

Wenn andererseits das Angebot die Nachfrage übertrifft, treten die Probleme der *Überproduktion* auf. Diese kann durch eine über den Bedarf hinausgehende Intensivierung der Landwirtschaft, z. B. in den Ländern der EU, verursacht werden. Überproduktion kann aber auch durch eine veränderte Nachfrage entstehen, z.B. bei der Substitution von Agrarprodukten durch synthetische Erzeugnisse (Vanille, Gummi, Kunstfasern) oder durch veränderte Ernährungsgewohnheiten. Einschneidend für den gesamten Agrarmarkt sind die Veränderungen des Lebensstandards. Wenn dieser steigt, nimmt wohl zunächst auch der Bedarf an Agrarprodukten zu. Bei weiter steigendem Einkommen erreicht jedoch der Bedarf an Nahrungsmitteln eine Sättigungsgrenze, während der Bedarf an Industriegütern (z. B. an Kraftfahrzeugen) fast unbegrenzt mitwächst. Die Einkommenselastizität der Nachfrage ist also bei

Nahrungsmitteln begrenzt, bei Industriegütern aber hoch, so daß bei zunehmendem Lebensstandard der Anteil der Ausgaben für Agrarprodukte abnimmt, für gewerbliche Produkte und Dienstleistungen hingegen wächst *(Engelsches Gesetz)*. So sanken z. B. in der Bundesrepublik Deutschland die Ausgaben für Nahrungs- und Genußmittel von 1950 bis 1980 durchschnittlich von 51 auf 28 % des Einkommens, während die Ausgaben für Industriegüter und Dienstleistungen entsprechend stiegen.

Diese ungleiche Nachfrage bringt tiefgreifende Auswirkungen für die Landwirtschaft. Da ihre Verkaufserlöse bei steigender Massenkaufkraft hinter denen der anderen Wirtschaftssektoren zurückbleiben, entsteht ein Einkommensgefälle, das zur Landflucht und Aufgabe von Agrarbetrieben führt. Besonders einschneidend erweisen sich die Folgen für diejenigen Entwicklungsländer, deren Export vorwiegend aus Nahrungsmitteln besteht. Ihr Absatz in die Industrieländer läßt sich kaum noch steigern, da der Bedarf gedeckt ist oder infolge der geringen Bevölkerungszunahme in den Abnehmerländern nur wenig wächst. Darunter leiden vornehmlich die Agrarstaaten mit einseitiger Exportstruktur (z. B. Ghana mit Kakao, Mauritius und Kuba mit Zuckerrohr als Monokultur). Den stagnierenden Exporterlösen dieser Entwicklungsländer steht andererseits der wachsende Bedarf an teuren Industriegütern gegenüber. Dieses Ungleichgewicht stellt eine der wichtigsten Ursachen für die anhaltende Abhängigkeit der Entwicklungs- von den Industrieländern dar. Die *Disparitäten* in der Nachfrage führen zu einer absteigenden Entwicklung in den Agrarstaaten, zu einer aufsteigenden in den Industriestaaten. Diesen Prozeß legen die *Polarisationstheorien* (z. B. von R. PREBISCH 1959) eingehend dar. Sie widersprechen für den Agrarsektor der Exportbasis-Theorie, wonach die Ausfuhr der entscheidende Anstoß für ein regionales Wirtschaftswachstum sei. (Eine zusammenfassende Darstellung dieser Theorien findet sich bei L. SCHÄTZL 1978.)

Maßnahmen gegen ein Überangebot an Agrarprodukten können staatliche Preisstützungen und Subventionen sein. Um die Preise zu stabilisieren, werden oft Agrarprodukte auch vernichtet. Die berechtigte Forderung nach Abgabe der Überschüsse an Mangelgebiete unter Selbstkostenpreis stößt auf Schwierigkeiten der Finanzierung und Verteilung. Konstruktiv kann der Überproduktion durch Anbaubeschränkungen und Extensivierung sowie durch neue Verwertungsmöglichkeiten (z. B. Treibstoff aus Zuckerrohr) begegnet werden. Die Suche nach neuen Märkten gestaltet sich bei der herrschenden Konkurrenz für Agrarprodukte immer schwieriger. Die Umstellung auf absatzgünstigere Produkte erfordert eine langfristige vorausschauende Marktbeobachtung und Vorleistungen an Investitionen; sie benötigt für Baumkulturen längere Zeit als für einjährige Kulturen. Durch Lagerung und Konservierung von Überschüssen entstehen Reserven für absatzgünstigere Jahre. Eine bessere Sicherung der Produzenten kann schließlich durch langfristige Verträge mit den Abnehmern erzielt werden. Gegenseitige Absprachen über absatzorientierte Anbauquoten, wie sie z. B. zwischen den Kaffee und Kakao produzierenden Ländern erfolgten, dienen gleichermaßen diesem Ziel.

Alle diese Stabilisierungsmaßnahmen bleiben jedoch mit Risiken belastet, zumal die Preise für Agrarprodukte häufig unelastisch, d. h. nur verzögert, darauf reagieren. Diese Probleme zeigen sich z. B. bei dem Einfluß der EU-Marktpolitik auf die Agrarwirtschaft der Bundesrepublik Deutschland sehr deutlich. Das Risiko wird durch die jährlich wechselnden Witterungsbedingungen vieler Klimagebiete verstärkt. Wiederum können die Entwicklungsländer aus Mangel an technischen und finanziellen Mitteln und oft zersplittertem kleinbetrieblichem Angebot *(atomistischer Markt)* die genannten Maßnahmen nur beschränkt durchführen und unterliegen der Unsicherheit im Wechselspiel von Angebot und Nachfrage am stärksten.

4.5 Der Mensch als Entscheidungsträger

Die Theorien und Modelle der Wirtschaftsgeographie sind bisher überwiegend normativ, d. h. sie stellen objektive, allgemeingültige Regeln auf als Grundlage für ein optimales Wirtschaftsverhalten, das zu höchstmöglichen Gewinnen führt; sie enthalten in diesem Sinne ideale Zielvorstellungen (Modell des *homo oeconomicus*).

Diesen Regeln und Gesetzen steht jedoch eine sehr komplexe Realität mit zahlreichen Abweichungen von der Regel gegenüber. Der Wirtschaftsraum der Erde ist nicht nur regional stark differenziert, er unterliegt auch ständigen zeitlichen Veränderungen (vgl. dazu auch H.-G. WAGNER 1994). Diese Differenzierung umfaßt die natürlichen Grundlagen und die ökonomischen Faktoren, jedoch auch den Menschen als individuellen Entscheidungsträger (B. W. ILBERY 1985). Sein von vielen sozialen und psychologischen Komponenten beeinflußtes Verhalten ist nicht berechenbar.

Dieser Realität sucht in jüngerer Zeit, namentlich in Großbritannien und den USA, die psychologisch orientierte Erforschung der Wahrnehmung *(perception)* und des menschlichen Verhaltens *(behaviour)* gerecht zu werden. Diese Richtung bemüht sich, die traditionellen deterministischen und normativen Modelle durch stochastische und dynamische zu ergänzen, die neben dem Sicheren auch das Wahrscheinliche und Zufällige einkalkulieren. Zweifellos verursachen die individuellen Unterschiede der Wahrnehmung und des Verhaltens bei sonst gleichen Voraussetzungen erhebliche Unterschiede in der Gestaltung des Agrarraumes. Sie sind jedoch nur schwer zu erfassen (dazu W. B. MORGAN and R. J. MUNTON 1978, W. C. FOUND 1974). Frühe Arbeiten zur Perceptionsforschung stammen von G. F. WHITE (1964) und

T. F. SAARINEN (1966) in Chicago. Kritische Anmerkungen zu dieser Forschungsrichtung finden sich bei E. WIRTH (1981).

Schon die individuelle Wahrnehmung und Bewertung der Umwelt zeigt Unterschiede je nach persönlicher Aufnahmefähigkeit bzw. -bereitschaft und nach der Möglichkeit der Information. Diese ist immer beschränkt, oft auch zufällig, und beruht auf engen persönlichen Kontakten, weiter gespannten Interaktionen oder auf einem allgemeinen Informationsfeld (E. WIRTH 1979, S. 214). Die Wahrnehmung führt zu einem Lernprozeß als Grundlage für Verhalten und Entscheidung, diese wirken wiederum aufgrund der Erfahrung auf erneute Wahrnehmung und Bewertung zurück.

Die raumwirksame wirtschaftliche Entscheidung, die aus diesem Wechselspiel erwächst, wird von vielen Einzelfaktoren beeinflußt. Dazu zählen Bildungsstand, Alter und Zugehörigkeit zu einer bestimmten sozialen Gruppe bzw. Schicht. So unterscheidet sich das Verhalten eines akademisch ausgebildeten landwirtschaftlichen Unternehmers von dem eines Kleinbauern traditioneller Prägung. Dazu kommt ein individuell verschiedener Erwartungshorizont. Er wird bestimmt von der Erfahrung bisheriger Erfolge und Mißerfolge *(„trial and error")*, aber auch von der persönlichen Mentalität; der wagende Optimist wird andere Entscheidungen fällen als der zögernde Pessimist. Dem Mut zu risikoreicher Entscheidung, z. B. bei Investitionen oder Neuerschließungen, steht die Furcht vor Unsicherheiten der Konjunktur- und Wetterentwicklung und vor dem Abweichen von traditionellem Verhalten gegenüber.

Selbstverständlich unterliegen Verhalten und Entscheidung auch den über Individualität und direkte Umwelt hinausreichenden politischen, kulturellen und wirtschaftlichen Situationen und Zeitströmungen. Diese ethnisch und ethisch differenzierten Verhaltensweisen bezeichnete A. RÜHL als *„Wirtschaftsgeist"*. In feinsinnigen Studien charakterisierte er den Wirtschaftsgeist im Orient, in Amerika und Spanien (1925-1928). Diese Betrachtungsweisen bergen allerdings die Gefahr des Vorurteils, der Verallgemeinerung und Spekulation in sich.

Man bezeichnet das Abweichen von der Norm der bestmöglichen Nutzung und des höchstmöglichen Gewinns als *„suboptimales Verhalten"*. Nützlichkeit ist relativ und subjektiv und unterliegt auch nichtökonomischen Bewertungsmaßstäben. So kann gefragt werden, ob ein Mehraufwand an Zeit und Mühe immer durch den Mehrgewinn aufgewogen wird, ob rastlose Arbeit zur Gewinnmaximierung wichtiger ist als Muße für Selbstbesinnung und soziale Kontakte bei verminderten Ansprüchen. Das „genügsame Verhalten" *(satisficing behaviour)* entspricht der Realität oft mehr als das Streben nach optimalem Ertrag (*optimizing behaviour* nach H. A. SIMON 1957). Auch die fortschrittsgläubige Wohlfahrtsgesellschaft unserer Zeit kommt zu der Einsicht, daß ökonomische Ziele und Werte nicht allein entscheiden.

Zu den gesetzmäßig schwer faßbaren und vom menschlichen Verhalten bestimmten Prozessen im Agrarraum gehören *Innovationen*, d. h. die Einführung und Ausbreitung von Neuerungen. Innovationsvorgänge erfaßte T. HÄGERSTRAND seit 1952 in Diffusionsmodellen, und in Deutschland wies sie u. a. C. BORCHERDT (1961) als agrargeographische Regelerscheinung nach.

Objekte der Innovation können neue Agrarprodukte, technische Hilfsmittel, Anbau- und Vermarktungsmethoden oder auch neue Lebensformen sein. Die Ausbreitung kann sich durch Ertragssteigerung, Absatz- und Konjunkturgunst, Investitionen und staatliche Förderung beschleunigen. Entscheidend für die Verbreitung ist die freiwillige Bewertung und Nachahmung eines zunächst räumlich eng begrenzten Vorbildes.

Eine umfassende Darstellung von Innovationen gab C. O. SAUER in seinem Werk *„Agricultural origins and dispersals"* (1969). Weiträumige Folgen hatten z. B. die Ausbreitung von Pflugbau, Dreifelderwirtschaft und modernen Fruchtfolgen (Norfolker F.), die Einführung der Kartoffel in der Alten Welt oder die Ausdehnung des Maisbaus in Amerika und neuerlich in Mitteleuropa.

C. BORCHERDT (1960) stellt die Expansion des Weizen- und Gerstenanbaus auf Kosten von Dinkel, Hafer und Roggen in Bayern als Folge veränderter Konsumgewohnheiten (gesteigerter Weizenmehl- und Bierabsatz) und zunehmender Mechanisierung dar. Die Vereinödung in Oberschwaben (W. D. SICK 1951/52) zeigt die Ausbreitung von Flurbereinigung und Aussiedlung vom 16. bis zum 19. Jh. (Abb. 7). Zu den jüngeren Innovationen gehört der Anbau neuer Gemüsearten (Chinakohl, Zucchini, Auberginen) in Mitteleuropa zur Deckung gewandelter Nahrungsansprüche.

Innovationen vollziehen sich in Phasen, wobei wirtschaftliche, soziale und psychologische Faktoren zusammenwirken. Das Gründungsstadium kann auf eine einzelne Initiativleistung, z. B. eines Versuchsbetriebes zurückgehen, angeregt durch Informationen über persönliche Kontakte, Medien oder staatliche Beratung. Daraus entwickelt sich im Anfangsstadium ein Innovationszentrum. Von hier aus erfolgt die zentrifugale Ausbreitung wie eine Kettenreaktion, manchmal in Wellen und mit Ausbildung neuer Zentren. Die Ausbreitung kann auch größere Räume überspringen; solche Verlegungen zeigen sich häufig mit Migrationen verbunden, bei denen die Emigranten Innovationen in andere Gebiete übertragen. Die Moorkolonisation durch eingewanderte Niederländer im östlichen Deutschland und die Übertragung europäischer Wirtschaftsformen nach Übersee liefern Beispiele dafür.

Wenn sich die Innovation bewährt, folgt der Ausbreitung eine Phase der Konsolidierung und Verdichtung. Schließlich kommt eine Sättigungsphase, in der die Entwicklung stagniert oder sogar umschlägt, weil naturräumliche Hindernisse, Absatzmangel, Substitution durch andere Produkte usw. eine weitere Expansion verhindern. Die Ausbreitung des Weinbaus in Mitteleu-

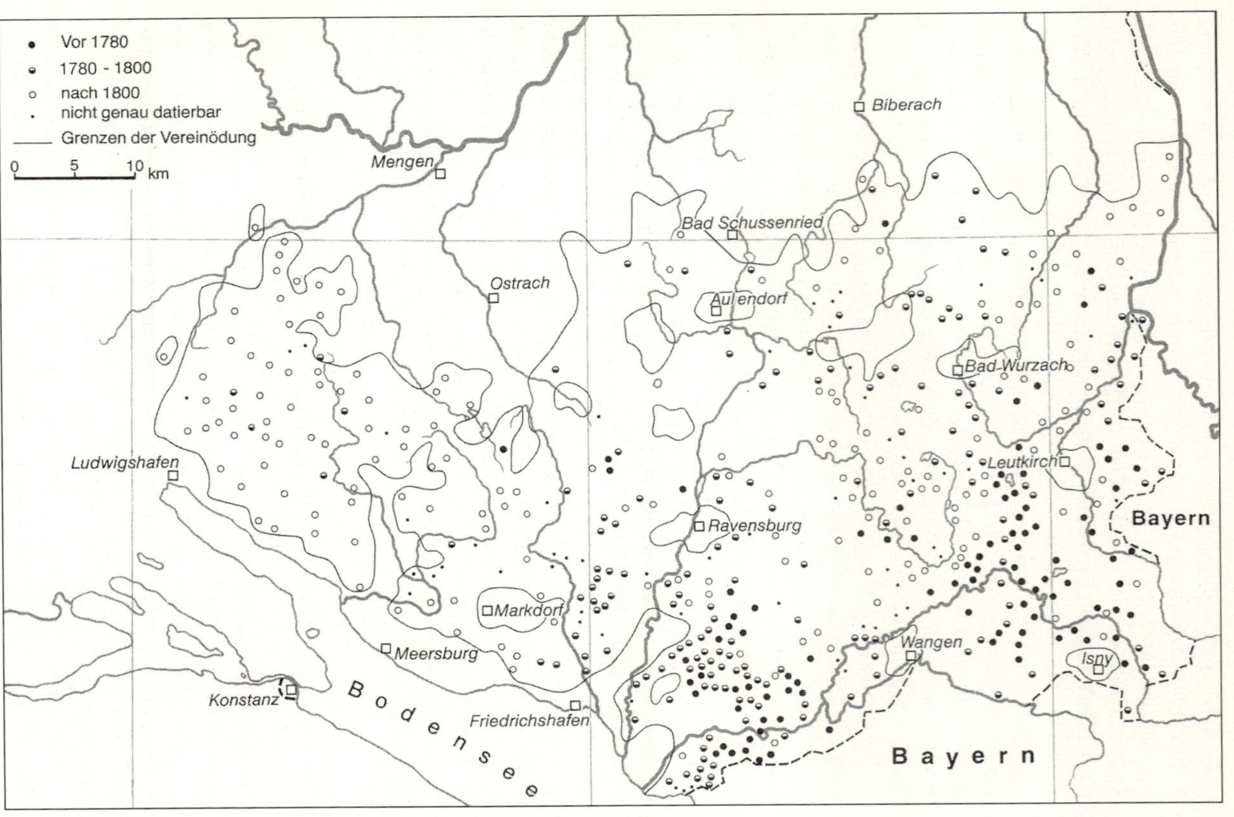

Abb. 7: Die Vereinödung im nördlichen Bodenseegebiet (nach SICK *1951/52)*

ropa bis zum Maximum im 17. Jh. und sein Rückgang durch die Konkurrenz anderer Getränke, durch Kriege, Klimawandel, Importe und Krankheiten zeigen diesen Vorgang (K. H. SCHRÖDER 1953). Durch rasche Information, moderne Verkehrsmittel und weltwirtschaftliche Verflechtungen vollziehen sich Innovationen heute rascher als früher, doch wächst damit häufig auch das Risiko.

Innovationsgebiete können auf sozialen Prozessen, z. B. Auswanderung oder Bevölkerungsverdichtung, beruhen. Die Entwicklung der Bewässerungswirtschaft im Mormonenland der USA bietet dafür ein gutes Beispiel (H. LAUTENSACH 1953). Für die Planung können Innovationen wertvolle Hinweise bei der Trend-Beobachtung geben.

Die Risiken der Landwirtschaft durch unsichere Witterung, Konjunktur- und Arbeitsmarktentwicklung zwingen immer wieder zu undogmatischen Entscheidungen. Diesen geht die u. a. von P. R. GOULD (1963) entwickelte *Spieltheorie (theory of games)* nach, die aufgrund empirischer Untersuchungen die Lösungsmöglichkeiten unter risikoreichen Umständen aufzeigt. Zur Berechnung wird dabei z. B. die Häufigkeit der Wetterlagen mit den jeweils zu erwartenden Minimal- und Maximalerträgen kombiniert (Minimax-Lösung). Es bleibt letzthin der Entscheidung des Betriebsinhabers überlassen, ob er eine Sicherheitsmaximierung (sichere Minimalerträge bei allen Wetterlagen) oder eine Ertragsmaximierung mit Risiko anstrebt und dementsprechend sein Anbauprogramm aufstellt. Im übrigen folgen auch alle Versuchsstationen diesen Erwägungen. Dies zeigt abermals, daß die Agrarwirtschaft aus Theorien und Modellen wohl wertvollen Nutzen ziehen kann, daß sie aber in der realen Situation selbstverantwortlich Entscheidungen zu treffen hat – mit vielen Kompromissen und „subökonomischen Abweichungen" von der theoretischen Norm.

4.6 Agrarpolitik – Die Öffentliche Hand als Entscheidungsträger

Die Wahrnehmung der ökonomischen, sozialen und ökologischen Belange der Agrarwirtschaft ist Aufgabe öffentlicher Institutionen, d. h. des Staates, der Körperschaften und internationaler Organisationen (z. B. EU, FAO). Die Spanne der Agrarpolitik reicht von liberalen bis zu zentralistischen Methoden, vom unbeschränkten Freihandel bis zu strengem Protektionismus mit Schutzzöllen.

Ziel der Agrarpolitik ist zunächst weltweit die ausreichende Versorgung der Bevölkerung mit Nahrungsmitteln und agrarischen Rohstoffen. In den Entwicklungsländern sollte dabei die Selbstversorgung Vorrang vor den Agrarexporten haben. Gleichrangig sind heute die sozialen Ziele der Agrarpolitik, d. h. die Verbesserung der Lebensverhältnisse im ländlichen Raum.

Geringe Erzeugergewinne und hohe Faktorkosten (z. B. für Löhne, Maschinen, Kraftstoff, Düngemittel) verursachen jedoch Einkommensdisparitäten zu anderen Wirtschaftszweigen und erfordern Ausgleich. Dazu kommen die oft großen sozialen Gegensätze innerhalb der Agrarbevölkerung, namentlich in den Entwicklungsländern. Schließlich gewinnen weltweit auch ökologische Ziele mit dem Schutz der Umwelt immer mehr Gewicht.

Unter den Maßnahmen und Instrumenten der Agrarpolitik ist die *Markt- und Preispolitik* besonders einschneidend und wirksam. Beispiel dafür sind die Marktordnungen der Gemeinsamen Agrarpolitik (GAP) der Europäischen Union. Danach soll die Agrarwirtschaft durch die Steuerung des Angebots und der Erzeuger- bzw. Verbraucherpreise gestützt werden. Wenn z. B. bei Getreide der Binnenpreis unter dem festgelegten Richt- bis zum Interventionspreis sinkt, werden Preisstützungen durch Aufkäufe vorgenommen. Um den Export rentabel zu machen, wird die Differenz zwischen dem niedrigeren Weltmarkt- und einem Schwellenpreis erstattet; bei der Einfuhr wird umgekehrt die Differenz abgeschöpft. Andere, weltweit geübte Maßnahmen zum Schutz der Agrarwirtschaft sind Festpreise, Preis- und Abnahmegarantien. Hohe Erzeugerpreise erfordern hohe Konsumentenpreise (z. B. in der Schweiz) oder aber Subventionen (wie in der EU). Finanzielle Begünstigungen sind ferner Steuersenkungen, verbilligte Kredite und Subventionen für Betriebsmittel wie Treibstoff und Düngemittel.

Der preis- und einkommenspolitische Schutz führte allerdings auch dazu, daß der Anpassungsprozeß an die wirtschaftliche Entwicklung gehemmt und die Überschußproduktion gefördert wurde. So sind nunmehr beschränkende Maßnahmen notwendig, in der EU Mengenkontingentierungen mit Quoten (z. B. für Milch), Anbaubeschränkungen, Flächenstillegungen, Abschlacht- und Rodeprämien (für Baumkulturen). In der EU wird die Extensivierung durch Umwandlung von Anbauflächen in extensiv genutztes Grünland, Brache oder Wald gefördert. Jedoch haben diese Programme bisher nicht die gewünschte Akzeptanz gefunden; die marktentlastende und ökologische Wirkung ist noch beschränkt, zumal die verbleibenden Anbauflächen oft umso intensiver bewirtschaftet werden (R. GREINER und W. GROSSKOPF 1990). Immerhin wurden in den alten Bundesländern zur Ernte 1995 rd. 787 000 ha stillgelegt.

So ist die europäische Agrarpolitik heute umstritten. Einerseits sichert sie das Überleben vieler Betriebe, andererseits ist sie durch eine umfangreiche Bürokratie mit kaum überschaubaren zentralistischen Verordnungen belastet. Sie beansprucht den größten Teil am EU-Haushalt (1994: 39 Mrd. ECU = 57 %), wobei 85 % dieser Ausgaben auf Marktordnungs- und Preisstützungs- und nur 15 % auf Strukturmaßnahmen entfallen.

Die *Strukturpolitik* befaßt sich sowohl mit der Reform der Bewirtschaftung wie der Besitzverhältnisse. Zu erstgenannter gehören weltweit die Maßnahmen zur Steigerung der Produktivität, zur Förderung der ländlichen Infrastruktur, des Genossenschaftswesens und der Vermarktung. In den altbesiedelten Teilen der Industrieländer ist die *Flurbereinigung*, d. h. die Zusammenlegung der durch jahrhundertelange Teilung entstandenen Kleinparzellen, ein wirksames agrarpolitisches Instrument. Es bezieht neben der Parzellenverminderung und Wegeerschließung zunehmend auch Maßnahmen für Naturschutz und Landschaftspflege wie die Schaffung und Erhaltung natürlicher Ökotope mit ein. Mit der Flurbereinigung wurden in den alten Bundesländern zehntausende Betriebe aus beengter Dorflage ausgesiedelt. Wegen mancher Nachteile – hohe Kosten für Neubauten und Infrastruktur, verminderte Gemeinschaftsbindung – sind Aussiedlungen heute seltener geworden.

Eine integrale, alle Daseinsbereiche umfassende Strukturmaßnahme ist in Deutschland die *Dorfentwicklung* (HENKEL 1982). Sie saniert nicht nur landwirtschaftliche und historische wertvolle Gebäude, sondern schafft neue Gemeinschaftseinrichtungen für Bildung und Freizeit, verbessert die Versorgung und beruhigt den Verkehr. Das Dorf soll nicht nur Wohn- und Arbeitsstätte sein, sondern vollwertiger Lebensraum, mit dem sich die gesamte ländliche Bevölkerung identifizieren kann. Damit kann die Dorfentwicklung auch der Abwanderung entgegenwirken, namentlich in strukturschwachen Gebieten. Mit einzelbetrieblichen Maßnahmen werden entwicklungsfähige Betriebe u. a. durch Investitionshilfen und Kreditprogramme für Modernisierungen und Maschinenkäufe unterstützt. Die Förderung umfaßt auch Nebenerwerbsbetriebe, weil diese die Eigentumsstreuung und Krisensicherheit verstärken, der Entvölkerung ländlicher Gebiete entgegenwirken und der Pflege der Kulturlandschaft dienen. Zuerwerb kann durch den Fremdenverkehr gewonnen werden – in Deutschland mit der Aktion „Ferien auf dem Bauernhof". Beihilfen erleichtern dabei den Ausbau der Höfe.

In den Entwicklungsländern gehört die *Agrarkolonisation*, d. h. die Erweiterung der Nutzfläche, zu den agrarpolitischen Maßnahmen. Sie findet in größerem Umfang noch durch Bewässerung in Trockengebieten und Rodung in Waldgebieten, vor allem in Südamerika (s. S. 176) statt. Vordringlicher ist aber in diesen Ländern die Reform der *Besitzverhältnisse*. Sie bezweckt den Ausgleich zwischen den bisher oft krassen Unterschieden zwischen Latifundien und Minifundien insbesondere in den Entwicklungsländern Lateinamerikas und des Orients (s. S. 179). Damit verbunden sind die Privatisierung staatlichen und kirchlichen Besitzes, die Förderung von Produktionsgemeinschaften und die Verbesserung der oft unsozialen Pachtverhältnisse (s. S. 81).

Die radikale Kollektivierung des landwirtschaftlichen Eigentums in den früheren sozialistischen Ländern wurde nach der politischen Wende großenteils rückgängig gemacht. Dabei ergaben sich viele rechtliche Probleme durch frühere Besitztitel. In Deutschland wurde eine Bodenreform nach dem 2. Weltkrieg mit der Aufteilung von Großgrundbesitz nur in Ansätzen durchgeführt. In den fünfziger Jahren propagierte der damalige Präsident der EWG-Kommission MANSHOLT eine Aufstockung der Betriebe bis zur Richtgröße von 80 ha im Rahmen der Rationalisierung. Als unrealistisch hat man davon Abstand genommen und bevorzugt den mittelgroßen Familienbetrieb, bei Sonderkulturen auch kleineren Umfangs.

Die *Agrarsozialpolitik* will die Agrarbevölkerung gegen Krankheit, Unfall und Alter absichern und bei auslaufenden Betrieben eine Landabgaberente gewähren. Die verstärkte Ausbildung, Fortbildung und Beratung soll den Landwirten aktuelle technische, organisatorische, kaufmännische und biologische Kenntnisse vermitteln, wozu auch computergestützte Programme auf dem Bauernhof gehören. Diese in den Industrieländern gebräuchlichen Maßnahmen fehlen den Entwicklungsländern aus finanziellen Gründen weithin.

Die *Regionalpolitik* sucht national und in der EU international die Disparitäten zwischen hoch- und unterentwickelten Regionen auszugleichen. Nachdem in der wachstumsorientierten Nachkriegszeit vor allem die ihrer Natur und Infrastruktur nach begünstigten Räume gefördert wurden, erhalten nun auch benachteiligte Gebiete Unterstützung. Sie soll die Abwanderung verhindern, die durch die Strukturschwäche der Landwirtschaft und den Mangel an nichtlandwirtschaftlichen Arbeitsplätzen verursacht wird. Beispiele für solche Fördergebiete sind der Westen Schleswig-Holsteins, das Emsland, Eifel- Hunsrück, Bayrischer Wald und Teile des Schwarzwalds und der Schwäbischen Alb, z.T. im Rahmen eines Bergbauernprogramms. Im europäischen Rahmen erhalten Hochgebirgsregionen Unterstützung durch ein Aktionsprogramm der Alpenländer.

Schließlich befaßt sich die Agrarpolitik zunehmend mit Fragen des *Umweltschutzes*, gewarnt durch die auch von der Landwirtschaft verursachten Umweltschäden. Genannt seien Maßnahmen zur Reduktion der Dünge- und Pflanzenschutzmittel sowie der Umweltbelastung durch die Tiermassenhaltung. Mit der Landschaftspflege, die neben der Agrarproduktion wachsende Bedeutung gewinnt, eröffnet sich auch für die Agrarpolitik ein weites Aufgabenfeld (s. Kap. 5.4).

5 Agrargeographische Funktionen und Strukturen

Funktionen können im geographischen Sinne als „raumüberwindende Interaktionen verschiedener Reichweite" definiert werden. Die Funktionen des Agrarraums beruhen vor allem auf den Produktionszielen und auf der Kommerzialisierung der Produkte, heute auch auf Umweltpflege und Erholung. Aus diesen Funktionen ergeben sich die Beziehungen zu einem engeren oder weiteren Umland. Die Funktionen stehen in enger Wechselwirkung mit den raumgebundenen, sozialen und ökonomischen Strukturen, die mit ihrem Verteilungs- und Verknüpfungsmuster den Agrarraum im Inneren gestalten.

5.1 Produktionsziele und Kommerzialisierung

Die Produktionsziele der Agrarbetriebe und -räume umfassen die weite Spanne von der Selbstversorgung bis zur weltweiten Verflechtung in der Exportwirtschaft. In der Form der Kommerzialisierung unterscheiden sich freie Markt- und staatlich gelenkte Planwirtschaft.

Die *Selbstversorgungs-(Subsistenz-)wirtschaft* (vgl. R. WHARTON 1970, C. CLARK and M. HASWELL 1970, H. J. GLAUNER 1970, H. ALBRECHT 1972) ist ein autarkes, geschlossenes System, in dem nur für den unmittelbaren Eigenverbrauch der Familie oder Gruppe ohne Absatz nach außen, d. h. ohne Marktorientierung und Gewinn, produziert wird. Davon ist die *Subsistenzlebenshaltung*, d. h. das Existenzminimum, zu unterscheiden. Reine Subsistenzwirtschaft findet sich höchstens noch in entlegenen Rückzugsgebieten der Gebirge, Regenwälder oder Trockenräume. Doch wird auch bei einem Marktanteil bis zu 25 % des Rohertrags noch von Subsistenzwirtschaft gesprochen. In diesem eingeschränkten Sinne blieb sie in vielen Entwicklungsländern bis heute weit verbreitet und umfaßt schätzungsweise in Lateinamerika noch 30-40 %, in Afrika über 50 %, in Äthiopien sogar 82 % der Agrarproduktion. In den Industrieländern wird hingegen nur ein sehr geringer Teil von den Produzenten selbst verbraucht (Deutschland 11 %, USA 3 %,

Großbritannien 1 %). Die Prozentsätze korrelieren somit weithin mit dem Anteil der Agrar- an der Gesamtbevölkerung.

Die Subsistenzwirtschaft beschränkt sich meist auf den Anbau weniger Grundnahrungsmittel (z. B. Getreidearten, Maniok, Süßkartoffeln), z. T. verbunden mit Viehhaltung. Lebensstandard und technische Entwicklung liegen im allgemeinen niedrig. Gründe für fehlende oder geringe Marktproduktion können ungünstige Naturgrundlagen, aber auch Kleinbetriebe sein, in denen Nutzfläche und Kapital nicht ausreichen, um die Erträge über den Eigenbedarf hinaus zu steigern. In entlegenen Gebieten der Entwicklungsländer fehlen ausreichende Verkehrsverbindungen zu den weitgestreuten Marktzentren. Das Verharren in der Subsistenzwirtschaft kann auch auf Skepsis vor dem Risiko der Marktwirtschaft und auf Bindungen an traditionelle Wirtschaftsformen beruhen.

Die Vorteile der Subsistenzwirtschaft dürfen nicht übersehen werden. Sie sichert die Existenzgrundlage großer Teile der Bevölkerung mit geringer Kaufkraft in den Entwicklungsländern und mindert die Abhängigkeit von der Markt- und Preisentwicklung. Durch die weitgehende Beschränkung auf den Eigenbedarf bleiben Gewinnstreben und Einkommensunterschiede gering, was wiederum die soziale Stabilität fördert.

Schwerwiegende Nachteile bestehen jedoch in der oft einseitigen und ungenügenden Ernährung, der völligen Abhängigkeit von den örtlichen Naturgrundlagen und der unelastischen, durch Marktkonkurrenz wenig oder nicht stimulierten Bodennutzung. Bei rasch zunehmender Arbeitsteilung und Verstädterung wächst die Gefahr, daß die nichtagrarische Bevölkerung unzureichend mit Nahrungsmitteln versorgt wird.

So bildet die Steigerung der Marktproduktion in den Entwicklungsländern ein vordringliches Ziel, doch darf dadurch die Selbstversorgung nur relativ, nicht aber absolut abnehmen. In vielen dieser Länder ist ihre Bedeutung mit dem raschen Wachstum der Agrarbevölkerung noch gestiegen. Sie bleibt, namentlich in wirtschaftlichen und politischen Krisenzeiten, ein unentbehrlicher stabilisierender Faktor. Deshalb ist keine Reduktion, sondern eine Verbesserung der Selbstversorgung anzustreben, um die ländliche Bevölkerung vielseitiger und qualitativ besser ernähren zu können.

Die *Marktwirtschaft* führt mit dem Absatz von Produktionsüberschüssen zur räumlichen Trennung von Erzeugung und Verbrauch, wobei Handel und Transport als Bindeglieder dienen. Die selbstgenügsame Wirtschaft wird durch die gezielte Marktproduktion erweitert oder abgelöst, verbunden mit Rentabilitäts- und Gewinnstreben und mit dem Wechselspiel zwischen Angebot und Nachfrage (s. S. 62). Abgesehen von der Vorstufe des Naturaltausches vollzieht sich damit auch der Übergang in die Geldwirtschaft.

Die Marktwirtschaft hat sich mit der arbeitsteiligen Gesellschaft entwickelt. Die Zunahme der nichtagrarischen Bevölkerung, insbesondere die Entstehung der anautarken Städte, und die Industrialisierung führten zum Massenbedarf an Agrarprodukten, der nur durch erhöhte Erzeugung gedeckt werden konnte. Andererseits wuchs bei den Agrarproduzenten der Bedarf an gewerblichen Erzeugnissen und damit der Zwang, Verkaufserlöse zu erzielen. In den ehemaligen Kolonialgebieten hat das Wecken neuer Bedürfnisse (europäische Kleidung, technische Geräte) aber nicht nur die Marktwirtschaft gefördert, sondern auch Verschuldung und verstärkte Abhängigkeit gebracht. Die Einwohnersteuer hat zwangsläufig den Marktverkauf gesteigert, weil sie nur durch Bareinnahmen zu bestreiten war.

Mit der Marktwirtschaft entstand der *Handel* als selbständiger Wirtschaftszweig, der die Produkte sammelt, transportiert, lagert, z. T. konserviert und schließlich verteilt; dabei kann er die Preisgestaltung erheblich beeinflussen. In einfacher Form erfolgt der Handel durch den Produzenten selbst direkt im Betrieb, auf dem Markt oder durch ambulante Händler; er kann aber auch ein vielstufiges System mit Zwischenhändlern, Marktketten und Großunternehmen umfassen. In den Entwicklungsländern errangen manche Volksgruppen seit der Kolonialzeit eine monopolartige Stellung im Handel, so die Chinesen in Südostasien, die Inder in Ost- und die Libanesen in Westafrika.

Die *Märkte* erfüllen als Kontaktpunkte zwischen Produzenten bzw. Händlern und Konsumenten nicht nur ökonomische, sondern auch soziale Funktionen. Die Wochenmärkte dienen, namentlich in den Entwicklungsländern, dem Erfahrungsaustausch und der politischen Meinungsbildung ebenso wie dem Warenumsatz. Marktorte bilden sich vorzugsweise im Zentrum einheitlich strukturierter Agrargebiete (vgl. v. THÜNEN), aber auch an der Grenze zwischen unterschiedlich ausgestatteten, sich ergänzenden Wirtschaftsräumen, deren Produkte hier ausgetauscht werden können.

Den Abstand der Marktorte zueinander, d. h. die Maschenweite der Marktnetze bestimmen theoretisch die Transportkostenminimierung einerseits, die Absatzmaximierung andererseits (s. S. 61). Ihre hierarchische Ordnung wurde in Modellen insbesondere von W. CHRISTALLER (1933) und A. LÖSCH (1944) untersucht. Die idealtypische Verteilung der Marktorte nach CHRISTALLER dürfte in der Übergangsphase zwischen überwiegend agrarischer Bevölkerung mit geringer Dichte und überwiegend städtischer Bevölkerung mit hoher Dichte am besten verwirklicht sein, weil im ersten Fall noch wenig Bedarf an einem voll ausgebildeten Marktnetz besteht, im anderen Fall sich die Marktfunktionen zunehmend auf die großen zentralen Orte konzentrieren. Die Übergangsphase ist heute in vielen Entwicklungsländern bereits erreicht worden.

Die Marktwirtschaft führt im Agrarsektor zu tiefgreifenden Veränderungen und Problemen. Die Bodennutzung paßt sich dem Marktbedarf an und spezialisiert sich im Rahmen der ökologischen Möglichkeiten, z.T. bis zur Monokultur und oft auf Kosten der Selbstversorgung. Die quantitativ und qualitativ gesteigerte Produktion erfordert einen verstärkten Arbeits- und (oder) Kapitaleinsatz. Die Intensivierung der Nutzung ist häufig mit technischen Innovationen verbunden. Der Lebensstandard der Produzenten kann durch den Markterlös verbessert werden.

Der Agrarproduzent gerät nun aber auch in Abhängigkeit von Handel, Markt- und Preisentwicklung. Er trägt das Risiko der begrenzten Nachfrage nach Agrarprodukten und den Nachteil der gegenüber den Industriepreisen relativ niedrigen Agrarpreise. Der Handel kann durch größere Kapitalkraft, bessere Marktinformation, durch marktgerechten Ankauf und Verkauf mit Zwischenlagerung die Preise manipulieren und diktieren, während der Agrarproduzent, namentlich in den Entwicklungsländern und in Kleinbetrieben, weniger elastisch reagieren kann.

In der Agrargesellschaft führte die Marktwirtschaft zu einer stärkeren Mobilität und zur Lockerung der traditionellen Sozialstrukturen. Der Marktgewinn erlaubt den Aufstieg der dynamischen, meist jüngeren Kräfte; doch kann damit auch das Problem einer neuen agrarkapitalistischen Schichtung und der Verlust der sozialen Sicherung in der traditionellen Gesellschaft verbunden sein. In den Entwicklungsländern wandern die nicht in die Marktwirtschaft integrierten Bevölkerungsteile häufig in die Zentren ab und verstärken dort das städtische Proletariat.

Zur Förderung der Marktwirtschaft im Agrarsektor, namentlich der Entwicklungsländer, gehören die quantitativ und qualitativ verbesserte Anpassung an die Nachfrage aufgrund von Marktbeobachtungen, die Einrichtung von Ver- und Einkaufsgenossenschaften, die verstärkte Kooperation zwischen den Betrieben mit Produktionsabsprachen sowie die vertikale Integration im Verarbeitungs- und Vermarktungsprozeß (*Agrobusiness* s. S. 93). Der Staat kann unterstützen, indem er durch Subventionen die Anpassung der Produktion erleichtert, durch Marktordnungen Waren und Preise kontrolliert, die Vermarktung, z. B. über *Marketing boards*, reguliert und die Infrastruktur, insbesondere die Verkehrseinrichtungen, verbessert, um die Transportkosten zu verringern. Entscheidend ist schließlich die fachliche Ausbildung der Agrarbevölkerung, um ihr eine selbständige und aktive Stellung innerhalb der Marktwirtschaft zu sichern.

Die *Exportwirtschaft*, d. h. die Marktwirtschaft im internationalen Rahmen, hat sich seit dem Entdeckungszeitalter zu weltweitem Umfang entwickelt. Frühe Vorläufer sind z. B. der Seidenhandel mit Ostasien, der Getreidehandel durch die Hanse oder der Orienthandel im Gefolge der

Kreuzzüge. Seit dem 16. Jh. setzte mit der Kolonialisierung der Erde zunächst der Überseehandel mit hochwertigen Produkten (Gewürze) aus Plantagen ein. In der Folgezeit dehnte sich der Handel auf eine Vielzahl von Erzeugnissen der tropisch-subtropischen Zone (z. B. Kaffee, Kakao, Tee, Zucker, Reis, Baumwolle, Ölsaaten, Agrumen) und der gemäßigten Zone (besonders Getreide und Viehprodukte) aus, wobei nun auch kleinbäuerliche Lieferbetriebe mit einbezogen wurden.

Der stärkste Anstieg des Weltagrarhandels erfolgte im 19. Jh., als in Europa infolge schneller Bevölkerungszunahme, Industrialisierung und Verstädterung und durch den steigenden Lebensstandard der Bedarf sprunghaft wuchs. Dabei konnten hohe Handelsgewinne erzielt werden, da die Produktionskosten sehr niedrig lagen; es standen billige Arbeitskräfte (Sklaven bis zum 19.Jh.) in großer Zahl zur Verfügung, und die Transportkosten sanken mit dem Einsatz moderner technischer Mittel (Bahn, Kühlschiff). Produktion und Handel wurden z. T. von großen Kapitalgesellschaften (z. B. United Fruit, Unilever) übernommen. Viele tropische Agrarländer spezialisierten sich auf einzelne Produkte (Brasilien: Kaffee; Goldküste/Ghana: Kakao; Cuba, Mauritius: Zuckerrohr) mit Monokulturbetrieben.

Die für die Marktwirtschaft genannten Gefahren bedrohen den weltmarktabhängigen Agrarexport in verstärktem Maße. Absatzkrisen durch Überproduktion, Einfuhrbeschränkungen und Substitution von Erzeugnissen (Kunstfasern statt Baumwolle), sowie die Konkurrenz anderer Produktionsgebiete treffen insbesondere die Entwicklungsländer, die auf den umfangreichen Export billiger Agrargüter angewiesen sind, um teure Industrieimporte bestreiten zu können. Der Welthandel mit Nahrungsmitteln ist relativ zum Industrieexport heute rückläufig, bedingt durch den steigenden Verbrauch der wachsenden Bevölkerung in den Entwicklungsländern und die zunehmende Ertragssteigerung in den Industrieländern.

Eine Lösung dieser Weltmarktprobleme erscheint nur langfristig möglich. Sie kann in der stärkeren Diversifizierung der Produktion mit besserem Ausgleich zwischen den Bedürfnissen der Selbstversorgung, des Binnenmarktes und Exportes, in Produktionsabsprachen zwischen den Erzeugerländern, in der Erschließung neuer Märkte und im Aufbau importbeschränkender Industriezweige in den Entwicklungsländern liegen (s. S. 177). Diese Maßnahmen setzen eine verbesserte Weltmarktordnung voraus, die u. a. in Welthandelskonferenzen und im Nord-Süd-Dialog angestrebt wird, aber noch nicht in Sicht ist. Die Bestimmung von Standort, Funktion und Reichweite der Märkte führt zur Geographie des Tertiären Sektors.

Die *staatliche Planwirtschaft* der sozialistischen Länder steuerte im Gegensatz zur freien Marktwirtschaft Produktion, Vermarktung und Export zentral und verfolgte dabei neben wirtschaftlichen auch politisch-ideologische Ziele. Die Produktion erfolgte in sozialisierten oder staatlichen Betrieben; an die Stelle des selbständigen Händlers oder Handelsunternehmens trat die staatliche Behörde. Die Produktion wurde durch die Planung vorweg bestimmt und die Erzeuger- und Verbraucherpreise einheitlich festgelegt. Der Übergang zur Marktwirtschaft nach der Auflösung des Ostblocks ist schwierig und mit zahlreichen Risiken verbunden.

5.2 Soziale Strukturen

Die große Zahl der agrarsozialen Strukturelemente läßt sich nur z. T. erfassen und systematisch darstellen, da hierzu, z. B. zur Frage der Betriebseinkommen, in vielen Gebieten ausreichende Unterlagen noch fehlen.

Der allgemeine Überblick muß sich auf die Grundmerkmale – Eigentumsordnung, Arbeitsverfassung, Erwerbsfunktion und Betriebsgröße – beschränken, die in den sozioökonomischen Systemen zusammenwirken (Kap. 5.2.4).

5.2.1 Eigentumsordnung

Die Eigentumsordnung regelt die Verfügungsgewalt und die Nutzungsbefugnisse über Grund und Boden. Es muß dabei zwischen dem *Eigentum*, d. h. der unbeschränkten Verfügungsgewalt („rechtliches Gehören"), und dem *Besitz*, d. h. der tatsächlichen Nutzung („faktisches Haben"), unterschieden werden. Eigentum und Besitz üben sowohl einzelne als auch Gemeinschaften aus.

Das *individuelle* oder *private Grundeigentum* sichert den persönlichen Freiheitsraum dinglich. Es orientiert sich in Westeuropa an der römischrechtlichen Auffassung. Der Eigentümer verfügt frei über den Boden, d. h. er kann ihn nicht nur nutzen, sondern auch verpachten, vererben, teilen und verkaufen.

Die *Vererbung* des Privateigentums regeln Erbgewohnheiten oder Gesetze. Sie kann geschlossen oder durch Aufteilung unter die Erbberechtigten erfolgen. Durch die Erhaltung oder Veränderung der Betriebsgrößen erhält die Vererbung tiefgreifenden Einfluß auf die Entwicklung der Sozial- und Wirtschaftsstruktur der Betriebe. Äußerlich wirkt sie sich in der Flur durch die Größe und Verteilung der Besitzparzellen, in den Siedlungen durch die Dichte und Untergliederung der Gebäude aus.

Bei der *Geschlossenen Vererbung* (Anerbenform) geht das Eigentum ungeteilt an einen Erben über. Dies kann der Erstgeborene (Majorat), der Letztgeborene (Minorat) oder der am besten Geeignete sein. In Gebieten starker Landflucht entscheidet, welcher Erbberechtigte noch zur Betriebsübernahme bereit ist. Bereiche der geschlossenen Vererbung sind z. B. Nordeuropa, der Norden und Südosten der Bundesrepublik Deutschland, die

Alpen und die außereuropäischen Siedlungsgebiete britischer Kolonisten. Daneben gibt es regionale Hofgüterrechte, z. B. im badischen Teil des Schwarzwaldes.

Der Vorteil der geschlossenen Vererbung liegt in der ungeschmälerten Erhaltung des Betriebes über den Wechsel der Generationen hinaus und damit in der Stabilisierung der Sozialstruktur. Die Vorrangstellung eines Erben bringt andererseits soziale Ungerechtigkeit mit sich; die nicht erbenden Nachkommen müssen entweder untergeordnete Rollen auf dem Hof übernehmen oder abwandern. Die finanziellen Abfindungen der weichenden Erben können den Hof schwer belasten.

Bei der *Freiteilbarkeit* wird das Eigentum meist real *(Realteilung)*, manchmal auch nur ideell geteilt. Die Zuteilung kann gleichmäßig an alle Erben erfolgen oder in Abstufungen, wobei die Söhne häufig mehr erhalten als die Töchter. Verbreitungsgebiete sind das südwestliche Deutschland, die romanischen Länder Europas und ihre ehemaligen Kolonien in Übersee, der Orient und Südasien. Die Einführung des *Code Napoléon* als Gesetzgrundlage hat im 19. Jh. die Ausbreitung der Realteilung in vielen Ländern gefördert.

Der schwerstwiegende Nachteil der Realteilung besteht in der fortschreitenden Zersplitterung der Betriebe mit starker Parzellierung der Flur und Gemengelage der Grundstücke. Die Zahl der Parzellen und die Wegstrecken nehmen zu, die Grundstücksgröße nimmt ab; die Teilung kann bis zu den einzelnen Obstbäumen fortschreiten. Wenn sich dieser Prozeß nicht durch Zukauf, Pacht oder Zugewinn bei Heiraten ausgleicht, sinkt die Betriebsgröße unter das Existenzminimum und behindert eine rationelle Planung und Bewirtschaftung. Weitere Folgen sind soziale Labilität und Bodenmobilität, Zwang zum Nebenerwerb und hohe Grundstückspreise durch Landmangel. Die Bevölkerungsdichte steigt in den Realteilungsgebieten rasch an.

Gegenüber dem Anerbenrecht besitzt diese Erbform jedoch den Vorzug, daß der Gleichheitsgrundsatz besser gewahrt bleibt. Jeder Erbe hat gleiche Belastungen und Chancen zu tragen. Die verkleinerte Betriebsfläche zwingt zu erhöhter Initiative und Produktionsintensität. So sind die Realteilungsgebiete zwar einerseits häufig mit Kleinbauerntum, Überbevölkerung und sozialen Notständen verbunden, andererseits zeigen sie eine größere Dynamik als die konservativ-stagnierenden Anerbenbereiche. Die Industrialisierung fand, z. B. in Südwestdeutschland, durch den hohen Arbeitskraftüberschuß der Realteilungsgebiete einen günstigen Ansatz. Nicht zuletzt bildeten auch die komplementären Heimindustrien mit handwerklichen Traditionen und Fähigkeiten der Kleinbauern dafür eine Grundlage.

Die Ursachen der Erbformen sind zeitlich und regional sehr unterschiedlich (H. RÖHM 1957, K. H. SCHRÖDER 1979). Sie beruhen häufig auf alten Volksrechten (Realteilung im germanischen Recht) oder auf staatlichen Verordnungen und Gesetzen. Bei der freien Entwicklung der Erbformen hängt es von der Tragfähigkeit des Naturraumes, der Intensität der Bewirtschaftung und von den nichtlandwirtschaftlichen Erwerbsmöglichkeiten ab, ob und wieweit geteilt werden kann. Die Realteilung dürfte aber vor allem durch den zunehmenden Bevölkerungsdruck verursacht worden sein, wie SCHRÖDER (1979) an vielen Beispielen für die Alte Welt nachweist. Häufig treten Mischgebiete auf, in denen die Betriebe unterschiedlich je nach Größe, Wirtschaftskraft und Familiensituation vererben.

Im *Gemeinschaftseigentum* (Kollektiv-, Gruppeneigentum) kann der einzelne nicht frei über den Boden verfügen. Er erhält nur Nutzungsrechte, oder aber die Bewirtschaftung erfolgt gemeinsam durch die Gruppe. Gemeinschaftseigentum eines Stammes oder Clans ist bis heute bei Hirtennomaden und Hackbauern anzutreffen und vielleicht die älteste Form des Grundeigentums. Sie beruht oft auf gemeinsamer Erschließung der Nutzfläche. Die Verfügungsgewalt steht den Häuptlingen oder dem Dorfrat zu. Den Familien kann periodisch Land zur widerruflichen Nutzung zugeteilt werden; dies war z. B. die Grundlage des russischen *Mir-Systems*. Gemeinschaftseigentum hat sich lange Zeit in den Allmenden der mitteleuropäischen Agrarlandschaft erhalten, die als Weiden oder Wälder genutzt, später aber meist zur privaten Nutzung aufgeteilt wurden. In den Entwicklungsländern ist der Übergang vom Gemeinschafts- zum Privateigentum durch die Übernahme europäischer Rechtsnormen gefördert worden; dennoch ist erstgenanntes noch weit verbreitet. Mit der Entwicklung der Marktwirtschaft und dem Anbau von Marktprodukten wuchs das Streben des Produzenten nach individuellem Eigentum, um frei über Nutzung und Gewinn verfügen zu können (vgl. Abb. 8).

Die jüngere Form des Gemeinschaftseigentums entstand aus der sozialistischen Ideologie, wonach Boden und andere Produktionsmittel zu vergesellschaften sind, um sie der willkürlichen Nutzung und dem Gewinnstreben der einzelnen zu entziehen. In einer zweiten Phase wurden die Bodennutzung und das betriebliche Inventar kollektiviert. In der ehemaligen Sowjetunion war der Boden seit der Oktoberrevolution Staatseigentum. Die *Kolchose* nutzten ihn unentgeltlich und unbefristet. *Sowchose* sind die z. T. noch vom Staat selbst bewirtschafteten großen Güter.

In den kapitalistischen Staaten ist Gemeinschaftseigentum selten. Die Genossenschaften dienen hier nur der Produktionsförderung und lassen die privaten Eigentumsrechte unangetastet. Eine Ausnahme bildet der Staat Israel; der Boden ist hier in den *Kibbuzim* und *Moshavim* Nationaleigentum und wird dabei in letzteren individuell, in erstgenannten gemeinschaftlich genutzt (s. S. 97).

Öffentlich-rechtliches Eigentum ohne Kollektivierung findet sich auch in den westlichen Staaten häufig. Dazu gehören die Eigenbetriebe von Staat, Gemeinden und anderen Körperschaften, wobei Staatsgüter eigenbewirtschaftet, Domänen meist verpachtet werden.

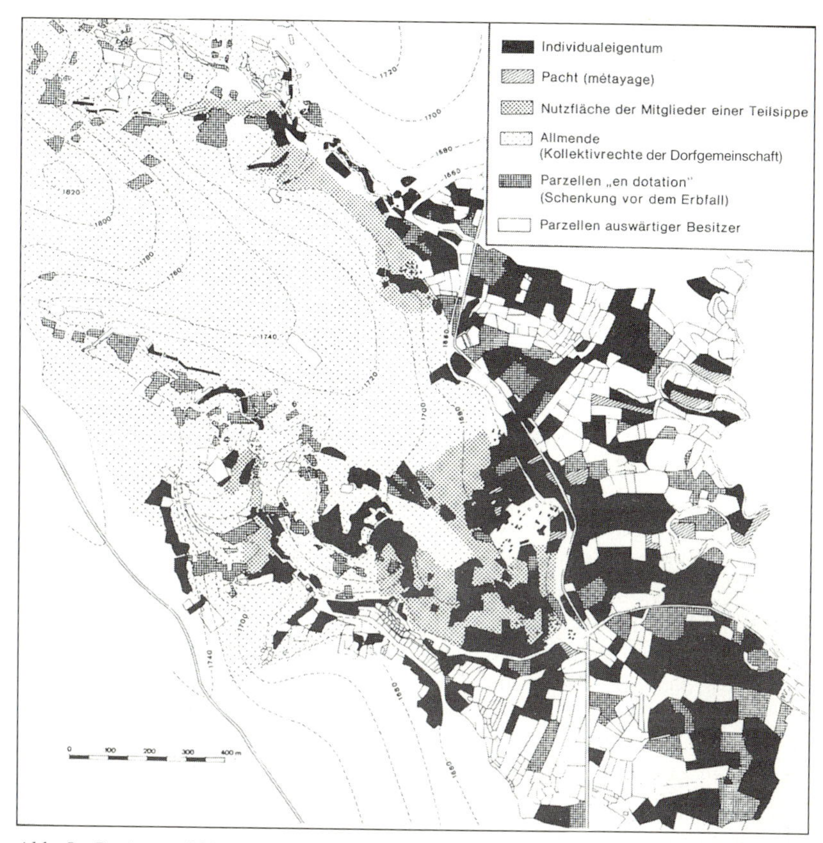

Abb. 8: Besitz- und Nutzungsrechte der Gemarkung Tsarahonenana Provinz Tananarive. Madagaskar (nach SICK 1979; nach BONNEMAISON)

Zu den nicht auf Eigentum beruhenden Besitzformen gehört insbesondere die *Pacht*, die vom Eigentümer aus gesehen eine indirekte Bewirtschaftung darstellt. Die Pacht kann vererbt *(Erbpacht)* oder zeitlich begrenzt *(Zeitpacht)* werden; sie kann sich auf ganze Betriebe oder nur auf einzelne Parzellen erstrecken. Neben der direkten Pacht gibt es, namentlich im Orient, die Unterverpachtung. Sie steigert die Belastung des Endpächters, weil Abgaben nicht nur an den Eigentümer, sondern auch an einen oder mehrere Zwischenpächter zu entrichten sind.

Der Pachtzins wird durch Geld, Arbeit oder Naturalien beglichen. Bei der *Festpacht* bleibt die Pachthöhe für längere Zeit fixiert; der Pächter, der gewöhnlich Vieh und Geräte selbst stellt, kann frei und selbstverantwortlich wirtschaften, d. h. er trägt das gesamte Risiko. Bei der *Teilpacht (métayage, mezzadria)* tragen hingegen sowohl der Pächter als auch der Verpächter das

Risiko, weil sie die Roherträge zwischen sich teilen. Die Teilpacht ist eine Interessengemeinschaft, bei der die Höhe der Ernte Gewinn oder Verlust beider Partner bestimmt. Das Teilungsverhältnis hängt davon ab, ob der Verpächter nur den Boden oder auch Gebäude, Vieh, Geräte, Saatgut, Wasser usw. stellt; er erhält danach oft den größeren Teil der Ernte, so daß dem Pächter kaum das Existenzminimum verbleibt. Gesetzliche Bestimmungen legen deshalb in vielen Staaten die Obergrenze der Abgaben fest. Die Teilpacht ist heute noch in den romanischen Ländern Europas und ihren ehemaligen Kolonialgebieten sowie im Orient verbreitet.

Die Vorteile der Pacht liegen vor allem darin, daß sie kapital- und landarmen bzw. landlosen Landwirten sozialen Aufstieg und Selbständigkeit ermöglicht. Zudem macht sie die Bodennutzung flexibler, weil der Pächter Arbeit, Kapital und Technologien einsetzen kann, wenn der Verpächter selbst dazu nicht in der Lage ist („Wanderung des Bodens zum besseren Wirt“).

Schwerwiegende Nachteile ergeben sich andererseits dann, wenn der Pächter, namentlich bei kurzfristigen Verträgen, den Boden mangelhaft pflegt und überfordert und auch der Verpächter nicht an Investitionen interessiert ist. Zudem besteht die Gefahr, daß der Pächter vom Verpächter ausgebeutet wird und keine feste Bindung an den Boden findet. Diese Nachteile treten besonders im rentenkapitalistischen System auf.

Ein eindeutiges Urteil ist bei den zahllosen Variationen der Pacht, die sowohl skrupellose Ausbeutung wie wirtschaftliche und soziale Stabilisierung bringen kann, nicht möglich. Sie dürfte auch weiterhin ein unentbehrliches betriebswirtschaftliches und agrarpolitisches Instrument bleiben. Dies zeigt sich z. B. in stadtnahen Bereichen, wo bei Betriebsaufgabe und Abwanderung der Verpächter sein Eigentum noch wahren, der Pächter andererseits den Boden im Ertrag halten und seinen Betrieb aufstocken kann. In der Bundesrepublik Deutschland stieg der Pachtlandanteil an der LF von 22 % (1966) auf 45 % (1993). Abb. 9 zeigt einen Ausschnitt der Gemarkung Tengen an der Grenze zur Schweiz. Auf deutscher Seite wurden hier zahlreiche Grundstücke von Schweizer Landwirten gekauft oder gepachtet, da sie ihre Produkte zollfrei in die Schweiz einführen und dort bisher zu günstigen Preisen verkaufen konnten.

Die genannten Eigentums- und Besitzformen werden umgangen, wenn *wilde Siedler (squatters, intrusos, ocupantes) ohne Rechtstitel* fremdes Eigentum bewirtschaften, das dem Staat, Großgrundbesitzern oder Eingeborenenstämmen gehört. Die Unsicherheit und unstete Lebensweise dieser Siedler führt dazu, daß sie wenig investieren, den Boden nicht nachhaltig pflegen, so daß der Ertrag rasch abnimmt. Es darf nicht vergessen werden, daß die europäische Kolonisation in den überseeischen Gebieten häufig mit der rechtlosen Okkupation des Eigentums der Eingeborenen verbunden war.

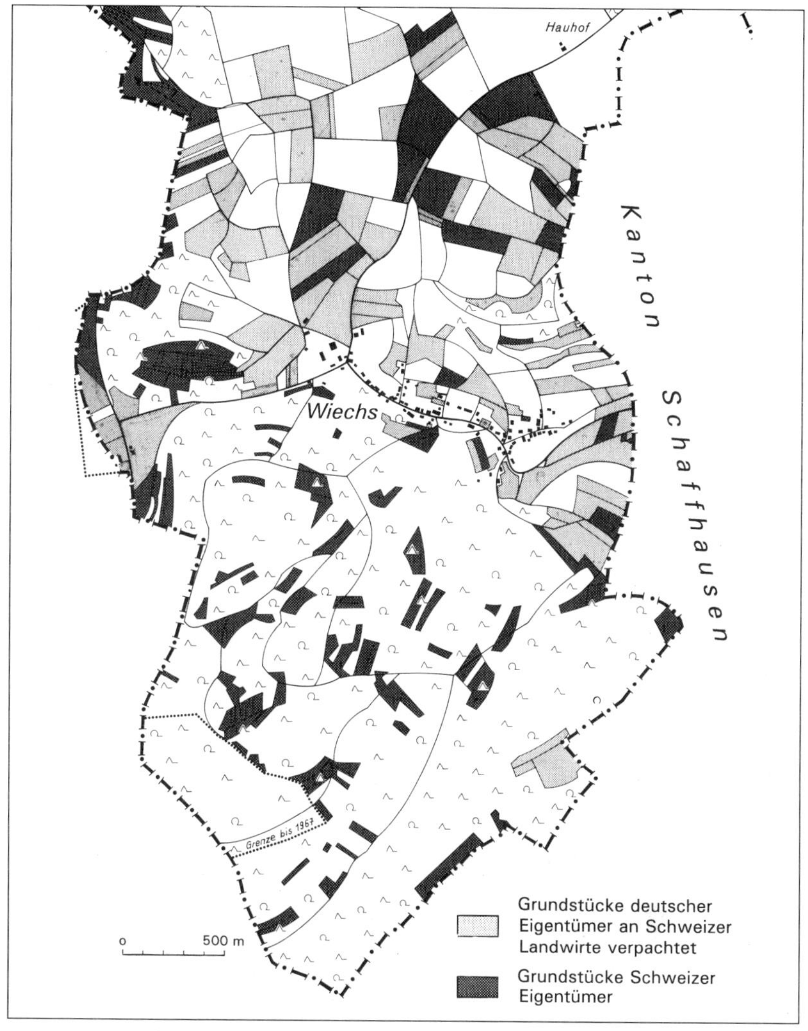

Abb. 9: Bodenbesitz Schweizer Landwirte auf Gemarkung Tengen-Wiechs a. R. 1991 (nach B. MOHR)

5.2.2 Arbeitsverfassung und Erwerbsfunktion

Die Arbeitsverfassung kennzeichnet den zur Bewirtschaftung eines Betriebes erforderlichen Einsatz von Arbeitskräften. Die Hauptformen der Arbeitsverfassung sind die Familienarbeit, die kooperative Arbeit und die Fremdarbeit.

Der *Familienbetrieb*, in dem ganz oder überwiegend der Betriebsinhaber und seine Angehörigen die Arbeit leisten, stellt die am weitesten verbreitete, „älteste und beständigste Arbeitsverfassung der ackerbautreibenden Völker" (W. ABEL 1967, S. 105) dar. Eigen- und Betriebsinteresse stimmen hier überein, wodurch sich Verantwortungsgefühl und Arbeitsleistung steigern. Allerdings kann es bei geringer Zahl von Familienkräften zur Überlastung, bei fehlender Abwanderungsmöglichkeit auch zur Unterbelastung kommen. Die Größe der Familienbetriebe ist je nach Kulturart, Nutzungsintensität und Ertragsfähigkeit sehr unterschiedlich und kann einerseits nur 1 ha Reisfeld oder Sonderkulturen, andererseits mehrere tausend Hektar Weideland umfassen. Häufig besteht Arbeitsteilung zwischen den männlichen Arbeitskräften, welche leitende Aufgaben, Feld- und Stallarbeiten übernehmen, und den weiblichen Kräften, die Haus, Garten und Kleinvieh versorgen.

Die *kooperative Arbeitsverfassung* bezeichnet die Zusammenarbeit gleichberechtigter Partner. Dazu gehören neben der Vorstufe der Nachbarschaftshilfe die verschiedenen Formen der überbetrieblichen Zusammenarbeit mit Produktionsmittel- und Erzeugergemeinschaften, wobei die Mittel (Maschinen, Beregnungsanlagen usw.) privates oder gemeinsames Eigentum bleiben. Die Kooperation kann sich auf Anbau, Viehzucht und Vermarktung erstrecken. Derartige Gemeinschaften können erheblich zur Rationalisierung und Kostensenkung beitragen, andererseits auch Spannungen hervorrufen, weil die Einzelinteressen den gemeinsamen Zielen und Methoden unterzuordnen sind.

Von diesen Formen des Nutzungsverbundes selbständiger Landwirte mit Privateigentum ist die *sozialistische Arbeitsverfassung* zu unterscheiden, die sowohl Boden als auch Produktionsmittel vergesellschaftet, so in den Kibbuzim Israels, in den Kolchosen der ehemaligen Sowjetunion und den LPGs der früheren DDR (s. S. 97).

Bei der *Fremdarbeitsverfassung* werden neben den Mitgliedern der Familie oder der Genossenschaft fremde Arbeitnehmer beschäftigt, womit eine soziale Schichtung begründet wird. Eine Vorform bildet die Gesindearbeitsverfassung mit der Aufnahme lediger Knechte und Mägde in die Haus- und Arbeitsgemeinschaft. Formen der *Zwangsarbeit* mit unfreien Kräften waren die Sklavenhaltung bis ins 19. Jh. und die Leibeigenschaft der fränkischen Fronhofverfassung. Zwangsarbeit fand auch in totalitären Staaten und im Encomiendasystem Lateinamerikas (s. S. 92) statt. Bei der *freien Fremdarbeit* schließt der Arbeitnehmer nach freiem Willen einen Vertrag mit dem Arbeitgeber. Die Entlohnung erfolgt meist in Geld; sie kann aber auch, wie auf den lateinamerikanischen Hazienden, aus Nutzungsrechten oder Naturalien bestehen.

Infolge der Abwanderung in die Stadt- und Industriegebiete sowie der zunehmenden Rationalisierung und Mechanisierung der Betriebe hat die Zahl der Landarbeiter in den Industriestaaten stark abgenommen. Gleichzeitig vollzog sich eine soziale Umschichtung. An die Stelle von Tagelöhnern und ungelernten Kräften treten ausgebildete Facharbeiter, die den steigenden geistigen und technischen Anforderungen im modernen Betrieb genügen. Die qualifizierte Ausbildung und der Arbeitskräftemangel in der Landwirtschaft haben zur Anhebung der Löhne geführt, die allerdings häufig noch hinter denen anderer Wirtschaftszweige zurückstehen. Hohe Löhne zwingen wiederum die Betriebe zu verstärktem Einsatz von Kapital und Maschinen. Probleme entstehen auch bei der Regelung der Arbeitszeit infolge des in der Landwirtschaft ungleichmäßigen Arbeitsanfalls, langen Arbeitstages und – bei Viehwirtschaft – nicht freien Wochenendes.

Neben die ständigen Arbeitskräfte treten in Zeiten hohen Arbeitsanfalls die *Saisonarbeiter*. Sie haben in kurzer Zeit große Erntemengen zu bewältigen, z. B. bei Getreide, Baumwolle und Zuckerrohr. Die *Wanderarbeiter* müssen oft weite Strecken zwischen Wohn- und Arbeitsort überwinden. Durch zeitliche Verschiebung der Erntezeiten lassen sich die Einsätze manchmal kombinieren, so zwischen den Weizenzonen der USA oder früher bei der Wanderung italienischer Landarbeiter zwischen Italien und Argentinien entsprechend den unterschiedlichen Erntezeiten. Zur Unterbringung und Versorgung der Wanderarbeiter entstanden in den Großbetrieben häufig eigene Siedlungen. Soziale Probleme bringt die Saisonarbeit durch die meist kurzfristigen Verträge mit wirtschaftlicher Unsicherheit, durch die starke Fluktuation der Arbeiter und ihre geringe Integration in die Betriebe. Die landlose, auf Lohnarbeit oder Teilpacht angewiesene Landbevölkerung umfaßt in vielen Entwicklungsländern die Mehrheit der gesamten Landbevölkerung. Sie sucht Arbeit in Groß- oder Intensivkulturbetrieben oder wandert in die Städte ab.

Die *Erwerbsfunktion* eines Betriebes bestimmt sich nach dem Anteil der Landwirtschaft am Gesamterwerb. Bei den *Vollerwerbsbetrieben* reichen Produktionskraft und Größe aus, um einer bäuerlichen Familie bei rationeller Bewirtschaftung ein angemessenes – in der Bundesrepublik Deutschland z. B. dem eines Facharbeiters vergleichbares – Einkommen zu sichern. Nichtlandwirtschaftliches Einkommen umfaßt höchstens 10 %. Der *Zuerwerbsbetrieb*, noch hauptberuflich geleitet, ist jedoch bereits auf zusätzliche Einnahmen (bis zu 50 %), z. B. aus dem Fremdenverkehr oder Handwerk, angewiesen. Voll- und Zuerwerbsbetriebe werden unter dem Begriff der *Haupterwerbsbetriebe* zusammengefaßt, da bei beiden die Landwirtschaft als wichtigste Einnahmequelle dient.

Bei den *Nebenerwerbsbetrieben* wird mehr als die Hälfte des Lebensunterhalts durch nichtlandwirtschaftliche Arbeit bestritten. Es handelt sich meist um Kleinbetriebe mit unzureichender Wirtschaftsfläche bzw. Ertragsfähigkeit. Der Haupterwerb kann im ländlichen Bereich durch Lohnarbeit in größeren Betrieben, im Handwerk oder in der Waldarbeit erfolgen. In den Industrieländern und stadtnahen Räumen wird er jedoch meist in der Industrie oder in den Dienstleistungen gefunden. Daraus haben sich die *Arbeiterbauernbetriebe* mit Berufspendlern in die städtischen Zentren entwickelt. Da der Betriebsinhaber nur beschränkte Zeit für die Landwirtschaft aufwenden kann, leisten überwiegend die übrigen Familienmitglieder die Arbeit, häufig überlastet. In der Bundesrepublik Deutschland umfaßten die Nebenerwerbsbetriebe 1995 trotz der Tendenz zur Aufstockung 43,6 % aller Betriebe (Vollerwerb 48,5 %, Zuerwerb 7,9 %).

Der volkswirtschaftliche Wert der Nebenerwerbsbetriebe liegt darin, daß sie zur Selbstversorgung beitragen und bei Arbeitslosigkeit einen Rückhalt bieten. Sie ergänzen die Marktbelieferung, besonders mit Vieh und Gartenbauprodukten, und vermindern die Abwanderung in die Städte. In den sozialistischen Ländern waren die *privaten Hofwirtschaften* Nebenerwerbsbetriebe im Rahmen des Kollektivs; auch sie erreichten eine im Vergleich zu ihrem Umfang große Marktbedeutung.

Abb. 10 stellt den Anteil der Nebenerwerbsbetriebe an der Gesamtzahl der Betriebe und die Verbreitung der Erbformen in Baden-Württemberg dar. Es zeigt sich, daß die Nebenerwerbsbetriebe vor allem in den Gebieten der Realteilung und folglich kleiner Betriebsflächen auftreten.

5.2.3 Betriebsgrößen

Üblicherweise wird die Betriebsgröße nach dem Umfang der bewirtschafteten Fläche angegeben, weil sie ein quantitativ eindeutiges Maß darstellt und weltweit statistisch erfaßt ist. In der Bundesrepublik Deutschland gab es danach folgende Größenklassen:

0,01 – 2 ha	Zwergbetriebe	10 – 20 ha	Mittelbetriebe
2 – 5 ha	Kleinstbetriebe	20 – 100 ha	Großbetriebe
5 – 10 ha	Kleinbetriebe	über 100 ha	Gutsbetriebe

Die Aussagekraft einer derartigen Klassifizierung muß jedoch in mehrfacher Hinsicht eingeschränkt werden:

- Die Bedeutung der Betriebsgrößen unterliegt zeitlichen Veränderungen. So besteht bei Kleinbetrieben die Tendenz und häufig der Zwang zur Aufstockung, um den steigenden Anforderungen zu entsprechen. In der Bundesrepublik Deutschland fiel z. B. zwischen 1949 und 1994 der Anteil der Betriebszahl in der Klasse 1-10 ha von 77 % auf 46 %; in der Klasse über 30 ha stieg er jedoch von 3 % auf 23 %. Gleichzeitig wuchs die durchschnitt-

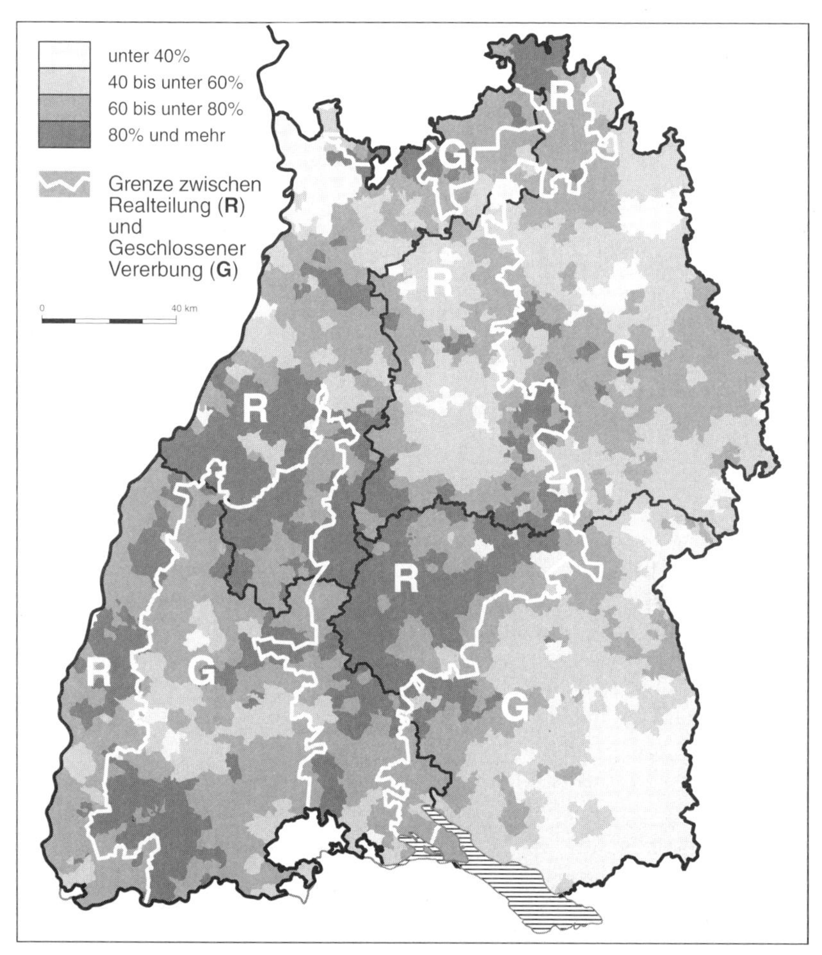

Abb. 10: Anteil der Nebenerwerbsbetriebe an der Gesamtzahl 1991 und Verbreitung der Vererbungsformen in Baden-Württemberg (nach H. RÖHM 1957 und Statistik von BW)

liche Betriebsgröße von 8,1 auf 21,4 ha. Betriebe mit knapp über 20 ha können somit heute nicht mehr als Großbetriebe gelten.

- Die wirtschaftliche Bedeutung von Betrieben gleicher Größe ist sehr unterschiedlich, je nach Ertragsfähigkeit, Produktionsziel und Intensität. Ein Betrieb mit wenigen Hektar Sonderkulturen und hoher Intensität kann einen höheren Gewinn erwirtschaften als ein extensiver Weidebetrieb mit 100 ha Fläche. Ebenso lockert die Veredlungswirtschaft mit Einfuhr von Futtermitteln die Abhängigkeit von der Fläche.

• Gleiche Betriebsgrößen erlangen regional verschiedenes Gewicht, auch wenn das gleiche Produktionsziel vorliegt. So gilt ein Getreideanbaubetrieb mit 50 ha in Südwestdeutschland als großes, in den USA als kleines Unternehmen. Auch Plantagen von diesem Umfang gelten als klein. Die Werte bedürfen also der Relation zur regionalen Besitzstruktur; so beträgt z. B. in den USA die durchschnittliche Betriebsgröße mit 185 ha das Neunfache der Bundesrepublik Deutschland. In Namibia steigt die Durchschnittsgröße der Farmen sogar auf rd. 7000 ha an (J. BÄHR 1981). Australische Schaffarmen erreichen Größen bis zu 400 000 ha.

Um die wirtschaftliche Bedeutung der Betriebe besser zu erfassen, schlagen manche Autoren neben der Flächengröße weitere Bestimmungsmerkmale vor (U. PLANCK und J. ZICHE 1979, S. 285): Arbeits- und Kapitalbesatz, wirtschaftliches Ergebnis (Bruttoproduktion), Betriebsziel, Erwerbsfunktion und Art der Betriebsleitung. Diese Merkmale lassen sich jedoch z. T. nur schwer erfassen und bedürfen wie die Flächenangaben einer nach Ländern differenzierten Interpretation. A. WEBER (1974, S. 67) schlägt vor, bei mindestens 20 Arbeitskräften von einem Großbetrieb, bei weniger als drei Arbeitskräften von einem Kleinbetrieb zu sprechen. Im Durchschnitt entfielen auf die sozialisierten Betriebe der früheren Sowjetunion 491 AK, auf die Betriebe der USA jedoch nur 1,6 AK; letztere wären demnach Kleinbetriebe. Es muß also zusätzlich die Arbeitsproduktivität berücksichtigt werden. Während in Osteuropa nur 7 ha auf eine AK kamen, sind es in den USA infolge hohen Maschineneinsatzes 142. Die Einstufung kann also letzthin nur über eine Merkmalskombination erfolgen.

Wichtiger als die umstrittenen Schwellenwerte der Betriebsgrößen ist die *Ackernahrung*, d. h. die für den Lebensunterhalt einer (vierköpfigen) Familie ohne Zuerwerb notwendige Mindestfläche. In der Bundesrepublik Deutschland wird diese bei Sonderkulturen schon mit etwa 2 ha, bei gemischtwirtschaftlichen Betrieben erst mit etwa 50 ha erreicht. Auch bei der Ackernahrung gilt es, die großen regionalen Unterschiede und zeitlichen Veränderungen zu beberücksichtigen. Die Mindestfläche richtet sich nicht nur nach den Naturgrundlagen und dem Betriebsziel, sondern auch nach der Intensität der Bewirtschaftung, den Preis-Kosten-Relationen und dem im Weltvergleich sehr unterschiedlichen Lebensstandard. Die Ackernahrung sollte deshalb besser nach dem Betriebsergebnis berechnet werden.

Die Entwicklung der Betriebsgrößen hängt von der Besiedlungsgeschichte und Bevölkerungsentwicklung, von den Erbformen und agrarpolitischen Maßnahmen (z. B. Bodenreformen) ab. Als Beispiel für den siedlungsgeschichtlichen Einfluß sei der Gegensatz zwischen den überwiegenden Kleinbetrieben in den alt- und dichtbesiedelten Räumen, z. B. Südwestdeutschlands, und den meist größeren Betrieben in jünger erschlossenen Kolonisationsgebieten genannt. Die Auswirkung agrarpolitischer Maßnahmen zeigte sich z. B. in der gleichmäßigen Landzuteilung in den USA durch den *Homestead Act* von 1862 (mit 160 acres je Betrieb) oder in der Schaffung der sozialistischen Großbetriebe in Osteuropa. Die Karte im DIERCKE Weltatlas S. 49/1 verdeutlicht den Gegensatz zwischen den größeren, ehemals sozialistischen Betrieben der neuen Bundesländer und den kleineren, im Südwesten auch durch Realteilung bedingten Betrieben der alten Bundesländer.

Die Vor- und Nachteile der verschiedenen Betriebsgrößen werfen vieldiskutierte, nur unter Beachtung der räumlich und zeitlich wechselnden Verhältnisse zu entscheidende Fragen auf (U. PLANCK und J. ZICHE 1979, S. 289 f.).

Kleinbetriebe sind meist gezwungen, den Mangel an Boden durch Einsatz von Arbeit, wenn möglich auch von Kapital auszugleichen, d. h. arbeits- oder kapitalintensiv zu wirtschaften. Technische Fortschritte werden jedoch erschwert, weil der geringe Umfang und die Gemengelage der Parzellen die Verwendung arbeitskraftsparender Geräte behindern und die Kapitalarmut Investitionen beschränkt. In den Entwicklungsländern kann der „Teufelskreis" zwischen Produktions-, Kapital- und Investitionsmangel nicht nur die Markt-, sondern auch die Selbstversorgung gefährden. Wenn der Landmangel nicht durch Intensivierung oder Aufstockung auszugleichen ist, sind Nebenerwerb oder Abwanderung die Folgen. Bei intensiver Bewirtschaftung können die Kleinbetriebe jedoch auch höhere Erträge je Flächeneinheit erzielen als Großbetriebe.

Großbetriebe sind in den von Europäern besiedelten Überseegebieten und in den sozialistischen Ländern am stärksten verbreitet. Betriebe über 100 ha umfassen z. B. in den USA 96 % der Nutzfläche und 57 % der Farmen (1987), während ihr Anteil in der Bundesrepublik Deutschland nur 9 % der Fläche und 1 % der Betriebe (1990) erreicht.

Abgesehen von der Fläche unterscheiden sich Groß- von Kleinbetrieben durch die Funktionsteilung zwischen leitenden und manuell ausführenden Arbeitskräften, häufigen Fremdarbeitsbesatz, größere Flächenextensität und meistens durch ihre Lage abseits von Gruppensiedlungen. Die Großbetriebe Westeuropas, Nordamerikas und anderer europäischer Farmgebiete in Übersee sowie die tropischen Plantagen sind durch hohe, Lohnkosten sparende Kapitalintensität und Mechanisierung gekennzeichnet, während die Großbetriebe der sozialistischen Länder neben dem Kapital- einen höheren Arbeitskräfteeinsatz aufwiesen. In Lateinamerika und im Orient ist die Kapitalintensität am geringsten und wird am stärksten durch die hier zahlreichen billigen Arbeitskräfte ersetzt.

Großbetriebe besitzen den Vorteil, daß bei rationeller Bewirtschaftung mit zunehmender Fläche die Kosten sinken und die Arbeitsproduktivität gesteigert werden kann, besonders bei der Konzentration auf wenige Produkte. Doch gibt es Grenzen, von denen an die Kosten infolge hohen Transport- und Verwaltungsaufwandes und erschwerter Arbeitsüberwachung relativ wieder steigen; dies hat sich z. B. in sozialistischen Großbetrieben gezeigt. Nachteilig kann sich, namentlich in rentenkapitalistischen Betrieben, die soziale Schichtung auswirken; Großbetriebe erwiesen sich als anfälliger für soziale Spannungen als andere Größenklassen.

Der *mittelgroße Betrieb* mit Familienarbeit gilt heute in vielen nichtsozialistischen Ländern als Leitbild der Agrarpolitik. Er besitzt wirtschaftliche Leistungs- und Anpassungsfähigkeit und bietet mit einer breiten Einkommens- und Vermögensstreuung ein hohes Maß an sozialer Sicherheit (U. Planck und J. Ziche 1979, S. 293). Der Trend zum Familienbetrieb zeigt sich auch in der langfristigen Entwicklung der Betriebsgrößen, die B. Andreae (1977, S. 282) zusammenfaßt:

Naturgemäß sind die Betriebsgrößen in den dichtbesiedelten Gebieten allgemein niedriger als in den dünnbesiedelten, doch bleiben die Unterschiede in den Anfängen der volkswirtschaftlichen Entwicklung noch relativ gering, weil es sich um Subsistenzbetriebe im Umfang einer Ackernahrung handelt. Auf der mittleren Entwicklungsstufe sind die Differenzen der Betriebsgrößen am stärksten: In dichtbesiedelten Gebieten müssen die Betriebe schrumpfen und die verringerte Fläche durch größere Arbeits- und Kapitalintensität ausgleichen, während in dünnbesiedelten Gebieten die fehlende Arbeitskraft durch Maschineneinsatz und Bewirtschaftung größerer Flächen ersetzt werden muß. Auf der letzten Stufe gleichen sich die Betriebsgrößen wieder mehr an, weil in den dichtbesiedelten Ländern die Abwanderung vom Land die Aufstockung zu größeren, mechanisierten Betrieben erlaubt, in den dünnbesiedelten der steigende Landarbeitermangel trotz Technisierung die Reduktion auf Familienbetriebe erfordert.

Optimale Betriebsgrößen lassen sich wohl nirgends festlegen. Vielmehr scheint eine „gesunde Mischung" die beste Lösung zu sein, welche die Vorteile der verschiedenen Größenklassen verbindet und ihre Nachteile ausgleicht.

5.2.4 Sozioökonomische Agrarsysteme

Die agrarsozialen und agrarwirtschaftlichen Systeme zeigen eine jeweils verschiedenen Kombination der Strukturelemente. Es handelt sich zugleich um Entwicklungsstufen, die sich mit den auf S. 25 aufgezeigten Phasen der gesamten Wirtschaftsentwicklung vergleichen lassen. Die agrarsozialen Systeme stellen U. Planck und J. Ziche (1979, S. 228 f.) eingehend dar.

a) Gemeinschaftseigentum der Sippen, Stämme oder Dorfverbände mit Nutzungsrechten der einzelnen Familien kennzeichnen die *tribalistischen Agrarsysteme*. Sie sind mit Wanderviehhaltung, Landwechsel (s. S. 110) oder traditioneller Bewässerungswirtschaft verbunden; bei den beiden letztgenannten Nutzungssystemen beginnt die Individualisierung des Grundeigentums. Produktionsziel ist überwiegend die Selbstversorgung, die Arbeitsverfassung familiär oder kooperativ. Die tribalistischen Systeme werden durch die Marktwirtschaft zunehmend verdrängt.

b) Die *familistischen Agrarsysteme* beruhen auf dem Individualeigentum, das durch Pacht und Nutzungsrechte am Gemeinschaftseigentum (z. B. Allmenden) ergänzt werden kann. Produktionsziel ist neben der eigenen, oft nur noch teilweisen Bedarfsdeckung die Marktbelieferung. Die Familienarbeit wird in beschränktem Maße durch Fremdarbeitskräfte ergänzt. Innerhalb der familistischen Landwirtschaft zeigen Bauern- und Farmbetriebe verschiedene wirtschaftliche und soziale Merkmale.

Das *Bauerntum* kennzeichnen Traditionsbindung und konservative Gesinnung. Es ist vornehmlich in den mittel- und kleinbäuerlichen Betrieben Westeuropas, aber auch der Entwicklungsländer vertreten. Kontinuität und Bodenständigkeit zeigen sich in dem Bestreben, den oft seit vielen Generationen familieneigenen Hof zu erhalten und den Besitz zu vermehren. Flächen- und Arbeitsproduktivität sind hoch; sorgfältige Bodenpflege sucht die Ertragsfähigkeit langfristig zu erhalten. Die gemischte Produktion wird bevorzugt, um das Risiko zu mindern. Neuerungen werden mit Mißtrauen und nur zögernd übernommen. Das traditionelle Bauerntum weicht heute in den Industrieländern zunehmend der spezialisierten und technisierten Landwirtschaft mit fachlich gebildetem Betriebsinhaber, der Rationalisierung und Gewinnmaximierung anstrebt.

Das *Farmertum* ist eine Weiterentwicklung des europäischen Bauerntums in den überseeischen Kolonisationsgebieten. Im Gegensatz zum Bauerntum zeigt es eine größere unternehmerische und räumliche Mobilität. Dies wirkt sich in höherer Risiko- und Innovationsbereitschaft und in häufigerem Betriebswechsel aus. Viele Betriebsinhaber wohnen zeitweilig in der Stadt und ziehen sich im Alter ganz dorthin zurück. Die Farm ist überwiegend kapitalorientiert und sucht durch starke Mechanisierung mit wenig Arbeitskräften eine hohe Arbeitsproduktivität zu erzielen. Die Produktion richtet sich unter weitgehendem Verzicht auf Selbstversorgung stärker auf den Markt aus als im Bauernbetrieb, d. h. sie erfolgt spezialisiert, manchmal bis zur Monokultur. Das ausgeprägte Gewinnstreben, das zu meist hohem Lebensstandard geführt hat, verbindet sich mit unternehmerischer Denkweise und durchrationalisierter Betriebsführung.

c) Die *feudalistischen Agrarsysteme* unterscheiden sich von den familistischen durch die ausgeprägte soziale Schichtung mit einer privilegierten Minderheit, die durch Bodeneigentum Machtmittel besitzt, und der Masse landloser, an den Betrieb des Grundherren gebundener Familien. Die historische Form des Feudalismus bildete die vom 9. bis zum 19. Jh. in Europa verbreitete *Lehensgrundherrschaft* mit der Oberschicht des Adels und der Geistlichkeit, der Mittelschicht der Voll- und Kleinbauern und der Unterschicht der landlosen Häusler und Hausgenossen. Durch Zwangsarbeitsverfassung blieben Hörige und Leibeigene an den Grundherren gebunden.

Als kolonialistische Form des Feudalismus entstand die *Hazienda*, die in großen Teilen Lateinamerikas Verbreitung fand. Sie ging aus dem *Encomienda-System* hervor, das den europäischen Kolonisten Land zubilligte mit dem Recht, einheimische Arbeiter zwangsweise auszuheben. Die vielstufige soziale Schichtung führt vom Landeigentümer *(patron)* über den Verwalter *(mayordomo)* und spezialisierte Fachkräfte bis zu den Lohnarbeitern und Pächtern. Die vertikale soziale Mobilität ist gering. Das Hazienda-System schließt sich wirtschaftlich und sozial nach außen weitgehend ab und setzt sich aus beherrschenden Latifundien einerseits, zahlreichen abhängigen Minifundien andererseits zusammen. Letztere dienen nur der meist minimalen Selbstversorgung, während die Latifundien auch Marktüberschüsse, z. B. an Getreide und Viehproduktion, erzielen. Den geringen Kapitalinvestitionen steht auf den Latifundien ein hoher Einsatz an Arbeitskräften gegenüber; die Arbeitsleistung wird von den Minifundienbauern als Entgelt für die Nutznießung des Haziendalandes erbracht, an das sie gebunden sind. Das Haziendasystem ist in hohem Maße reformbedürftig, weil es die wirtschaftliche und soziale Entwicklung lähmt und die Produktivkräfte schlecht nutzt.

d) In den *kapitalistischen Agrarsystemen* beherrscht der Kapitalbesitzer die landwirtschaftliche Produktion, der sein Kapital wertbeständig und gewinnbringend anlegen will. Die Arbeitskräfte sind nicht an den Boden gebunden, wie bei den feudalistischen Systemen, sondern mobil; die Nutzung des Bodens erfolgt über Verträge mit den Kapitalbesitzern. Das Kapital stellt in diesem System die unabhängige Variable, während Arbeit und Boden abhängige Variablen bleiben (U. PLANCK und J. ZICHE 1979, S. 252).

Ein noch halbfeudales System stellt die *Rentengrundherrschaft* dar, die die herrschaftlichen Leistungsansprüche an die bäuerliche Unterschicht kommerzialisiert; dies erfolgt über die Abgabe eines Teils der Rente (vgl. Teilpacht S. 81). Die Sozialstruktur kennzeichnen eine reiche, am Rentenbezug interessierte Großgrundbesitzerschicht, der sonstige Möglichkeiten der Kapitalanlage fehlen, und eine sozial schwache, kapitalarme Landbevölkerung, der alternative Erwerbsmöglichkeiten fehlen. Dem Vorteil der Risikoteilung zwischen Eigentümer und Anteilsbauer steht in der Praxis die geringe Aufwandbereitschaft auf beiden Seiten („Minimumswirtschaft" nach H. BOBEK) gegenüber, da man einen Kapital- bzw. Arbeitseinsatz zum Nutzen der anderen Schicht scheut. Der Anteilsbauer kann nicht frei über Nutzung und Ernte verfügen, der Eigentümer bemißt den Anteil. Wenn das Existenzminimum unterschritten wird, gerät der Bauer in Verschuldung und weitere Abhängigkeit. So führt das System zu extrem ungleichen Machtverhältnissen mit Ausbeutung der ländlichen Produktivkräfte und geringen Entwicklungsmöglichkeiten. Durch die Technisierung der Landwirtschaft, den Aufbau des Kreditwesens und die Abwanderung in Städte und Industrie verliert das System heute seine Grundlagen. Andererseits zeigt sich in Räumen mit einer Knappheit an Arbeitskräften (z. B. in von Gastarbeiteremigration betroffenen Gebieten) eine Veränderung zugunsten des Anteilsbauern, der nun bis zur gesamten Ernte bedacht werden kann, wenn er nur die Funktionalität des Betriebes wahrt. Alte parasitäre Eigenschaften dieses Systems gehen damit weitgehend verloren.

Die *Plantage* entstand als moderne Form des Agrarkapitalismus in den Tropen und Subtropen (vgl. W. GERLING 1954, J. P. WILKENS 1974, K. H. HOTTES 1992). Als Großbetrieb im Auftrag der Kapitaleigner von Fachkräften geleitet, liefert sie mit hohem Kapitaleinsatz hochwertige Produkte für den Inland- und Weltmarkt (s. S. 157). Während die Plantage über Verwertungsanlagen verfügt, beschränkt sich die *Pflanzung* (H. RUTHENBERG 1967) auf die Produktion. Die ausgeprägte Klassenstruktur führt von den meist abwesenden Kapitaleignern über die leitenden Manager und Technokraten und die Facharbeiter bis zu den angeworbenen Arbeitskräften, die z. T. als Wanderarbeiter nur zeitweilig auf dem Betrieb Beschäftigung finden. In den Kolonialgebieten war diese Schichtung meist mit einer Rassentrennung verbunden, die sich in den Entwicklungsländern teilweise noch erhalten hat.

Die *Ranchbetriebe (Estancias)* betreiben im Gegensatz zu den Plantagen extensive Viehwirtschaft. Die Zahl der Arbeitskräfte und die Klassen- bzw. Statusunterschiede sind relativ gering (s. S. 162).

In den letzten Jahrzehnten haben sich in der Agrarwirtschaft komplexe Verbundsysteme entwickelt, bei denen die Produktion mit vor- und nachgelagerten Industrie- und Dienstleistungszweigen verknüpft ist (*Integrierte Landwirtschaft*, *Agrobusiness*, franz. Filiéres; vgl. dazu besonders H. W. WINDHORST 1981 f.). Zu dieser zunächst in den USA verbreiteten Entwicklung trug eine Reihe von Innovationen bei, die eine engere Verknüpfung der Wirtschaftszweige nahelegte (Mechanisierung, Hybridisation, Pflanzenschutzmittel, Hochleistungsfutter, neue Lagerungs- und Transporttechniken).

Merkmale dieser Systeme sind die sektorale Konzentration auf wenige, aber große Betriebe mit ausgeprägter Spezialisierung und die räumliche Konzentration. Die hochtechnisierten Unternehmen sind sehr kapitalintensiv mit großem Anteil an Fremdkapital und relativ wenigen Arbeitskräften. Kennzeichnend ist ferner die horizontale Integration, d. h. der Verbund selbständiger Betriebe auf einer Produktionsstufe. Dazu kommt die vertikale Integration mit einer gegenüber den traditionellen Betrieben deutlichen Dezentralisierung und Hierarchisierung im Management. Die vertikale Integration reicht von der vorgelagerten Stufe der Lieferung von Maschinen, Futtermitteln, Saatgut, Schutz- und Düngemitteln, Treibstoff und Baumaterial über die Agrarproduktion als Kern bis zur nachgelagerten Stufe; diese umfaßt die Be- und Verarbeitung der Produkte (z. B. Mühlen, Molkereien, Brauereien, Brot- und Zuckerfabriken, insbesondere Fleischverarbeitung und Konservenherstellung) einschließlich Transport und Lagerung.

Abb. 11 zeigt den komplizierten Verbund in einem vertikal integrierten agrarindustriellen Unternehmen von der Zulieferung und Produktion bis zur Vermarktung. Die räumliche Verteilung von Verbundeinrichtungen wird in DIERCKE Weltatlas S. 50/1 an einem Beispiel aus Oldenburg deutlich.

Es können aber auch noch große Verbrauchermärkte (u. a. mit Fertiggerichten) und *Fast-food*-Ketten dazugehören. Bei einer Vollintegration sind alle Stufen in einem Betrieb zusammengefaßt, was zu riesigen marktbeherrschenden Agrokonzernen wie in den USA führen kann. Bei Teilintegration werden mit selbständigen Produzenten Lieferverträge abgeschlossen *(Contract farmers)*. Der Verbund kann lokal oder regional begrenzt sein, jedoch auch nationale und weltweite Dimensionen (z. B. Unilever, Con Agra) erreichen.

Die Standorte der Verbundbetriebe sind von einer Reihe von Faktoren abhängig, wobei zwischen den Systemelementen Produktion, Verarbeitung und Absatzmarkt kurze Transportwege anzustreben sind. Es können auch andere Faktoren mitspielen wie die Verfügbarkeit von Arbeitskräften oder bei Futtermittelimporten die Nähe von Häfen. Andererseits kann eine zu starke Konzentration von Nachteil sein, wenn z. B. bei der *Tiermassenhaltung* die Krankheitsgefahr und die Umweltbelastung durch Geruch, Lärm und großen Dunganfall steigen. Ferner drohen die Erschöpfung und Kontaminierung von Oberflächen- und Grundwasser sowie Bodenerosion.

Zweifellos bringen die Verbundsysteme zahlreiche ökonomische Vorteile durch risiko- und kostenmindernde Rationalisierung. Dazu gehört die gemeinsame Planung für Produktion und Marketing, z. B. für ein marktangepaßtes *Just-in-time*-Konzept. Es dürfen aber die Nachteile nicht übersehen werden. Neben den genannten Umweltproblemen bei Betriebsagglomerationen besteht die Gefahr der Überproduktion und der Abhängigkeit kleiner Betriebe, deren Eigeninitiative eingeschränkt wird; Großbetriebe sind hingegen bestimmend und häufig auch steuerlich begünstigt.

Die weitere Industrialisierung der Agrarproduktion ist jedoch nicht aufzuhalten. Sie hat besonders großen Umfang in den USA, doch gleichfalls in Teilen Deutschlands (Niedersachsen, Nordrhein-Westfalen, Bayern) erreicht. Unternehmen für die Masthähnchen-(Broiler) und Eierproduktion umfassen oft Hunderttausende, für die Schweine- und Kälbermast Tausende von Tie-

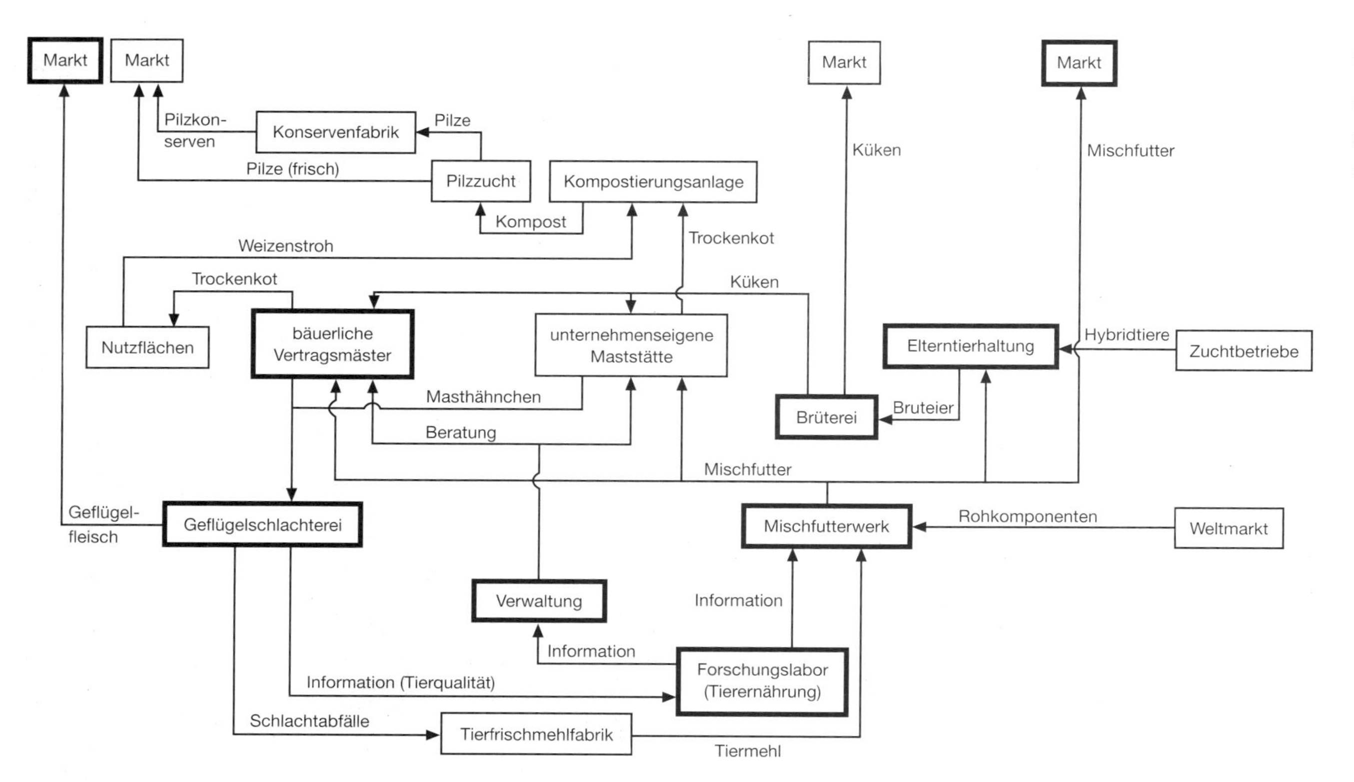

Abb. 11: Produktionsverbund in einem vertikal integrierten agrarindustriellen Unternehmen (Geflügelfleisch-Erzeugung) (nach WINDHORST *1989)*

ren. Die Massenproduktion hat von der tierischen auf die pflanzliche übergegriffen, so bei Gemüse (z. B. Tomaten) in Kalifornien und Holland. Bei diesen Verbundsystemen ist eine scharfe Trennung zwischen den traditionellen Wirtschaftssektoren nicht mehr möglich und hat sich eine deutliche Kongruenz zu den industriellen Produktionsmethoden entwickelt.

Die *„Produktion unter genauer Aufsicht"* entwickelte sich als eine Form der Vertragslandwirtschaft in den Entwicklungsländern, welche die Vorteile der einzelbäuerlichen, genossenschaftlichen und großbetrieblichen Produktion verbinden soll. Hierbei legen Staat, Gesellschaft oder Privatfirmen den Rahmen fest, innerhalb dessen die Vertragsbauern frei und auf individuellem Eigentum wirtschaften. Das Einkommen bemißt sich nach den Erträgen, so daß der individuelle Leistungsanreiz besteht. Die Vorteile des Systems liegen in der freiwilligen Beteiligung, der fachlich qualifizierten Oberleitung nach kommerziellen Grundsätzen, der Anpassung an die Leistungsfähigkeit der Bauern und in der Möglichkeit, Innovationen einzuführen. Das Mißtrauen gegenüber fremder Bevormundung und die Bindungen in der traditionellen Gemeinschaft erschweren jedoch die Übernahme des Systems, das bei Neulanderschließungen und Bodenreformen noch die besten Erfolgsaussichten besitzt (H. RUTHENBERG 1972, S. 199). Es muß dabei die örtlichen Produktionsbedingungen und die Erfahrungen der Bevölkerung beachten.

e) Die *kollektivistischen Agrarsysteme* gliedern sich nach dem Grad der Integration des Einzelbetriebs und der Sozialisierung in genossenschaftliche, sozialistische und kommunistische Systeme.

Das *genossenschaftliche System* umfaßt nur die Förderung der Produktion durch einen Verbund selbständiger Landwirte unter Wahrung des Privateigentums. Genossenschaften in diesem Sinne sind freiwillige Zusammenschlüsse gleichberechtigter Mitglieder, denen der Ein- bzw. Austritt offen steht. Die Genossenschaft übernimmt nur Hilfsfunktionen und dient der Koordination der Einzelinteressen.

Ansätze zu solchen Zusammenschlüssen finden sich schon in den mittelalterlichen Markgenossenschaften mit gemeinsamer Wald- und Weidenutzung; in den Mittelgebirgen reichen sie relikthaft bis in die Gegenwart (M. KOHL 1978). Die moderne Genossenschaftsbewegung entstand im 19 .Jh. als Selbsthilfeorganisation der Landwirte, wesentlich gefördert durch F. W. RAIFFEISEN, der durch landwirtschaftliche Vereine und Darlehenskassen mit Staatshilfe die Notlage der Bauern lindern wollte. Heute dienen die differenzierten Formen der Genossenschaften der gemeinsamen Produktion (z. B. Obstgemeinschaftsanlagen) bzw. Nutzung (Weidegenossenschaften), der Beschaffung z. B. von Geräten, Düngemitteln und Saatgut, der Verwertung und Vermarktung, der Vergabe von Krediten und der Versicherung. In beschränktem Maße kann damit auch gemeinsames Eigentum an den Produktionsmitteln (z. B. Maschinen, Vieh, Weidegebiete, Lagereinrichtungen) verbunden sein.

Agrargenossenschaften dieser Art sind heute weit verbreitet. Sie wurden auch auf die Entwicklungsländer übertragen, um dort die Produktion zu modernisieren und die traditionelle Landwirtschaft in die Marktwirtschaft zu integrieren. Die Erfolge blieben bisher beschränkt, weil traditionelle Bindungen zu wenig Berücksichtigung fanden und es an Kapital, ausgebildeten Kräften und an Vertrauen der einheimischen Bevölkerung fehlte. Auf lange Sicht dürften die Genossenschaften aber auch dort einen erfolgversprechenden Mittelweg zwischen individueller und sozialisierter Landwirtschaft darstellen.

Im *sozialistischen System* wurden alle Produktionsmittel vergesellschaftet, d. h. in das Eigentum des Volkes oder Staates überführt. Im Unterschied zum genossenschaftlichen System besitzen hier die wirtschaftlichen und politischen Ziele der Gemeinschaft Priorität vor den Einzelinteressen.

Eine Übergangsform stellt der *Moshav ovdim* Israels dar, eine Gemeinschaftssiedlung mit 70-100 Einzelbetrieben, in der der Boden Nationaleigentum ist, die Bewirtschaftung der 3-5 ha großen Betriebe jedoch in Eigenverantwortung, meist ohne Lohnarbeiter, erfolgt. Gemeinsam werden der Gesamtwirtschaftsplan aufgestellt und der Maschinenpark verwaltet; Genossenschaften übernehmen die Verwertung und den Verkauf der Erzeugnisse sowie den Einkauf.

Als Prototyp des sozialistischen Systems galt der *Kolchos* der ehemaligen Sowjetunion. Die Kolchosbetriebe gingen aus früher bäuerlichen Siedlungen hervor, deren Bevölkerung in Kollektiven zusammengefaßt wurde. Der Boden sollte im Staatseigentum verbleiben, die übrigen Produktionsmittel der Kolchosgemeinschaft gehören. Die Kolchosbetriebe erreichten zwar eine rationellere Nutzung vieler Gebiete und die soziale Sicherung der Mitglieder. Probleme entstanden jedoch durch Bürokratisierung, Überbesatz an Arbeitskräften und Desinteresse der Mitglieder.

In den *Sowchosen* sind alle Produktionsmittel Eigentum des Staates. Die Arbeiter werden unabhängig vom Ertrag nach der geleisteten Arbeit bezahlt und erhalten Landdeputate zur eigenen Nutzung. Die Sowchose finden sich am stärksten in den Neulandgebieten und im Umland der Städte zu deren Versorgung. Im Vergleich zu den Kolchosen sind die Sowchose im Mittel größer, stärker spezialisiert, mechanisiert und arbeitsproduktiver.

Nach dem Zerfall der Sowjetunion wurden fast zwei Drittel der früheren Kolchose und Sowchose Rußlands in veränderter Rechtsform (als AG, GmbH o. ä.) fortgeführt. In den mittelasiatischen Nachfolgestaaten und in der Ukraine sind die Veränderungen noch relativ gering, während in den baltischen Staaten sowie in Georgien und Armenien eine weitgehende Privatisierung auf der Basis von bäuerlichen Familienbetrieben erfolgte.

In Rußland lösten sich 280000 Einzelbauern (sogenannte Fermer) mit durchschnittlich 43 ha Betriebsfläche aus den Großbetrieben; ihre Marktchancen sind wegen verbleibender Abhängigkeit vom Großbetrieb (Bereitstellung von Betriebsmitteln, Abnahme der Produktion) derzeit jedoch gering. Bei der individuellen Nutzung mit freiem Marktverkauf spielt noch immer die private Nebenerwerbswirtschaft eine entscheidende Rolle für die Versorgung. Sie umfaßt bis zu 0,5 ha und geringen Viehbesatz. In Rußland wurden 1994 67 % des Gemüses, 43 % des Fleisches, 39 % der Milch und 88 % der Kartoffeln in der Nebenerwerbswirtschaft produziert.

In den neuen Bundesländern traten an die Stelle der früheren *Landwirtschaftlichen Produktionsgenossenschaften (LPG)* und der *Volkseigenen Güter (VEG)* neue Betriebsformen, die von Privatunternehmertum geprägt sind. Dabei reicht das Spektrum von neu entstandenen Bauernbetrieben (Neueinrichter) über die Umgründer der LPG zu Agrargenossenschaften oder Gesellschaften unterschiedlicher Rechtsform bis zum unternehmerischen Engagement großer Agrarfirmen.

Ein *kommunistisches System* ordnet nicht nur die Produktion, sondern alle Lebensbereiche den Interessen der Gemeinschaft unter. Dazu zählen auch religiöse Agrarkommunen, z. B. die der Zisterzienser oder Benediktiner, die große Leistungen in der Neulanderschließung vollbrachten, oder der Hutterer in Kanada (K. LENZ 1977; zu den Gemeinschaftssiedlungen allgemein H. SCHEMPP 1969).

Eine moderne Form kommunistischer Gemeinschaft in einem kapitalistischen Staat bildet der *Kibbuz* Israels (H. DARIN-DRABKIN 1967; DIERCKE Weltatlas S.159/3). Der Grundbesitz der 300-600 ha großen und 400-1500 Personen umfassenden Kibbuzim ist langfristig vom Jüdischen Nationalfond gepachtet. Die Mitglieder verzichten nach freiwilligem Eintritt auf Privateigentum und Lohn; die Versorgung übernimmt in allen Lebensbereichen der Kibbuz. Auch die Kindererziehung erfolgt durch das Kollektiv. Planung und Bewirtschaftung werden gemeinsam und möglichst ohne Lohnarbeiter durchgeführt. Häufig sind industrielle Verarbeitungsbetriebe angeschlossen. Die Ämterrotation soll Unterschiede im sozialen Image vermeiden. Die stark mechanisierten und z. T. spezialisierten Kibbuzim erreichen eine hohe Arbeitsproduktivität. Sie sind im Unterschied zu den Kolchosen autonome Unternehmen mit freiem Wettbewerb. Die Kibbuzim Israels erzeugten 1978 ein Drittel der landwirtschaftlichen Güter, umfaßten aber nur etwa 3 % der Gesamtbevölkerung. Ursprünglich auch zur Neulanderschließung und als Wehrsiedlungen gegründet, stagnieren die Kibbuzim heute, weil mit zunehmender Sicherheit und höherem Lebensstandard wieder das unbeschränkte Eigentum bevorzugt wird. Ein Beispiel in den Entwicklungsländern ist das *Ujamaa*-Konzept Tansanias mit gemeinschaftlicher Bodennutzung auf nationalisiertem, ehemals europäischem Besitz.

In den sozialistischen Ländern schien das kommunistische System am vollkommensten in den chinesischen *Volkskommunen* verwirklicht zu sein. Sie entstanden seit 1958 durch den Zusammenschluß kleiner Produktionsgenossenschaften und bildeten sowohl Wirtschafts- wie Verwaltungseinheiten mit allen Zweigen der Produktion und Versorgung. Die Nachteile der Zentralisierung und Bürokratisierung zwangen zur Bildung kleinerer, überschaubarer Einheiten. Zu Beginn der achtziger Jahre wurde dieses Organisationsschema für den Produktionsbereich ebenfalls aufgegeben und durch vertragliche Verflechtungen zwischen Bauernhaushalten und Gemeinden ersetzt. Seitdem hat die private Produktion stark zugenommen.

5.3 Organisatorische Strukturen

5.3.1 Zweige der Agrarwirtschaft

Die Zweige der Agrarwirtschaft und die Methoden der Bodenbearbeitung (z. B. Hack- und Pflugbau) werden in der Literatur auch als *„Wirtschaftsformen“* bezeichnet (E. HAHN 1892); doch ist dieser Begriff unscharf und wird unterschiedlich gebraucht. Die Zweige bilden den organisatorischen Rahmen für die Nutzungssysteme und sind die Grundformen der landwirtschaftlichen Arbeit (s. Schema auf S. 103).

Diese Zweige bestimmen einzeln oder in vielfältigen Kombinationen die Agrarbetriebe. Sie haben sich in Entwicklungsstufen mit gegenseitiger Überschichtung verbreitet (Abb. 12).

Die *Jagd und Sammelwirtschaft* der Wildbeuter ist die älteste und primitivste Form der Bodennutzung. Da sie keine kultivierenden Maßnahmen durchführt, bleibt sie ganz vom Naturangebot abhängig. Damit verbinden sich die unstete Lebensweise, der hohe Flächenbedarf und die sehr geringe Bevölkerungsdichte (unter 2 Einw./km^2). Diese Lebensform ist heute auf kleine Volksgruppen in Rückzugsgebieten beschränkt und vom Aussterben bedroht.

Die kultivierende Bodennutzung beginnt mit dem *Ackerbau*. Mit ihm vollzieht sich der entscheidende Schritt von der Aneignungs- zur Produktionswirtschaft. Der planmäßig organisierte, flächenhaft reproduzierende Anbau mindert die Abhängigkeit vom Naturangebot. Mit der stärkeren Bindung an den Boden erfolgt der Übergang von der unsteten zur seßhaften Lebensweise.

Zur Bodenbearbeitung werden nunmehr Geräte eingesetzt, die stufenweise entwickelt und in teilweise sich überdeckenden Bereichen verbreitet wurden. Die einfachsten Hilfsmittel, die den Boden zur Aufnahme von Pflanzensetzlingen oder Saatgut nur auflockern, sind der *Pflanzstock* und der *Grabstock*.

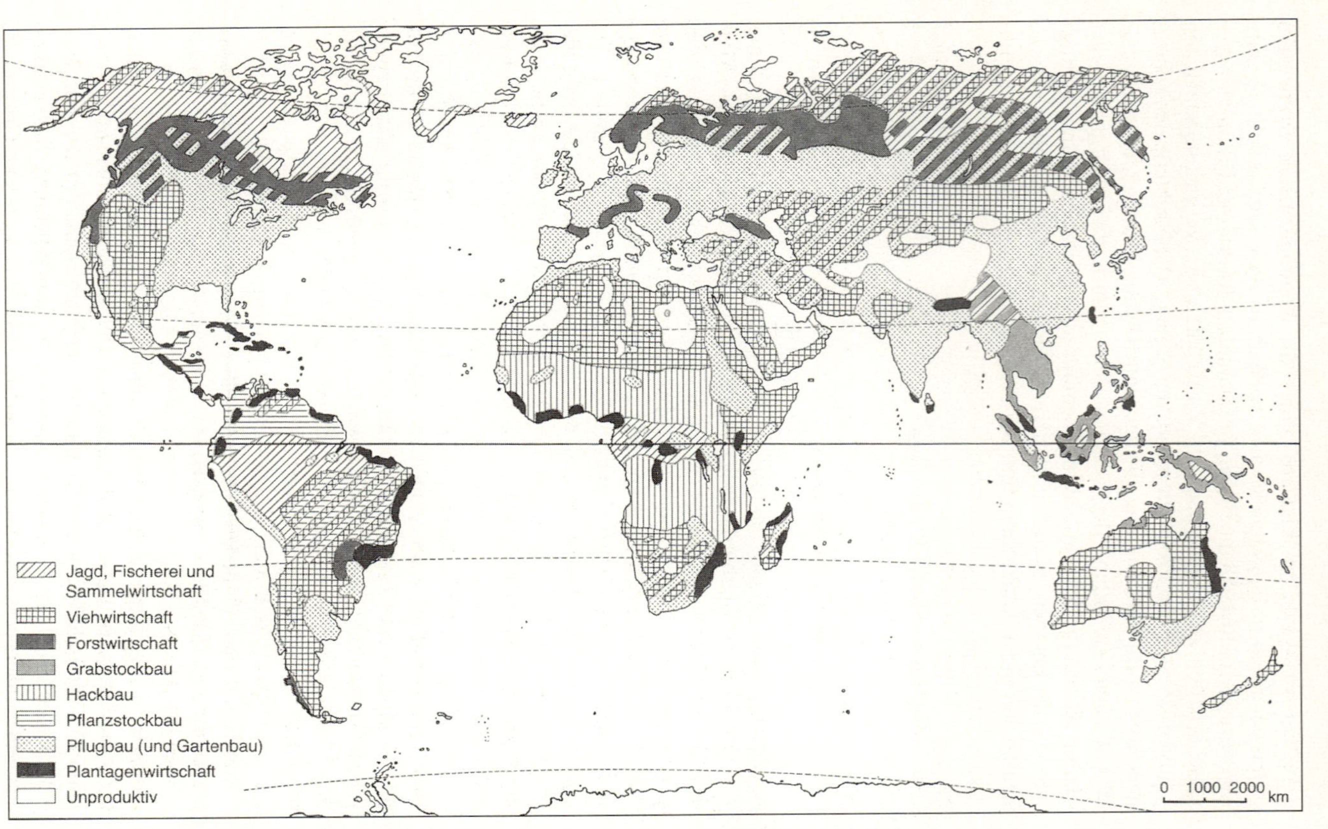

Abb. 12: Wirtschaftsformen im primären Produktionssektor der Gegenwart (nach HAMBLOCH 1982)

Der Pflanzstock wird noch im tropischen Süd- und Mittelamerika verwendet; er war zusammen mit dem Maisbau in Mexiko schon um 7500 v. Chr. verbreitet. Der Grabstock ist ein unten zugespitzter oder abgeschrägter, manchmal mit Stelztritt versehener Stab, den auch Sammler zum Ausgraben von Wurzeln und Knollen verwenden. Er ist heute als Ackerbaugerät noch im südostasiatischen Raum verbreitet und war dort nach E. WERTH (1954) das Werkzeug der frühesten Pflanzer.

Die Entwicklung des Grabspatens und der winkelgeschäfteten *Hacke* ermöglichte eine gründlichere und flächendeckende Bodenbearbeitung, verbunden mit hohem Arbeitseinsatz. Der Grabspaten wurde bereits im vorkolonialen Peru, dort *Taclla* genannt, angewendet. Der Hackbau ist weltweit verbreitet, am stärksten im tropischen Afrika. Er dient dem Anbau von Knollengewächsen (Taro, Yams, Maniok, Batate), aber auch von Mais, Hirse und Hülsenfrüchten. Der Hackfruchtbau der gemäßigten Breiten ersetzte die Hacke großenteils durch den Pflug, doch wird sie im Gartenbau noch viel verwendet.

Der *Pflugbau* ist als höchste Stufe des Ackerbaus seit dem 4. Jt. v. Chr. im mesopotamischen Raum nachgewiesen und breitete sich seit dem Neolithikum nach Europa, Nord- und Ostafrika, Ostasien und schließlich in die überseeischen Kolonialgebiete aus. Die Urform des Pfluges war ein vom Menschen gezogener hölzerner Haken. Der Hakenpflug ritzt und lockert den Boden nur auf; er eignet sich vor allem für Trockengebiete, weil das flache Pflügen an die oberflächennahe Lage der Nährstoffe angepaßt ist und die Feuchtigkeit tieferer Bodenschichten nicht der Verdunstung aussetzt. Aus dem hölzernen Hakenpflug wurde der Eisenpflug mit Rädern und Wendeschar entwickelt. Er ermöglicht eine tiefgründige Bodendurchmischung, die in feuchteren Klimaten wegen der tieferen Einschwemmung der Nährstoffe notwendig ist.

Der Pflugbau ist mit der Zucht von Großvieh zum Ziehen verknüpft. Er ist zwar weniger arbeitsintensiv als der Hackbau, macht jedoch die raschere Bestellung größerer Flächen möglich und erzielt damit die zur Versorgung der nichtlandwirtschaftlichen Bevölkerung, namentlich der Städte, notwendigen Überschüsse. So gab der Pflugbau eine wichtige Voraussetzung für die Entwicklung der altweltlichen Hochkulturen. Die Einführung von Fruchtwechsel, künstlicher Düngung und die Motorisierung mit Zugmaschinen und zahlreichen spezialisierten Geräten ermöglichten schließlich die heutige große Arbeits- und Flächenproduktivität des Pflugbaus, vornehmlich in den Industrieländern.

Der *Gartenbau* hat sich nicht selbständig, sondern aus und neben dem Hack- und Pflugbau entwickelt. Der Gartenbau wird mit höchster Arbeits- und Flächenproduktivität und mit großer Sorgfalt betrieben; er dient der Produktion hochwertiger Pflanzen (Gemüse, Beerenobst, Blumen, Arzneipflanzen, Küchenkräuter). Die Bestellung erfolgt mit Spaten, Hacke und kleinen

Maschinen auf meist kleinen Parzellen (Beeten) und erbringt oft mehrere Ernten im Jahr. Während der hauswirtschaftliche Gartenbau überwiegend der Selbstversorgung dient, versorgt der erwerbswirtschaftliche den Markt aus Gärtnereien, wobei die Glashauskulturen die höchste Produktivität erzielen (J. BLENCK 1971). Infolge seiner marktorientierten Produktion und hohen Intensität findet sich der Gartenbau häufig im unmittelbaren Stadtumland, d.h. im innersten Thünen'schen Ring. Die modernen Lager-, Transport- und Konservierungseinrichtungen erlauben ihn jedoch auch in stadtferneren, ökologisch geeigneten Räumen. In den Entwicklungsländern ist der Gartenbau für die Selbst-, aber auch für die Marktversorgung von großer Bedeutung, z.B. im Falle der Oasenwirtschaft.

Die *Baum- und Strauchkulturen* sind mit ihren meist mehrjährigen Holzgewächsen ein selbständiger, ursprünglich z.T. aus der Waldnutzung hervorgegangener Zweig. Zu ihm gehören die Obstanlagen der gemäßigten Breiten, die Agrumen- und Ölbaumpflanzungen der Subtropen sowie die Kaffee-, Kakao-, Baumwoll-, Öl- und Kokospalmenpflanzungen der Tropen. Nach der Arbeits- und Flächenproduktivität kann man diese Kulturen zwischen dem Ackerbau und dem Gartenbau einordnen. Infolge des oft hohen Pflegebedarfes gibt es häufig spezialisierte Betriebe.

Die *Sonderkulturen* umfassen sowohl Zweige des Gartenbaus wie der Baum- und Strauchkulturen. Dazu gehören der Anbau von Wein und Obst, von Hopfen, Spargel, Tabak, Arznei-, Gewürz-, Farb- und Parfümpflanzen sowie von Feingemüse. Der (meist kleine) Sonderkulturbetrieb ist gekennzeichnet durch hohe Arbeits- und Kapitalintensität. Häufig bestehen eigene Vermarktungsorganisationen und Berufszweige.

Die *Grünlandwirtschaft* umfaßt Weide- und Wiesenflächen zur Futtergewinnung und kann selbständig oder mit den anderen Agrarwirtschaftszweigen verbunden auftreten. Die Grünlandwirtschaft dient der Viehhaltung, ist aber mit dieser als Zweig nicht immer identisch, da die Futterbeschaffung auch durch den Ackerbau oder durch Zukauf erfolgen kann. Der Arbeitseinsatz liegt im allgemeinen niedriger als beim Ackerbau.

Bei der *Viehwirtschaft* hat sich der Nomadismus erst sekundär als Begleitform von Hack- und Pflugbau entwickelt. Die Haltung von domestizierten Ziegen und Schafen war allerdings im Vorderen Orient schon vor der Züchtung von Getreidearten (Emmer, Einkorn) seit dem 8. Jt. v. Chr. bekannt (W. WEISCHET 1991). Seit der Züchtung der ersten Haustiere vor 7000-8000 Jahren bildeten sich die verschiedenen Formen der Viehwirtschaft heraus, die von der extensiven Wanderviehhaltung über die stationäre Weidewirtschaft bis zur Stallhaltung mit Futterveredlung führen (s. S. 121). Die Viehhaltung kann mit allen anderen Zweigen verbunden sein; es finden sich alle Übergänge von der reinen Grünlandwirtschaft bis zur vollen Integration in den Ackerbau mit Stallfütterung.

Brache ist das aus der landwirtschaftlichen Produktion ausgeschiedene Land. *Grenzertragsbrache* entsteht, wenn der Ertrag zu gering und der Arbeitsaufwand zu hoch wird. *Sozialbrache* entsteht durch außerlandwirtschaftliche Faktoren, besonders durch soziale Umschichtungen, z. B. wenn bei dem Übergang vom Bauern- zum Arbeitertum Parzellen nicht mehr genutzt werden. *Rotationsbrache* dient der ein- oder mehrjährigen Bodenerholung (als Schwarzbrache ohne, als Grünbrache mit Vegetationsdecke). Die *Trockenbrache (dry farming)* ermöglicht die Speicherung von Regenwasser im Boden.

Die *Waldwirtschaft* (H. W. WINDHORST 1978) ist ebenfalls von agrargeographischem Belang, da sie nicht nur ein wichtiger ergänzender Betriebszweig, sondern durch die Feld-Waldwirtschaft oder Waldweide eng mit den anderen Zweigen verknüpft sein kann (s. S. 128).

Das folgende Schema soll die vermutliche Entwicklung der Agrarwirtschaftszweige und der Methoden der Bodenbearbeitung zusammenfassend verdeutlichen; für die Neue Welt gilt es erst seit Beginn der europäischen Kolonisation.

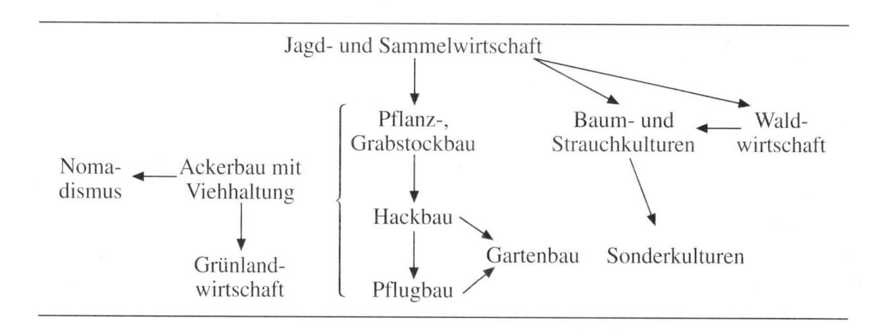

Hinter dieser Entwicklung sieht B. ANDREAE (1977, S. 27) drei Epochen der Landwirtschaft, die insbesondere das wechselnde Verhältnis zwischen Mensch und Naturhaushalt beleuchten. Diese Stufen haben sich in den Industrieländern nacheinander entwickelt, während sie in den Entwicklungsländern noch nebeneinander bestehen:

1. Die *okkupatorische Wirtschaft* beruht auf der bloßen Aneignung des Naturangebotes; sie zwingt zur engen Anpassung an die Natur und zu ausgedehntem Aktionsradius. Dieser Stufe gehören die Sammler, Jäger, Fischer und Hirtennomaden an.

2. Die *exploitierende Wirtschaft* greift durch Rodung und Anbau mit Hacke oder Pflug in den Naturhaushalt ein. Die Bodenregeneration erfolgt durch

Brache mit natürlichem Wiederbewuchs, jedoch ohne Ausgleich durch Düngung. Mit wachsender Bevölkerung müssen die Brachezeiten verkürzt werden, der Boden wird unvollkommen regeneriert und die Erträge sinken.

3. Die *kultivierende Wirtschaftsstufe* nutzt den Boden nicht nur, sondern sorgt auch für eine nachhaltige Regeneration. Verbesserter Pflugbau, Motorisierung, Düngung, Be- und Entwässerung, Pflanzenschutz usw. erweitern den Handlungsspielraum gegenüber der Natur, deren Potential gleichzeitig gepflegt wird. Diese Pflege muß heute über die Erhaltung der Bodenfruchtbarkeit hinaus zu einem von allen Wirtschaftszweigen getragenen Umweltschutz erweitert werden (S. 132).

5.3.2 Methoden der Landerschließung

Die primäre Erschließung und die bei steigendem Bevölkerungsdruck erforderliche Erweiterung der Nutzfläche kann durch Rodung der natürlichen Waldvegetation, durch Kultivierung von Grasland und Mooren, durch Bewässerung oder Landgewinnung aus dem Meer erfolgen.

Die *Rodung* geschieht heute meist mit modernen Maschinen; ursprünglich erfolgte sie wohl in allen Waldgebieten mit Hilfe des Brandes, der in den Tropen und Subtropen immer noch angewandt wird. Die Bäume werden dabei durch Ringeln der Rinde abgetötet und dann abgebrannt oder schon vor dem Brand gefällt, die Wurzelstöcke häufig nicht gerodet. In den wechselfeuchten Gebieten wird das Holz kurz vor der Regenzeit angezündet; die Asche dient der Düngung des Bodens vor der Saat bzw. Anpflanzung.

Die weite Verbreitung der *Brandrodung* (W. MANSHARD 1968 a, S. 83 f., P. GOUROU 1969, S. 40 f.) zeigt sich in ihren vielen regionalen Benennungen: ladang (Indonesien), milpa (Mexiko, Zentralamerika), roca (Brasilien), tavy (Madagaskar), chitimene (tropisches Afrika) u. a. In den Tropen und Subtropen folgen der Rodung häufig die Nutzungssysteme des *Wanderfeldbaus* und der *Landwechselwirtschaft (shifting cultivation)*. Auf die mit der Störung des natürlichen Kreislaufs zwischen Vegetation und Boden verbundenen negativen Folgen für den Nährstoffkreislauf wurde auf S. 48 hingewiesen. Den instabilen Rodeflächen der tropisch-subtropischen Landwechselwirtschaft stehen die stabilen der gemäßigten Breiten gegenüber, die in Westeuropa bereits auf die neolithische und hochmittelalterliche Rodungszeit zurückgehen und ihre Fruchtbarkeit infolge der Klimaverhältnisse und der Bodenstruktur bis heute bewahrten.

Die Erschließung der offenen Grasländer in den tropischen Savannen und außertropischen Steppen erfolgt durch Umbruch zu Ackerland oder durch Beweidung. Die natürliche Vegetation weicht dabei den Kulturpflanzen oder erfährt auf Naturweiden durch Viehverbiß eine Selektion. Bei der extensiven Weidewirtschaft legt man in wechselfeuchten Gebieten häufig *Weidebrände* am Ende der Trockenzeit, um das Neuausschlagen der Gräser in der Regenzeit zu beschleunigen. Dadurch werden jedoch Humusschicht und Bodenfauna geschädigt und auf tropischen Roterden die Laterisierung gefördert. Den entblößten Boden bedrohen Auslaugung und Abschwemmung in der Regenzeit, besonders bei hängigem Gelände. Als Folge der Weidebrände stellt sich in vielen tropischen Gebieten wie bei den Waldbränden eine artenarme Sekundärvegetation ein mit den häufigen Grasarten *Heteropogon*, *Hyparrhenia* und *Aristida*. Maßnahmen zur Weideverbesserung (Einsaat geeigneter, höherwertiger Gräser, Düngung, planmäßiger Weidewechsel) scheitern häufig an Niederschlagsmangel, hohen Kosten und Beharrung der Bevölkerung in traditionellen Wirtschaftsweisen. Vorläufig scheinen die Weidebrände infolge des Futtermangels in vielen Gebieten noch als unumgänglich.

Die *Moorkultivierung* ist beispielhaft im niederländisch-norddeutschen Raum durchgeführt worden. Hier war früher in den Hochmooren die Brandkultur üblich, bei der die obere Moorschicht nur abgebrannt und in die düngende Asche Sommergetreide eingesät wurde. Nach 7-10 Jahren Anbau folgte eine Brachezeit von 30-50 Jahren. Die holländische *Fehnkultur* baut zunächst den Torf ab und entwässert das Moor durch Gräben bzw. Kanäle. Nach der Austorfung entsteht durch Mischung des sandigen Untergrundes mit der zersetzten oberen Weißtorfschicht der neue Ackerboden. Die deutsche *Hochmoorkultur* torft nicht ab, sondern stellt nach der Entwässerung nur durch Tiefpflügen und Düngung den Kulturboden her. Ähnliche Verfahren finden auch bei der Niedermoorkultivierung Anwendung.

Für Norddeutschland ist die *Kultivierung von Heideböden* zu nennen, die als sekundäre Podsole mit starker Rohhumusdecke, ausgelaugtem grauem Oberboden und oft harter Ortsteinschicht aus Braunerden entstanden, nachdem der ursprüngliche Wald durch Beweidung mit Schafen von Heidevegetation verdrängt worden war. Die Kultivierung beseitigt den Ortstein mit Hilfe von Tiefpflügen und erzeugt durch Mischung des Rohhumus mit dem unterlagernden Mineralboden sowie durch Stickstoffdüngung, evtl. Kalkung und Mergelung, wieder einen ackerfähigen Boden.

Die *Bewässerung* dient nicht nur der Erschließung von Neuland in Trockengebieten, sondern auch zur Ertragssteigerung innerhalb alterschlossener Räume (s. S. 117).

Die *Landgewinnung aus dem Meer* konzentrierte sich im 20. Jh. auf die Watten-Küstenränder der Nordsee und hat sich hier frühzeitig und zu hoher technischer Vollkommenheit entwickelt. Die Landgewinnung aus dem Watt beginnt mit dem Bau von Buhnen, Molen und Pfahlreihen (Lahnungen), die den Schlick fangen und widrige Meeresströmungen ausschalten. Die Ansaat von Salzpflanzen (Queller, Schlickgras) fördert die Anlandung. Wenn das Neuland über das Niveau der mittleren Flut emporgewachsen ist und sich süße Gräser ansiedeln, erfolgen die Eindeichung und die Entwässerung der neugewonnenen Polder (Köge). Infolge des Wasserentzuges kann der Boden bis mehrere Meter unter den Meeresspiegel absacken; die Entwässerung erfolgt dann über Pumpen und Schleusen in das Meer. Nach der völligen Entsalzung beginnt auf den fruchtbaren Polderböden die Nutzung, wobei sich die Acker- und Grünlandverteilung nach dem Grundwasserstand und der Bodenverdichtung richten. Die seit tausend Jahren im Nordseeraum entstandenen gestaffelten Deichsysteme gewährleisten nach heute weitgehend abgeschlossener Neulandgewinnung den Küstenschutz bei Sturmfluten. In den Niederlanden entstand durch die Einpolderung der Zuidersee eine neue, 1650 km^2 umfassende Kulturlandschaft (DIERCKE Weltatlas S. 87/1). Die Neulandgewinnung wurde von den Holländern auch nach Guayana und Indonesien übertragen und wird von altersher in China (z. B. an der Yangtsemündung) betrieben.

Neulanderschließungen erfordern einen hohen Kapital- bzw. Arbeitseinsatz und sollen auf Dauer rentabel sein. In den Polder- und nördlichen Nadelwaldgebieten ist die Rentabilitätsgrenze heute erreicht und die Erschließung eingestellt worden. Infolge der hohen Kosten und Risiken und des Mangels an geeigneten Siedlern erscheint es vorteilhafter, die Nutzung in den erschlossenen Gebieten zu intensivieren. (Über Beispiele der Neulandgewinnung unterrichten H. J. NITZ 1976 und E. EHLERS 1984, 1994.)

5.3.3 Bodennutzungs- und Fruchtfolgesysteme

Diese Begriffe erfahren in der Literatur keine einheitliche Definition. Meist wird unter *Bodennutzungssystem* das räumliche Gefüge der Kulturarten (5.3.3.1) verstanden. Unter der Bezeichnung „Zeitlicher Kulturartenwechsel" (5.3.3.2) sollen sowohl die *Fruchtfolgesysteme*, die nicht mit einem Flächenwechsel verbunden sind, als auch die Flächenwechselsysteme zusammengefaßt werden. (Zur Definition vgl. C. BORCHERDT 1968-70).

5.3.3.1 Räumliches Kulturartengefüge (Bodennutzungssysteme)

Wenn ein Betrieb oder größerer Agrarraum nur von einer einzigen Kulturart bestimmt wird, die über 90 % des Verkaufserlöses stellt, spricht man von *Monokultur*. Beispiele für diese einseitige Nutzung sind Reisbaugebiete in Südostasien, tropische Zuckerrohr- oder Bananenplantagen, reine Weide- oder Waldwirtschaftsbetriebe. Vorteile der Monokultur bestehen in dem auf ein Produktionsziel konzentrierten Einsatz von Boden, Arbeit und Kapital (Betriebsmittel) und damit in der Möglichkeit, den Betrieb zu vereinfachen, zu rationalisieren und die Kosten zu senken. Die Monokultur erlaubt bei homogenen ökologischen Voraussetzungen eine optimale Standortanpassung der Nutzung. Schwerwiegende Nachteile liegen jedoch in der einseitigen Abhängigkeit von Witterung, Absatz- und Preisentwicklung, dem ungleichmäßigen Arbeitskräftebedarf mit Spitzenbelastung in der Saat- und Erntezeit und bei langjähriger Nutzung in der Gefahr der Bodenermüdung und der Pflanzenkrankheiten. Die Monokulturbetriebe bieten keine Möglichkeit zum inneren Ausgleich. Die fast oder ganz fehlende Selbstversorgung, namentlich für kleinere Betriebe in den Entwicklungsländern, stellt sich als ein weiterer erheblicher Nachteil heraus.

Die *Polykultur* mit gemischtem Anbau ermöglicht hingegen den Risikoausgleich; die Abhängigkeit von Witterung und Markt besteht weniger einseitig, die Anpassung an die Bodenverhältnisse und die Nutzung der Arbeitskräfte erfolgen flexibler als bei der Monokultur. In der Verbindung von Feldbau und Viehwirtschaft ist eine gegenseitige Ergänzung in der Futter- bzw. Düngerbeschaffung möglich.

Um die Vielfalt der Nutzung überschaubar klassifizieren zu können, werden die Kulturarten zu größeren Gruppen zusammengefaßt. Dabei ist in Betrieben der gemäßigten Zone die folgende Zuordnung üblich:

Getreidebau	Alle Getreidearten, einschl. Mähdruschblattfrüchte (Raps, Druschleguminosen, Körnermais)
Hackfruchtbau	Kartoffeln, Zuckerrüben, Futterhackfrüchte (Futterrüben), Feldgemüse, Tabak
Futterbau	Feldrauhfutter (Klee, Luzerne, Silomais), Dauergrünland (Wiesen, Weiden)
Sonderkulturen	Baum- und Strauchkulturen (Obst, Beeren, Wein, Hopfen), Heil- und Gewürzpflanzen (s. S. 102)

Die Bedeutung der einzelnen Kulturarten bzw. Gruppen innerhalb eines Betriebes oder größeren Raumes läßt sich an ihrem Anteil an der gesamten Nutzfläche messen. Diesen Anteil gilt es jedoch in Beziehung zu der aufgewendeten Arbeit und zum Ertragswert zu setzen, da z. B. intensiv bewirtschaftetes Reb- oder Gartenland und extensives Weideland bei gleichem Flächenanteil sehr unterschiedliches betriebswirtschaftliches Gewicht erlangen. So wurden bis 1971 die Bodennutzungssysteme in der Bundesrepublik Deutschland nach Werten abgegrenzt, die dem Gewicht der Nutzartengruppen zu entsprechen versuchen. Danach galten z. B. Betriebe mit Sonderkulturen auf über 10 % ihrer LF als Sonderkulturbetriebe, solche mit Futterbau auf über 60 % ihrer LF als Futterbaubetriebe. Aus solchen Berechnungen ergeben sich Bodennutzungssysteme, mit den jeweils vorherrschenden Leit- und den zweitrangigen Begleitkulturen im Namen, z. B. Futter-Getreidebau-, Hackfrucht-Getreidebau-, Sonderkultur- Hackfruchtbausystem. Diese Gliederung wurde 1971 in der offiziellen Statistik der Bundesrepublik Deutschland von einer neuen Betriebssystematik abgelöst, die zwischen Marktfrucht-, Futterbau-, Veredlungs- und Dauerkulturbetrieben unterscheidet.

Abb. 13 stellt die Verbreitung dieser Betriebssysteme in der Bundesrepublik Deutschland dar, wobei nach dem Grad der Spezialisierung jeweils Spezial- und Verbundbetriebe unterschieden werden. Die Marktfruchtbetriebe treten mit ihrem stark mechanisierten Anbau von Getreide und Hackfrüchten (Zuckerrüben) besonders in den mitteldeutschen Börden, mainfränkischen Gäugebieten und in Niederbayern auf. Die Futterbaubetriebe mit vorwiegendem Grünland und Ackerfutterbau erscheinen vor allem im küstennahen Nordwesten, in den Mittelgebirgen und im Alpenvorland. Die Veredelungsbetriebe, die mit technisierter Massenhaltung von Rindern, Schweinen und Geflügel verbunden sind, konzentrieren sich im Oldenburger Raum. Die arbeitsintensiven Dauer-(Sonder-)kulturbetriebe haben ihre Schwerpunkte in klimagünstigen Gebieten an Niederelbe, Mosel und Rhein. Gartenbaubetriebe sind besonders im Umland von Großstädten (Berlin, Hamburg) vertreten. Die übrigen Räume Deutschlands werden von weniger spezialisierten Gemischt- bzw. Kombinationsbetrieben eingenommen. Mit vielseitiger Produktion können sie Risiken besser ausgleichen als Spezialbetriebe.

Für die vielfältigen Anbaukombinationen in den Bodennutzungssystemen der Subtropen und Tropen können Beispiele dienen. So findet sich im Mittelmeergebiet häufig die Verbindung von Getreide-, Wein-, Oliven- und Agrumenkulturen. In marktorientierten tropischen Betrieben werden z. B. nebeneinander Bananen, Kaffee und Reis gepflanzt, während überwiegend selbstversorgende Betriebe den Anbau von Mais, Maniok und Süßkartoffeln mit Futterflächen für das Vieh kombinieren. Diese Systeme lassen sich oft nicht mehr mit dem für Mitteleuropa üblichen Schema fassen und müssen entsprechend den regionalen Verhältnissen benannt und abgegrenzt werden.

Allgemein folgt die räumliche Anordnung der Nutzungsarten innerhalb der Systeme einerseits der Eignung der natürlichen Standortfaktoren, andererseits Intensitätszonen, die dem Modell v. THÜNENS (s. S. 58) entsprechen. So liegen die Kulturen mit hoher Intensität häufig im nahen Umkreis der Betriebe bzw. der zentralen Marktorte, die extensiven Kulturen in der Peripherie. Beispiele solcher Verbreitungsmuster finden sich im Zusammenhang mit den Agrarregionen (s. S. 147).

In allen Agrarräumen sind neben den mit nur einer Kulturart genutzten Parzellen die *Mischkulturen (cultura mista, coltura promiscua)* mit Anbau-

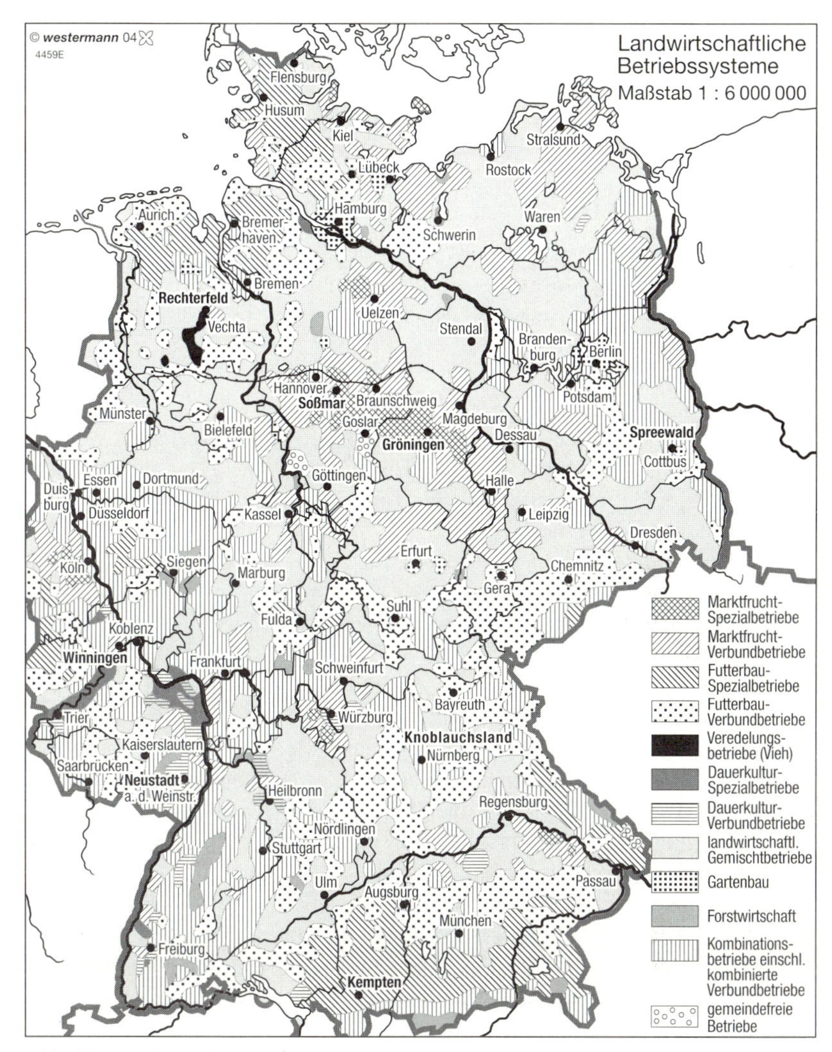

Abb. 13: Landwirtschaftliche Betriebssysteme in Deutschland

kombinationen auf einem Grundstück verbreitet. Dazu gehören die Obstwiesen und -felder der gemäßigten Breiten, in den Subtropen die stockwerkartige Überschichtung von Getreide- oder Gemüsebau unter Fruchtbäumen, z. T. noch verbunden mit Weinreben. In den Tropen werden Kaffee- oder Kakaopflanzungen mit schattenspendenden Bananen kombiniert oder finden sich Viehweiden unter Kokospalmen und anderen Fruchtbäumen. Der Vorteil der Mischkulturen liegt in der vielseitigen und konzentrierten Nutzung, die zu hohen Flächenerträgen sowie zur Weg- und Zeitersparnis führen kann. Andererseits verbindet sich damit die Gefahr der raschen Bodenerschöpfung und der Arbeitsbehinderung bei zu dichtem Stand der Kulturen.

5.3.3.2 Zeitlicher Kulturartenwechsel

Der jährliche oder längerfristige Wechsel der Bodennutzung auf einer Parzelle und in einem Betrieb soll vor allem die einseitige Beanspruchung des Bodens verhindern und seiner Regeneration dienen. Der Nutzungswechsel kann mit einem Flächenwechsel verknüpft sein oder aber an die gleiche Fläche gebunden bleiben.

a) Bei den *Systemen mit Flächenwechsel* wird die Nutzung verlagert, weil der Bodenertrag rasch nachläßt und kurzfristig durch Düngung nicht wieder angehoben werden kann. Nach der Nutzungsart wird zwischen Anbau- und Weideflächenwechsel unterschieden:

Der *Anbauflächenwechsel (shifting cultivation)* gilt als die älteste Form der Landnutzung (deshalb auch „Urwechselwirtschaft" genannt), die heute noch in den afrikanischen, südamerikanischen und südostasiatischen Tropen und Subtropen weit verbreitet ist und schätzungsweise von 200 Mio. Menschen auf etwa einem Viertel der Festlandsfläche betrieben wird. Die Erschließung erfolgt durch Abbrennen der natürlichen Vegetation (Brandrodung s. S. 104). Der meist mit der Hacke auf kleinen Parzellen betriebene Anbau umfaßt Mischkulturen mit Mais, Hirse, Batate, Bergreis, Maniok, Bananen usw. und dient der Selbstversorgung; Fruchtwechsel und künstliche Düngung fehlen. Nach zwei bis vier Jahren läßt der Ertrag nach, da sich nun die sinkende Speicherfähigkeit des Bodens für Nährstoffe als Folge der Rodung bemerkbar macht und selbst Düngung keinen Ausgleich bringt (Abb. 14, s. auch S. 48). Bodenerschöpfung und häufig auch -abschwemmung zwingen zur Verlagerung der Anbaufläche und zur Neurodung benachbarter Gebiete. Die bisher genutzte Fläche überzieht sich mit Sekundärvegetation und läßt erst nach 20-30 Jahren erneut eine Nutzung zu, ohne die ursprüngliche Ertragsfähigkeit wieder zu erreichen. Der Flächenwechsel verbindet sich also mit einem großen Landbedarf, zumal die Rodungs- die Anbaufläche oft weit überschreitet, um die zur Düngung notwendige Asche zu gewinnen. So wird z. B. in Sambia für 1 ha Fingerhirse die Asche von 2-5 ha Trockenwald benötigt. Bei geringer Bevölkerungsdichte (unter 40 Ew. je km^2) bzw. großen Landreserven stellt dieses Nutzungssystem eine optimale Anpassung an die ökologischen Möglichkeiten dar. Es scheitert jedoch, wenn mit wachsender Bevölkerung und verkürzten Brachezeiten die Ertragsfähigkeit nicht mehr ausreichend regeneriert wird und der Anbau zum Raubbau gerät.

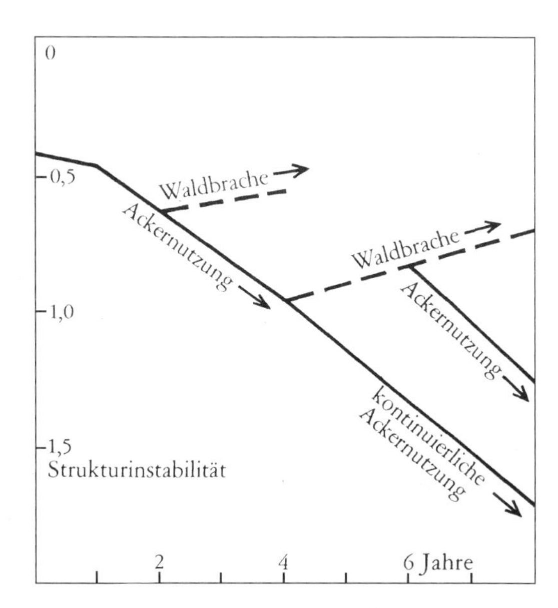

Abb. 14: Veränderung der Bodenstruktur bei der Shifting Cultivation (nach STORKEBAUM *1977)*

Der Anbauflächenwechsel kann mit einer Verlegung der Siedlung verbunden sein und wird dann *Wanderfeldbau* genannt. Bei der *Landwechselwirtschaft* bleiben die Siedlungen stationär, und nur die Anbauflächen wandern in ihrem Umkreis. Die beiden Systeme lassen sich nicht scharf abgrenzen, da auch beim Wanderfeldbau die Siedlungen längere Zeit ortsfest bleiben können, solange die nähergelegenen Landreserven ausreichen. Der Wanderfeldbau, der mit seinen isolierten kleinen Siedlungen oft noch ein geschlossenes sozio-ökonomisches System darstellt, weicht heute gegenüber der Landwechselwirtschaft und den flächengebundenen Systemen zurück. (Zu Anbauflächenwechsel und shifting cultivation vgl. W. MANSHARD 1968 a, S. 81 f. und die dort zitierte Literatur.)

Der *Weideflächenwechsel* wird erforderlich, wenn die Futtergrundlage infolge mangelnder Niederschläge oder Überweidung nicht mehr ausreicht und weit entfernte Weidegründe aufgesucht werden müssen. Diese Form ist von dem innerbetrieblichen Wechsel zwischen Dauerweideflächen zu unterscheiden. Beim *Nomadismus* verbindet sich der Flächenwechsel, vergleichbar dem Wanderfeldbau, mit einer Verlegung der Siedlungen, während bei der *Transhumanz* die Siedlungen wie bei der Landwechselwirtschaft ortsfest bleiben. Diese Nutzungssysteme werden in Zusammenhang mit der Viehwirtschaft besprochen (s. S. 121).

b) Die *Systeme ohne Flächenwechsel* führen die Anbaufolge auf langfristig bewirtschafteten, fest abgegrenzten Parzellen ohne Verlagerung durch. Der

Raumbedarf ist geringer als bei den Flächenwechselsystemen; die langdauernde Beanspruchung des Bodens erfordert jedoch meist Maßnahmen (Fruchtfolgen, Düngung) zum Erhalt der Ertragsfähigkeit. Der Nutzungswechsel kann durch Kombination von Ackerbau, Wald und Grünland oder innerhalb des Ackerbaus (Feldersysteme) erfolgen.

Die *Feld-Wald-Wirtschaft* (Birkberg-, Hauberg-, Reutberg-Wirtschaft) ist das extensivste System ohne Flächenwechsel, bei dem nach einem oder mehreren Jahren Anbau eine längere Waldnutzung folgt. Es vollzieht sich im Gegensatz zum tropischen Wanderfeldbau innerhalb fester Besitzgrenzen. Die Feld-Wald-Wirtschaft war in den deutschen Mittelgebirgen (M. KOHL 1978) und in den Alpen bis in das 20. Jh. weit verbreitet, d. h. in Gebieten mit kurzer Vegetationszeit und hohen Niederschlägen. Die Umtriebszeit dauerte bei Hochwald 40-60, bei Niederwald 15-25 Jahre. Der Niederwald konnte im „Hackwaldbetrieb" zur Gewinnung von Brenn- und Stangenholz, von Rebpfählen, Holzkohle oder in den Eichenschälwäldern von Gerberlohe dienen. Zwischendurch wurden Hafer, Roggen, Kartoffeln oder Buchweizen eingesät. Mit der Ertragssteigerung im Ackerbau ging die Feld-Wald-Wirtschaft zurück; die Niederwald- wurden meist in Hochwaldbestände überführt.

Die *Feld-Gras-Wirtschaft* (Egarten-Wirtschaft) nutzt die Grundstücke wechselnd mehrere Jahre als Acker- und Grünland, wobei dieses Weiden, Mähwiesen oder Kleegras umfassen kann. Bei der „wilden Feld-Gras-Wirtschaft" begrast sich das Ackerland von selbst. Die Feld-Gras-Wirtschaft schont den Boden, spart Arbeit und Dünger (durch Produktion von Wurzelhumus). Der Luzerneanbau auf Ackerland bildet den Übergang zu den Feldersystemen (Grenze bei 25 % Feldfutter nach B. ANDREAE und E. GREISER 1978, S. 99). Früher in Gebieten mit reichlichen Niederschlägen (Küstennähe, Gebirge) weit verbreitet, wird die Feld-Gras-Wirtschaft heute in Westdeutschland nur noch wenig, in Skandinavien und Großbritannien jedoch stärker betrieben.

Weitere Übergangsformen zu den reinen Feldsystemen sind die Feld-Teich-Wirtschaft mit zeitweiliger Fischereinutzung (Gebiete der Dombes und der Sologne in Frankreich) oder die Feld-Moor-Systeme (Moorbrandkultur in Norddeutschland).

Die *reinen Feldersysteme* suchen die Bodenregeneration durch Brache oder (und) *Fruchtfolgen* zu erzielen, wobei in den modernen Formen Halm- und Blattfrüchte, Flach- und Tiefwurzler, Humus- bzw. Stickstoffzehrer und -mehrer miteinander abwechseln. Neben den Nährstoff- und Wasseransprüchen der Pflanzen sind für die Fruchtfolgen auch Saatzeiten, Arbeitsaufwand, Maschineneinsatz und Absatzverhältnisse maßgeblich. Zudem müssen die Vorfruchtansprüche (hoch z. B. bei Weizen und Gerste, da humuszehrend) und Intervallansprüche (z. B. Klee 4-6 Jahre, Zuckerrüben 2-4 Jahre) beachtet werden. Mais und Reis sind hingegen selbstverträglich, d. h. können ununterbrochen gepflanzt werden. Die Bezeichnung der Feldersysteme erfolgt nach der Zahl der Rotationsglieder:

Bei der *Zweifelderwirtschaft* wird zwischen Wintergetreide und Brache (bzw. Blattfrucht) gewechselt. Sie fand sich früher in Westdeutschland und ist heute noch im Mittelmeergebiet mit der Folge von Anbaujahr und Trockenbrache sowie im dry-farming der USA (S. 117) verbreitet.

Die *Dreifelderwirtschaft* ist das in vielen Teilen Europas am stärksten verbreitete System. Bei der bereits im Hochmittelalter genannten „alten Dreifelderwirtschaft" folgten im dreijährigen Turnus Wintergetreide, Sommergetreide (oder Hülsenfrüchte) und Brache. Seit dem 18. Jh. hat sich die „verbesserte Dreifelderwirtschaft" entwickelt, in der die Brache durch Hackfrüchte (Kartoffeln, Futter-, Zuckerrüben) oder Futterpflanzen (Klee, Luzerne) ersetzt wird. Dadurch ließ sich die Anbaufläche um ein Drittel erweitern und dennoch die Ertragsfähigkeit mit dem Wechsel zwischen Halm- und Blattfrüchten sowie zusätzlicher Düngung erhalten. Die Übergänge von der Feld-Gras- zur alten Dreifelderwirtschaft und von dieser zur verbesserten Dreifelderwirtschaft sowie die Anwendung künstlicher Düngung brachten so entscheidende Fortschritte, daß man sie als „Agrarrevolutionen" bezeichnet.

Bei der durch die „Norfolker Fruchtfolge" vertretenen *Vierfelderwirtschaft* wechseln Klee, Winterweizen, Hackfrüchte und Sommergerste. Die *Fünffelderwirtschaft* kann aus dreijährigem Halm- und zweijährigem Blattfruchtbau bestehen. Auch alle weiteren, vielgliedrigen Systeme beruhen auf dem Wechsel zwischen Halm- und Blattfrucht, wobei sich die zahllosen Abwandlungen den örtlichen Gegebenheiten anpassen.

Bei geeigneten Klima- und Bodenverhältnissen lassen sich die Felder im Rahmen der Fruchtfolge auch mehrfach im Jahr nutzen. So gibt es beim *Zwischenfruchtbau* z. B. Untersaaten (Klee in Getreide), Stoppelsaaten oder überwinternde Zwischenfrüchte. In Japan folgen dem sommerlichen Reisanbau Wintergetreide oder Raps. Ein extremes Beispiel für Mehrfachnutzung sind die jährlich dreimaligen Reisernten auf bewässerten Feldern in Ostasien.

Tab. 10 gibt eine Auswahl von Fruchtfolgesystemen aus verschiedenen Klimazonen. Sie zeigt neben den vielfältigen Möglichkeiten der jährlichen Folge auch den besonders in subtropischen und tropischen Gebieten häufig mehrfachen Anbau innerhalb eines Jahres.

In Mitteleuropa wurden die Felderwirtschaften bis in das 19. Jh. im Rahmen der Dorfgemeinschaft auf einheitlich bebauten Flurbezirken *(Zelgen)* durchgeführt, deren Nutzung nach der für alle verbindlichen Rotation jährlich wechselte. Der *Flurzwang* regelte die Zeiten der Feldbestellung, die Überfahrts- und Beweidungsrechte. In kleinparzellierten Gemarkungen, in denen ein ausreichendes Wegenetz fehlte, waren zelgengebundener Anbau und Flurzwang noch bis in das 20. Jh. verbreitet. Sie hemmten jedoch die Einführung von Maschinen und neuen Kulturpflanzen sowie die Entwicklung der Betriebe. Nach der Aufhebung der Zelgenbindung werden die Feldersysteme in den einzelnen Betrieben unabhängig voneinander weitergeführt.

Tab. 10: Beispiele für Fruchtwechselsysteme (nach B. ANDREAE 1977 u. a.)
Die Zahlen bezeichnen die Jahre des Fruchtwechsels

Gebiet	Fruchtwechsel
Gemäßigte Zone	
ozeanische Gebiete	
Mitteleuropa	
Körnerbau	1 Spätmais; 2 So. Gerste, Hafer; 3 Wi.Weizen; 4 Frühmais; 5 Wi. Weizen; 6 So. Gerste
Hackfruchtbau	1 Kartoffel, Gemüse; 2 Zuckerrüben; 3 So.Gerste; 4 Wi. Weizen; 5 Zuckerrüben; 6 Wi. Weizen
kontinentale Gebiete	
Sowjetunion (bzw. Nachfolgestaaten)	
Nadelwald	1 Feldgras; 2 Feldgras; 3 Lein, So. Weizen; 4 Kartoffel, Leguminosen; 5 Hafer; 6 Brache; 7 Wi. Weizen, Wi. Roggen; 8 So. Getreide
Mischwald	1 Feldgras; 2 Feldgras; 3 Lein; 4 Frühkart.; 5 Wi.Weizen; 6 Kartoffel; 7 Hafer
Waldsteppe	1 Zuckerrüben, Kartoffel, Mais; 2 So. Weizen; 3 So. Weizen
Steppe (beweidet)	1 Luzerne; 2 Luzerne; 3 Baumwolle; 4 Baumwolle; 5 Baumwolle; 6 Leguminosen, Mais; 7 Baumwolle; 8 Baumwolle; 9 Baumwolle; 10 Baumwolle
USA	
Milchwirtschaft	1 Kleegras; 2 Kleegras; 3 Kleegras; 4 Silomais; 5 Hafer
Maisgebiet	1 Soja; 2 Mais; 3 Mais; 4 Mais; 5 Hafer
Weizengebiet	1 Brache; 2 Wi. Weizen; 3 Wi. Weizen, Sorghum
Subtropische Zone	
winterfeucht	
mit Bewässerung	
Ägypten	1 Sommer: Reis; Winter: Getreide, Leguminosen, Feldfutter, Gemüse; 1 Baumwolle; 2 Gemüse, Bohnen, Klee, Brache; 3 Weizen, Gerste, Mais, Zw. frucht
Pakistan	1 Zuckerrohr; 2 Zuckerrohr; 3 So: Mais, Wi: Tabak; 4 So: Baumw., Wi: Weizen; 5 So: Mais, Wi: Zuckerrüben
ohne Bewässerung	
Tunesien	1 Brache; 2 Weizen; 3 Gerste, Hafer, Feldfutter; 4 Hülsenfr.
Australien	1 Klee; 2 Klee; 3 Weizen; 4 Weizen
sommer-, immerfeucht	
Südjapan	1 Frühjahr: Gemüse, Sommer: Gemüse, Winter: Wi. Getreide; 1 Winter: Raps, Sommer: Reis; 2 Winter: Wi. getreide, Sommer: Reis
Mittelchina	1 Wi. Weizen, Mais; 2 Baumwolle; 1 Sommer: Reis, Winter: Weizen

Tropische Zone	
Feld-Wald-Wirtschaft	
Westafrika	1-15 Waldbrache; 16 Bergreis; 17 Bohnen, Jucca
Feld-Gras-Wirtschaft	
Kenya	
Kleinbetriebe	1 Naturgras; 2 Naturgras; 3 Naturgras; 4 Naturgras; 5 Naturgras; 6 Mais; 7 Mais; 8 Mais; 9 Hirse; 10 Batate, Gemüse
Großbetriebe	1 Feldgras; 2 Feldgras; 3 Feldgras; 4 Kartoffel, Bohnen; 5 Weizen; 6 Weizen; 7 Gerste
Malawi	1 Feldgras; 2 Feldgras; 3 Feldgras; 4 Tabak; 5 Baumwolle; 6 Erdnuß; 7 Baumwolle; 8 Mais; 9 Mais
Regenfeldbau	
Senegal	1 Erdnuß; 2 Hirse; 3 Erdnuß; 4 Hirse; 5 Hirse; 6 Brache; 7 Brache; 8 Brache; 9 Brache; 10 Brache
Sudan	1 Brache; 2 Brache; 3 Baumwolle; 4 Brache; 5 Sorghum; 6 Bohnen; 7 Brache; 8 Baumwolle
Bewässerungsfeldbau	
Indien	1 Zuckerrohr; 2 Gemüse; 3 Reis
Südchina	1 Reis, Reis, Weizen
Taiwan	1 Zuckerrohr; 2 Batate, Erdnuß; 3 Erdnuß, Reis

Wenn die Fruchtfolge unabhängig von den üblichen Systemen ständig wechselt, um sich z. B. den Marktverhältnissen anzupassen, spricht man von *freier Wirtschaft*. Sie setzt sich in den Industrieländern immer mehr durch.

Wenn andererseits über viele Jahre hinweg kein Wechsel im Anbau erfolgt, liegt *Dauernutzung* mit selbstverträglichen Pflanzen vor. Sie kann sich in Bezug auf das räumliche Kulturartengefüge mit der Monokultur verbinden. Beispiele für Dauernutzung bietet der frühere „ewige" Roggenbau der gemäßigten Breiten, der langjährige Anbau von Mais oder von Reis und Zuckerrohr in den Tropen. Zur Dauernutzung gehören auch die mehrjährigen Baum- und Strauchkulturen aller Klimazonen (Obst, Wein, Agrumen, Kaffee, Kakao, Tee, Ölpalmen usw.). Schließlich rechnen dazu alle Formen der dauernden Grünland- und Waldnutzung.

Die Bodennutzungssysteme können innerhalb eines Agrarraumes oder Einzelbetriebes in vielfältigen Kombinationen nebeneinander auftreten. Hierbei werden wie bei dem räumlichen Anbaugefüge häufig Intensitätszonen im Sinne v. THÜNENS deutlich. So folgen einander z. B. in den deutschen Mittelgebirgen die ortsnahe Dreifelderwirtschaft auf den Innenfeldern, die Feld-Gras-Wirtschaft auf den Außenfeldern der Hänge und die Dauernutzung des Waldes und der Weiden auf den Höhen. Eine in den Tropen häufige Anordnung ist die Dauernutzung mit Naßreis in den Niederungen, der flächengebundene Fruchtwechsel mit Mais, Maniok, Batate usw. an den Hängen und die Landwechselwirtschaft durchsetzt von Dauergrünland oder Wald in den höheren peripheren Gemarkungsteilen.

5.3.4 Anbauordnung nach Klima und Wasserhaushalt

Die Ordnung des Anbaus durch die Bodennutzungssysteme muß den jährlichen Witterungsablauf mitberücksichtigen, d. h. die Höhe und Verteilung der Niederschläge und Temperaturen (vgl. Karte der Jahreszeitenklimate der Erde bei C. TROLL und K. H. PAFFEN 1964). Dabei entscheidet die Dauer der humiden und ariden Jahreszeiten, die sich aus dem Verhältnis zwischen Niederschlag und Verdunstung ergibt (s. S. 40), über die Wasserversorgung der Pflanzen. Wenn die natürlichen Niederschläge diese sichern, kann Regenfeldbau betrieben, andernfalls muß bewässert werden. Hierbei gilt es jeweils den sehr unterschiedlichen Wasserbedarf der Pflanzen (250-1000 l je kg Trockensubstanz) und die Speicherfähigkeit des Bodens zu berücksichtigen.

a) Bei *Regenfeldbau* hängt die an die Vegetationszeit gebundene Dauer der Nutzung von der jährlichen Niederschlags- und Temperaturverteilung ab. So sind entsprechend den Klimabereichen verschiedene Unterformen zu unterscheiden:

Der *Dauerfeldbau*, begrifflich von der „Dauernutzung" (s. S. 115), zu trennen, kann in Gebieten mit ganzjährig für das Pflanzenwachstum ausreichenden Niederschlägen und Temperaturen betrieben werden; weder eine Kälte- noch eine Trockenruhe unterbrechen die Nutzung. Dieser durchgehende Anbau ist in den Tiefländern der immerfeuchten inneren Tropen verbreitet, wo er auch die zwischen den beiden Regenzeiten liegenden niederschlagsärmeren Monate nutzen kann. Es sind mehrfache Ernten im Jahr möglich; zwischen den Anbauperioden bestehen keine scharfen Grenzen. Ganzjähriger Anbau ist auch in den immerfeuchten randtropischen (Monsun-)Gebieten verbreitet, wo sich die wärmere und feuchtere Jahreszeit für tropische, die kühlere und trockenere Jahreszeit für außertropische Pflanzen eignet (z. B. Wechsel von Reis und Weizen).

Alle folgenden Formen bestimmt der jahreszeitliche Wechsel. Sie können deshalb mit der Bezeichnung *Jahreszeitenfeldbau* zusammengefaßt werden.

Soweit Regen- und Trockenzeit deutlich voneinander getrennt sind, konzentriert sich der Anbau auf die feuchteren Monate, während in der übrigen Zeit Trockenruhe herrscht. Die Nutzungsdauer bestimmen nicht die ganzjährig ausreichenden Temperaturen, sondern die Niederschlagsverteilung, so daß man hier von *Regenfeldbau* sprechen kann. Der Begriff *Trockenfeldbau* ist gleichbedeutend und soll den Gegensatz zum Anbau mit Bewässerung hervorheben.

In den höheren Breiten bestimmen sowohl die Niederschläge als auch die Temperaturen die Nutzung; dies kommt in den Bezeichnungen Winter- und Sommerfeldbau zum Ausdruck. Mehrjährige Kulturen bleiben dabei außer acht.

Bei dem *Winterfeldbau* liegt der Schwerpunkt der Nutzung im feuchteren Winterhalbjahr – ausreichende Temperaturen vorausgesetzt –, während im Sommerhalbjahr Trockenruhe herrscht. Der Winterfeldbau ist vor allem in den winterfeuchten Subtropen an der Westseite der Kontinente (Mittelmeergebiet, Kalifornien, Mittelchile, Kapland und Südwestaustralien) verbreitet.

Der *Sommerfeldbau* besitzt gegenüber dem Winterfeldbau einen Vorteil, weil er das sowohl feuchte wie warme Sommerhalbjahr nutzen kann; im Winter herrscht Kälteruhe. Sommerfeldbau findet sich vorwiegend in den kontinentalen Gebieten der gemäßigten Breiten, aber auch in den sommerfeuchten Subtropen an den Ostseiten der Kontinente (z. B. Ostasiens). Es läßt sich keine scharfe Grenze zwischen Sommer- und Winterfeldbau ziehen, da in den wintermilderen Teilen der gemäßigten Zone sowohl Sommer- wie Wintersaaten gedeihen. Doch konzentriert sich auch hier die Wachstums- und Reifezeit auf das Sommerhalbjahr.

Eine Übergangsstellung zwischen Jahreszeitenfeldbau und Bewässerung nimmt das *Trockenfarmsystem (dryfarming)* ein, das bei geringen und unsicheren Niederschlägen der Wasserspeicherung im Boden dient. Dabei wird vor dem Regen grobschollig gepflügt, um durch die vergrößerte Bodenoberfläche die Niederschlagsaufnahme zu erleichtern und den Abfluß zu verhindern. Nach dem Regen verringern Eggen und Walzen die Verdunstungsoberfläche und unterbrechen den kapillaren Aufstieg. Je nach Niederschlagsmenge dauert die Brachezeit ein Jahr oder länger, wobei mit der Dauer die Erosionsgefahr wächst. Das Dryfarming-System ist besonders im niederschlagsarmen mittleren Westen der USA verbreitet und ermöglicht dort den Ackerbau noch bei 200-300 mm jährlicher Regenmenge.

b) Die *Bewässerung* dient zum Ausgleich der für die Bodennutzung jahreszeitlich oder ganzjährig fehlenden Niederschläge, häufig auch zur Düngung durch mitgeführte Nährstoffe. Bewässerung ermöglicht den Anbau jenseits der Grenze des Regenfeldbaus, die je nach Temperatur bzw. Verdunstung, Kulturart und Bodenstruktur zwischen 250 und 1000 mm Jahresniederschlag liegt. Neben der Neulanderschließung in Trockengebieten bewirkt sie aber auch innerhalb der Regenfeldbaugebiete eine Verbesserung der landwirtschaftlichen Produktion aus mehreren Gründen (H. RUTHENBERG 1967, S. 153 f.):

Der Bewässerungsfeldbau erzielt durch die reichlichere und gleichmäßigere Verfügbarkeit an Wasser höhere Roherträge je Flächeneinheit. Er ermöglicht mehrere Ernten im Jahr und den Anbau ertragreicher Kulturen mit hohem Wasserbedarf, z. B. von Reis. Die Mengenerträge konnten z. B. in Spanien bei Weizen und Kartoffeln auf das Sechsfache, bei Zuckerrüben auf das Zwölffache gesteigert werden. Die dauerhafte Bodennutzung, beim Reisbau Jahrhunderte hindurch, ist mit gleichmäßigen Erträgen und gleichbleibenden Ansprüchen an Arbeit und Betriebsmitteln verbunden. Die Kosten für Arbeitshilfsmittel können gering gehalten werden, geeignete Wasserkontrolle mindert die Erosionsgefahr und steigert den Düngungseffekt. Die große Flächenproduktivität sichert die Existenz der Familien auch bei geringer Ackernahrung (ca. 2 ha) und die Versorgung der Bevölkerung selbst bei hohen Dichtewerten.

Andererseits erfordert die Bewässerung hohe Investitionen an Kapital bzw. Arbeit für die Einrichtung und Unterhaltung der Anlagen. Sie verlangt zudem eine organisierte Zusammenarbeit aller Beteiligten sowie technische Fähigkeiten. Größere Anlagen können nur durch Großgrundbesitz, Genossenschaften oder staatliche Organisationen eingerichtet und unterhalten werden. Den Wasserbezug und die Arbeitsverpflichtungen der einzelnen Teilhaber regelt das Wasserrecht. Diese großen Anforderungen können nur bei hoher Kulturentwicklung erfüllt werden. Die Produktivität der Bewässerungswirtschaft läßt sich häufig noch durch rationellere Wasserverwendung und verbesserte Anbaumethoden steigern. Besondere Beachtung verlangt der Schutz der Wassereinzugsgebiete vor Vegetations- und Bodenzerstörung, um ein gleichbleibendes Wasserangebot zu gewährleisten. Die häufig noch unzureichende Integration mit der Viehwirtschaft läßt sich durch Futterbau und Stallmistdüngung fördern.

Die Bewässerung war bei den antiken Hochkulturen schon vor über 5000 Jahren verbreitet; mit Hilfe der aus feuchteren Gebirgen stammenden Flüsse Indus, Euphrat, Tigris und Nil wurden die umgebenden Trockengebiete in Wert gesetzt. Auch im vorkolumbianischen Amerika gab es z. B. in der peruanischen Küstenwüste bereits Bewässerung. Diese Gebiete liegen in wechselfeuchten und ariden Suptropen und Tropen, auf die auch heute der größte Teil der bewässerten Flächen entfällt (Abb. 18).

Schätzungsweise umfassen die Bewässerungsgebiete der Erde (FAO-Statistik 1993) 248 Mio. ha, d. h. etwa 17 % der mit Ackerland und Dauerkulturen genutzten Fläche und erbringen etwa ein Drittel aller Nahrungsmittel der Erde. Dem Umfang nach stehen China und Indien an der Spitze, gefolgt von den USA, der ehemaligen Sowjetunion und Pakistan (Tab. 11). Der Anteil der bewässerten Fläche am Kulturland liegt mit über 90 % am höchsten in den wüstenreichen Staaten Ägypten, Katar, Kuwait und Oman. In Europa außerhalb des Mittelmeergebietes beschränkt sich die Bewässerung auf relativ kleine Bereiche; dazu gehören die (heute meist nicht mehr unterhaltenen) Wässerwiesen der Mittelgebirge, die Feldbewässerung in regenarmen Hochgebirgstälern (Wallis, Gudbrandsdal) und die Beregnung von Spezialkulturen und Mais, z. B. im Oberrheinischen Tiefland.

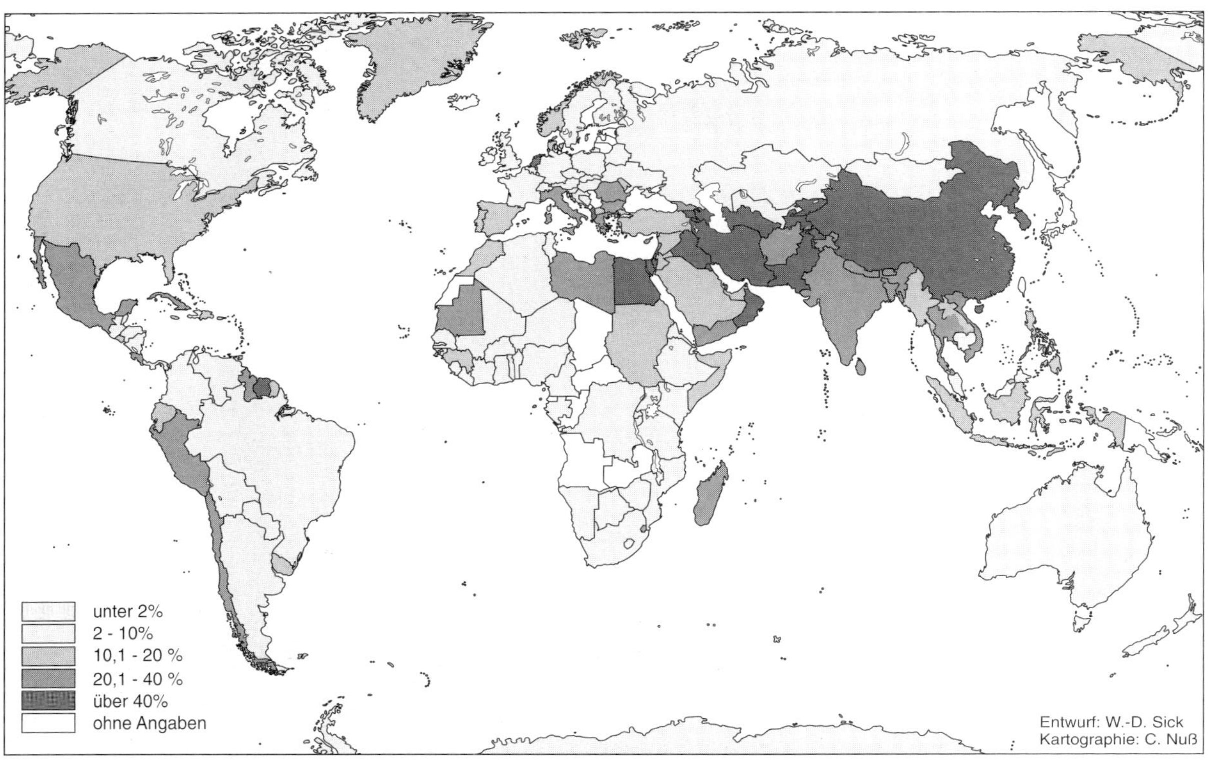

Abb. 15: Anteil des Bewässerungslandes an der Fläche von Ackerland und Dauerkulturen (in %) 1993 (nach FAO Production Yearbook, Vol. 48, 1994).

Tab 11: Verbreitung der Bewässerung auf der Erde.
Staaten mit über 2 Mio. ha Bewässerungsfläche in 1000 ha 1993 (nach FAO production yearbook 1994)

VR China	49872
Indien	48000
USA	20700
ehem. Sowjetunion	20500
Pakistan	17110
Iran	9400
Mexiko	6100
Indonesien	4597
Thailand	4400
Türkei	3674
Spanien	3453
Ägypten	3246
Rumänien	3102
Bangladesch	3100
Afghanistan	3000
Brasilien	2800
Japan	2782
Italien	2710
Irak	2550
Australien	2107
Erde gesamt	248125

Naturgemäß hängt der Bewässerungsbedarf von der Höhe der Verdunstung (aktuelle Evatranspiration) ab. Kennzeichnend für die Wasserbilanzsituation in Feucht- wie in Trockenklimaten ist weniger die absolute Höhe von Niederschlag, Abfluß und Verdunstung als der Anteil des Niederschlags, der verdunstet.
So verzehrt die Verdunstung z. B. in Nordindien (perhumides Gebiet) nur 39 % des jährlichen Niederschlags, in Deutschland (humid) 65 %, in der Kalahari (semiarid) aber 90 % und in der Karoo-Wüste (arid) sogar 95 % (W. ACHTNICH 1980, S. 189 nach SCHENDEL). Natürlich ist dabei auch die jahreszeitliche Verteilung zu berücksichtigen.

Die Beschaffung des Wassers erfolgt aus Flüssen, Grundwasser (über mechanische Hebewerke, Pumpen, Quellen und artesische Brunnen) oder durch Speicherung von Regenwasser. Die Anlagen konzentrieren sich besonders an den die Trockengebiete querenden „Fremdlingsflüssen“ (Nil, Indus u. a.), die aus den feuchteren Randgebirgen stammen, und im Vorland dieser Gebirge (Atlas, Tien-schan), die von Oasenketten gesäumt werden. Die Bewässerung muß sich der wechselnden Wasserführung anpassen; so haben die Flüsse Mesopotamiens im Frühsommer, der Nil im Herbst Hochwasser entsprechend der Niederschlagsverteilung in ihren oberen Einzugsbereichen. Die artesischen Brunnen der Sahara und Australiens nutzen das im Untergrund gespeicherte Wasser; infolge der ständigen Entnahme sinkt der Grundwasserkörper bedrohlich ab.

Die oberirdische Wasserspeicherung kann durch Zisternen, Stauseen oder kleinere Stauteiche (Tanks in Indien) geschehen. Die Anlage von Staudämmen findet in den klimamorphologisch bedingten Talbildungszonen sehr unterschiedliche Voraussetzungen; sie sind in den wechselfeuchten Randtropen mit ihren Flachmuldentälern am ungünstigsten. Bei schwebstoffreicher Wasserführung besteht die Gefahr, daß die Stauseen wie beim Nil verschlammen und damit die zu bewässernden Flächen unter Wasser- und Nährstoffmangel leiden. Dem Transport und der Verteilung des Wassers dient ein oft engmaschiges Netz von weitverzweigten Haupt- und Nebenkanälen.

Unterirdische Grundwasserstollen mit Luftschächten *(Foggaras, Qanate)* besitzen wegen der regelmäßigen Wasserführung und geringen Verdunstung Vorteile; sie erfordern allerdings einen hohen Unterhaltsaufwand. Die Qanate sind im Orient, besonders im Iran, verbreitet (C. TROLL 1963).

Die zahlreichen Bewässerungsmethoden können hier nur in den Grundformen genannt werden. Neben der flächenhaften Bewässerung durch Überstauung gibt es die Berieselung.in Furchen. An den Hängen dienen kunstvolle Terrassensysteme mit Dämmen der Wasserregulierung, insbesondere für den Reisanbau. Die Beregnung mit verlegbaren Rohren ist vielseitig einsetzbar, jedoch kostspielig und mit Verdunstungsverlusten verbunden. Das moderne Tropfverfahren *(trickle irrigation)*, das besonders in Israel entwickelt wurde, arbeitet mit perforierten Leitungen und bewässert, entsalzt und düngt (mit Zugaben) nur den engen Wurzelbereich. Diese durch genaue Dosierungen wassersparende, aber kostenaufwendige Methode findet vor allem bei Sonderkulturen Anwendung. (Zur Bewässerung allgemein vgl. C. CLARK 1970, R. M. HIGHSMITH 1965, W. MANSHARD 1968 a, S. 110 f., W. ACHTNICH 1980, H. UHLIG 1983/84, P. WOLFF u. a. 1995.)

Zur Bewässerung kann man auch die Frostschutzberegnung rechnen, welche Schäden durch Früh- und Spätfröste, z. B. im Obst- und Weinbau, verhindern soll. Die beim Gefrieren des Wassers freiwerdende Erstarrungswärme läßt die Temperaturen in den von Eis umgebenen Pflanzenteilen nicht unter – 0,5 °C absinken.

Die *Entwässerung* ist als Ergänzung zur Bewässerung unumgänglich, da ohne sie der Boden versumpfen, versauern, versalzen oder verkrusten würde. Nach Beobachtungen im Indusgebiet beruht die Versalzung auf den Faktoren: arides, heißes Klima, Hebung der Grundwasseroberfläche, Aufsteigen und Verdunsten des Wassers durch den geringen Flurabstand des Porensaugraumes. Vernässungen können durch Wasserverluste der Kanäle oder durch behinderten Abfluß entstehen und treten besonders bei ganzjähriger Bewässerung auf (W. MANSHARD 1968 a, S. 123). Versalzung und Vernässung als Folge der Bewässerung bedrohen auch die ariden Gebiete der USA (Arizona).

5.3.5 Formen der Viehwirtschaft

Die Viehwirtschaft kann nach Vieharten und Produktionszielen oder nach ihren Organisationsformen klassifiziert werden. Die zahlreichen *Nutzvieharten* (Rinder, Schweine, Schafe usw. bis zu Renen, Kamelen) lassen sich in spezialisierten Betrieben (Gestüte, Rinder-, Geflügelfarmen) oder gemischt halten.

Tab. 12: Umrechnung in Großvieheinheiten

Tierart	GVE
Pferde	1,0
Rinder allg.	0,8
Kühe	1,0
Schweine	0,2
Schafe, Ziegen	0,08

Zum Vergleich der Betriebe werden die Viehbestände auf *Großvieheinheiten (GVE)* umgerechnet, wobei 1 GVE der Relation von 500 kg Lebendgewicht und ganzjährigem Futterbedarf entspricht.

Diese Einheiten werden meist in Beziehung zum Umfang der landwirtschaftlichen Nutzfläche oder der Futterfläche gesetzt, um so die Viehdichte bzw. den Flächenbedarf zu ermitteln.

Produktionsziele sind z. B. Trag-, Zugtierhaltung, Milch-, Jungviehhaltung, Rinder- und Schweinemast, wobei die Betriebe ebenfalls spezialisiert oder gemischt auftreten. Grundsätzlich ist zwischen Viehzucht und Viehhaltung zu unterscheiden. Während die *Viehzucht* aufgrund erbbiologischer Erkenntnisse und Ausleseverfahren sich speziell der Rassenerhaltung und -verbesserung widmet, stehen bei der *Viehhaltung* die Produktionsziele im Vordergrund, und die Nachzucht dient der Bestandserhaltung und -vermehrung.

Die Organisationsformen reichen von der extensiven Wanderviehhaltung bis zur intensiven ortsgebundenen Stallhaltung.

Die *Wanderviehwirtschaft* ist mit dem Nutzungssystem des Weideflächenwechsels und mit dem *Nomadismus* verbunden (F. SCHOLZ 1995). Es handelt sich um die am weitesten in die Randbereiche der Ökumene vorgeschobene agrarische Nutzform in enger Anpassung an die Naturgrundlagen. Die Bevölkerung wandert mit den Herden zwischen den bis zu mehreren hundert Kilometern voneinander entfernten Weidegründen, deren Tragfähigkeit mit dem Niederschlags- und Temperaturgang jahreszeitlich und von Jahr zu Jahr wechselt. Der Futterausgleich kann nur durch die Wanderung zwischen Winter- und Sommerregenzeit, Tiefland und Höhengebieten erfolgen, da keine Vorratshaltung besteht. Nur in gleichmäßigen ozeanischen Klimaten oder in tropischen Hochweidegebieten entfällt der Zwang zu großräumigem Wechsel.

Die *Wanderviehhaltung* kennt keine planmäßige Züchtung und Weidepflege. Die einheitlichen oder gemischten Tierbestände (Kamele, Rinder, z. T. auch Ziegen, Schafe) dienen selten nur der Selbstversorgung, meist und heute in verstärktem Maße auch der Marktversorgung. Die Größe der Herden bestimmt auch den sozialen Rang der Besitzer. Die Bevölkerung ist nur vorübergehend in Stammeslagern ortsfest; individuelles Grundeigentum fehlt weitgehend. Die notwendige pflanzliche Ernährung erhält man durch Kauf oder Tausch von den Ackerbauern oder durch geringen eigenen Anbau. Bei den Halbnomaden findet der Übergang zu ortsfester Siedlung und Wirtschaft statt, doch fehlt auch bei den Vollnomaden selten jeder Bezug zum Anbau

(R. HERZOG 1963). Die Kombination von Feldbau und Wanderweidewirtschaft wird als *Agropastoralismus* bezeichnet.

Die Wanderviehwirtschaft hat sich im Trockengürtel der Alten Welt als jüngerer Zweig aus dem Ackerbau entwickelt (s. S. 27); sie fehlt in der Neuen Welt, die vor der Kolonialzeit außer dem Lama keine großen Nutztiere kannte. Heute besteht die nomadisierende Weidewirtschaft noch in Teilen West- und Zentralasiens und in Nordafrika. Sie befindet sich im Rückgang, da sie gegenüber dem mit modernen Methoden (Bewässerung) vordringenden Ackerbau einen erheblichen Teil ihrer ehemaligen Weideflächen verliert und somit nicht konkurrenzfähig ist und kaum verbessert werden kann. Zudem wird ihre Freizügigkeit immer mehr durch staatliche Grenzen und Kontrollen sowie durch den modernen Verkehr beschränkt. Am Rand der Trockengebiete, besonders in Nordafrika, wird die Nutzung durch fortschreitende Desertifikation, als Folge von Überweidung und Abholzung, bedroht. Versuche zur Seßhaftmachung der Nomaden, z. B. in der ehemaligen Sowjetunion, zeigten nur beschränkten Erfolg, da die traditionellen Bindungen an die unstete Lebensweise stark bleiben und die Wanderviehhaltung im Trockengrenzraum immer noch die optimal angepaßte und ökologisch nachhaltig verträgliche Nutzungsform darstellt.

F. SCHOLZ (1995) schlägt eine „mobile Tierhaltung“ als neue Form des Nomadismus vor, die an traditionelle, die Tragfähigkeit der Weiden beachtende Regelungen anknüpft, standortgerecht und flexibel ist. Hierbei wandern nur die Herden und Hirten, während die Familie seßhaft ist. Staatliche Bevormundung soll der Selbsthilfe weichen. Als Maximen sollten gelten: „Existenzsicherung vor Marktproduktion, Arbeitsplatzerhaltung vor Produktivitätssteigerung, Ressourcenbewahrung vor Ertragserhöhung“.

Neuartig ist die in Ostafrika versuchte *Wildtierwirtschaft (Wild life farming, game cropping)*, bei der freie Wildbestände (z. B. Antilopen) gehegt und durch selektive Jagd und Schlachtung genutzt werden. Damit ließe sich die Proteinversorgung der Bevölkerung verbessern und der Export von Häuten und Fellen fördern. Trotz mancher Schwierigkeiten (Jagd und Transport der Tiere, ungeklärte Besitzverhältnisse) verdient das Experiment Beachtung, weil es den Naturhaushalt nicht stört und beispielhaft ökologische mit ökonomischen Zielen verbindet (vgl. dazu G. CAUGHLEY 1994).

Bei der *Transhumanz* handelt es sich um eine Fernweidewirtschaft wie der Nomadismus, doch bleiben die Herdenbesitzer seßhaft und betreiben Ackerbau; die Viehhaltung ist nicht der einzige Erwerbszweig. Da die Futtergrundlage im Heimsiedlungsbereich nicht ausreicht, wandern die Herden, nur von den Hirten begleitet, zwischen zwei oder mehreren Weidegebieten, die nach Höhenlage, Klima und Vegetation im jahreszeitlichen Wechsel bestockungsfähig sind; Aufstallung findet nur selten statt. Der meist ganzjährige Weidegang führt ohne Bindung an den Landbesitz der Herdeneigentümer über die Gemarkungs- und oft über Staatsgrenzen hinweg (*trans humus* = jenseits der bebauten Erde). Der Transport kann heute auch mit modernen Verkehrsmitteln (Bahn, Kraftfahrzeuge, Flugzeuge) erfolgen. Die Heimsiedlungen liegen meist im Tiefland (normale Transhumanz), zuweilen aber auch im Gebirge (inverse Transhumanz) oder auf den Übergangsweiden (komplexe Transhumanz). Die Transhumanz kann auch entlegene Weidegebiete noch nutzen, doch führt sie zu starken Gewichtsverlusten der Tiere und schädigt häufig Boden und Vegetation durch Viehtritt und -verbiß. Sie wird meistens mit Schafen und Ziegen, seltener mit Rindern durchgeführt.

Die Transhumanz ist vor allem in den subtropischen Randländern des Mittelmeers verbreitet (Abb. 16), wo die Sommertrockenheit die stationäre Weide- und Wiesennutzung behindert. Die Herden wechseln hier zwischen den im Winter schneefreien Tiefländern, wo sie auch die Stoppelweide nutzen, und den sommerlichen Hochweiden. Verbreitungsgebiete sind ferner Zentralasien, Südafrika, Australien und die Kordilleren beider Amerika; in Mitteleuropa wechselt die Wanderschäferei zwischen den Mittelgebirgen und ihren Vorländern (TH. HORNBERGER 1959). Im Amazonasgebiet suchen die Rinderherden in der Regenzeit die trockene *Terra firme* auf, in der Trockenzeit die sonst überschwemmten *Campos de varzea* (H. WILHELMY 1966. Zur Transhumanz allgemein vgl. B. HOFMEISTER 1961; A. BEUERMANN 1967).

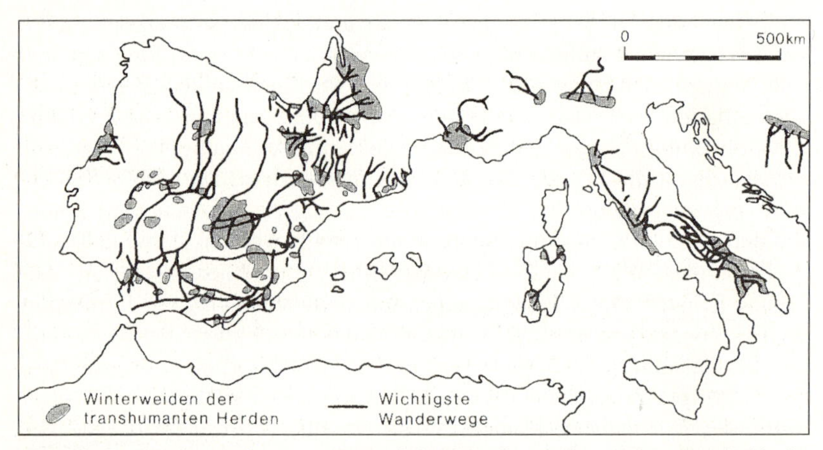

Abb. 16: Die Herdenwanderungen im westlichen Mittelmeergebiet in der ersten Hälfte des 20. Jhs. (nach BOESCH 1969; nach MÜLLER u. a.)

Bei der *Almwirtschaft* findet im Gegensatz zur Transhumanz im Winter Einstallung mit Fütterung in den Dauersiedlungen statt. Die Höhenweiden, meist über der Waldgrenze gelegen, werden von Frühjahr bis Herbst aufgesucht und gehören als fest abgegrenzte Besitzparzellen zur Betriebs- bzw.

Gemarkungsfläche der Heimgüter. Auf den Almen liegen ortsfeste, jahreszeitlich bewohnte Siedlungen für die Hirten. Den Auftrieb und die Nutzungsrechte regeln häufig Almgenossenschaften bzw. -gemeinschaften. Die Almwirtschaft ist in den Alpen und einigen Mittelgebirgen Mitteleuropas (Vogesen; im Schwarzwald nur mit Jungviehauftrieb) und in Nordeuropa (Säterwirtschaft) verbreitet. In den Alpen nutzt sie die Hochweiden in 2000-3000 m Höhe etwa drei Monate lang; die tiefer gelegenen „Maiensäße" dienen als Vorstufen.

Seit dem 19. Jh. hat sich in der Almwirtschaft ein Wertwandel vollzogen. Um 1820 verbreitete sich aus der Schweiz die Herstellung von Weich- und Rundkäse auf den Almen; so konnten diese nicht nur der Jungviehaufzucht, sondern auch zur Milchverwertung dienen *(Sennalmen)*. Seit dem Ende des 19. Jh. wurde die Verwertung jedoch zunehmend wieder in die Talgebiete verlegt, wo die z. T. genossenschaftlichen Molkereien Verarbeitung und Absatz übernehmen und auf den verbesserten ortsnahen Weiden oder mit Stallfütterung höhere Erträge erzielen als auf den Almen. Während so das Hochleistungsvieh und die Milchwirtschaft in den Talräumen verbleiben, dienen die Almen überwiegend dem Jungvieh *(Galtalmen)*. Man sucht auch dort die Erträge durch Weidepflege zu verbessern, doch fehlt es an Arbeitskräften, die die nach Lohn- und Freizeitangebot attraktiveren Arbeitsplätze in den Talräumen vorziehen; das Almpersonal ist häufig stark überaltert (vgl. W. HARTKE und K. RUPPERT 1964). Heute strebt man eine internationale Förderung der Almwirtschaft im Rahmen der EU an.

Die *stationäre Viehwirtschaft* bleibt ganz an die Futtergrundlage im Umkreis des Betriebssitzes gebunden und führt keine größeren horizontalen oder vertikalen Wanderungen durch. Sie kann entweder als reine Weidewirtschaft ohne Ackerbau oder in Verbindung mit Stallhaltung und Feldfutterbau auftreten.

Die *stationäre Weidewirtschaft* ohne Ackerbau erzeugt mit geringem Arbeits-, aber hohem Flächenaufwand Viehprodukte für den Markt. Es wird zwischen Stand- und Umtriebsweide unterschieden. Während auf den *Standweiden* das Vieh dauernd verbleibt, wechselt es bei den *Umtriebsweiden* die Flächen regelmäßig, um die Erholung des Graswuchses, z. T. mit Düngung, zu ermöglichen; manchmal werden die Herden täglich umgesetzt. Die einzelnen Weidebezirke (Koppeln) sind umzäunt, mit Tränken versehen, und die Herden werden ständig kontrolliert. Die geregelte Umtriebsweide erfordert einen erheblichen Kapitaleinsatz. Beispielsweise wurde in Namibia die Rinder- und Schafhaltung seit 1965 zunehmend auf Umtriebsweiden umgestellt, um in diesem niederschlagsarmen Gebiet die früher häufigen Weideschäden zu verhindern (J. BÄHR 1981).

Die Beweidung nutzt entweder die natürliche Gras- und Krautvegetation (Naturweiden) oder Kunstweiden, auf denen durch Bodenbearbeitung,

Ansaat ökologisch angepaßter Gräser, Düngung und z. T. Bewässerung der Ertrag hoch liegt. Meist befinden sich die besten, aufwands- und ertragsstarken Weiden in Hofnähe.

Die auch als *Ranchwirtschaft* bezeichnete stationäre Weidewirtschaft ist vorwiegend in den semiariden Steppen- und Savannengebieten Nordamerikas und der Südkontinente sowie in den Viehsowchosen und -kolchosen der ehemaligen Sowjetunion verbreitet. Dabei handelt es sich also meist um Räume, die die europäische Kolonisation erschlossen hat (s. S. 162).

Auch die freie Savannenweidewirtschaft der einheimischen Bevölkerung (vorwiegend in Afrika) ist stationär, doch betreibt sie Weidepflege und Zucht nicht planmäßig. Die Viehhaltung dient mehr dem sozialen Prestige und kultischen Zwecken als der Vermarktung und ähnelt der Wanderviehwirtschaft.

Die *intensive Form* der stationären Viehwirtschaft bedingt höheren Arbeits- und Kapitalaufwand und erbringt größere Erträge je Flächeneinheit. Die Betriebe sind im Durchschnitt kleiner als bei der extensiven Weidewirtschaft. Das Grünland liegt meist ortsnah und wird z. T. durch Wald- oder Stoppelweide ergänzt. Dauerweiden finden sich vor allem bei ganzjährig reichlichen Niederschlägen, d. h. in ozeanischen und montanen Gebieten der gemäßigten Zone; in klimamilden Bereichen, z. B. an der Nordseeküste, ist fast ganzjähriger Weidegang möglich. Meist zeigt sich jedoch wegen der geringen oder fehlenden Weidefläche und wegen der winterlichen Kälteruhe die Notwendigkeit von *Stallfütterung* mit Futterbergung. Dies kann durch jährlich ein- oder mehrmalige Heugewinnung auf Mähwiesen erfolgen oder durch den Ackerbau, der für die Viehhaltung Rauhfutter (Klee, Luzerne, Silomais), Hackfrüchte (Futterrüben) und Futtergetreide liefert. Zudem finden Rückstände der Verarbeitung, z. B. von Zuckerrüben, Verwertung. Der Zukauf von Kraftfutter, z. T. mit importierten Futtermitteln, bietet eine weitere Ergänzung.

Diese Form der Viehwirtschaft zeichnet sich somit gegenüber den anderen Formen durch die engere Verknüpfung mit dem Ackerbau und dem geringeren Anteil des Dauergrünlandes aus. Ackerbau und Viehwirtschaft ergänzen sich, indem sie einerseits Futter, andererseits Dünger und evtl. Zugkraft liefern. Die *Futterveredlung*, d. h. die Umwandlung von Ackerprodukten über den Tiermagen in Viehprodukte, gewinnt heute in der gemäßigten Zone zunehmend an Bedeutung und nimmt große Teile der Ackerflächen in Anspruch. Das Vordringen des Futtermaises in Mitteleuropa ist dafür ein junges, anschauliches Beispiel. Die Veredlungswirtschaft kennzeichnet vor allem die Landwirtschaft der Industrieländer. Die Entwicklungsländer benötigen die Ackerfläche hingegen überwiegend für die pflanzliche Ernährung der Menschen und beschränken die Viehwirtschaft oft auf wenig ergiebige Weideflächen; sie kann deshalb eiweißhaltige Nahrungsmittel nicht in ausreichender Menge liefern.

Die *Tiermassenhaltung* ist die am stärksten technisierte und rationalisierte Form der Viehwirtschaft, bei der große Bestände mit wenig Arbeitskräften auf engem Raum gehalten und häufig mit Futterzukauf ernährt werden (DIERCKE Weltatlas S.198/2). Dazu zählen Legebatterien, Hähnchen- und Schweinemastbetriebe. Nachteile können für die Umwelt durch große Abfallmengen und für die Gesundheit der Tiere entstehen.

Die unterschiedliche Intensität der Viehwirtschaftsformen kommt in ihrem Flächenbedarf zum Ausdruck. Während in Mitteleuropa ein Betrieb mit Stallfütterung und Umtriebsweiden nur 0,3 bis 0,5 ha je GVE benötigt, steigt die Fläche in den wechselfeuchten Tropen auf 8-10, in den Trockengebieten sogar auf 30 ha und mehr an.

In der räumlichen Ordnung der Viehwirtschaft bestehen gewisse Regelhaftigkeiten. Die dem Modell v. THÜNENS folgende Abstufung der Intensität von der Milchviehhaltung über die Mast- und Magerviehhaltung bis zur extensiven Schafhaltung hängt nicht nur von den natürlichen Gegebenheiten (Relief, Klima) ab, sondern auch von der Entfernung zu den Konsumzentren. Großräumig ist dies z. B. im Westen der USA, in der Pampa Argentiniens und in Australien zu verfolgen. Im Weltmaßstab lassen sich die intensiven, eng mit dem Ackerbau verflochtenen Viehwirtschaftsgebiete der nördlichen gemäßigten Zone der extensiven Weidewirtschaft in den Südkontinenten gegenüberstellen. Durch die moderne Transport- und Konservierungstechnik haben sich allerdings viele, früher durch das Transportkostenminimum bestimmte Standortbindungen aufgelöst. So können die peripheren Weidegebiete der Südkontinente heute auch verderbliche Viehprodukte rasch in weit entfernte Verbraucherzentren liefern, in denen sie durch ihre geringen Produktionskosten konkurrieren. Die Probleme sind heute mehr wirtschaftspolitischer Art, wie das Beispiel der EU zeigt, die sich angesichts ihrer eigenen Überschüsse gegen die Einfuhr von Viehprodukten aus Ländern des britischen Commonwealth zu schützen sucht.

Schließlich kann die Viehwirtschaft nach ihrer Stellung in den Kulturkreisen der Erde (vgl. E. OTREMBA und M. KESSLER 1965) differenziert werden. Hierbei lassen sich u. a. unterscheiden:

- die kleinflächige, mit dem Ackerbau eng verbundene Weide- und Stallviehhaltung der Bauernländer Europas mit z. T. hoher Intensivierung und Spezialisierung (z. B. Schweiz, Dänemark, Niederlande),
- die (bisher) staatlich gelenkte Viehwirtschaft Osteuropas mit spezialisierten Staats- und Kollektivbetrieben, aber auch einem hohen Anteil der auf privatem Hofland erzeugten Viehprodukte,
- die großflächigen, extensiven und häufig spezialisierten, marktorientierten Viehwirtschaftsgebiete Nordamerikas und der europäischen Siedlungsgebiete in den Südkontinenten,

- die Viehwirtschaft kleinbäuerlicher Betriebe in den Entwicklungsländern, die oft noch ungenügend mit dem Ackerbau und der Waldwirtschaft koordiniert ist, überwiegend der Selbstversorgung und in Afrika auch dem Sozialprestige dient,
- die geringe Bedeutung der produktiven Viehhaltung in den vorwiegend auf den Feldbau konzentrierten Ländern Süd- und Ostasiens,
- die Wanderviehwirtschaft der Nomaden in den Grenzgebieten der Ökumene, z. T. orientiert auf Selbstversorgung, aber auch im Austausch mit benachbarten Ackerbauern.

Nur kurz kann auf die vielfältigen Verflechtungen mit anderen Wirtschaftszweigen hingewiesen werden. Dazu gehören die industriellen Folgeformen der Viehwirtschaft, die von den Molkereien und Schlachthöfen bis zu den Milchkonserven- und Verpackungsindustrien reichen. Zum Dienstleistungssektor bestehen in den europäischen Mittel- und Hochgebirgen häufige Verknüpfungen durch den Tourismus, der sich in den für Sommererholung und Wintersport geeigneten Weidegebieten stark entwickelt und oft frühere Alm- in Fremdenverkehrsbetriebe umgewandelt hat. Hier erwachsen der Viehwirtschaft aber auch neue Aufgaben in der Landschaftspflege, indem sie durch Weidepflege Flächen offen hält und vor der Verbrachung schützt.

5.3.6 Verbindungen zwischen Agrar- und Waldwirtschaft

Die Geographie der Wald- und Forstwirtschaft hat sich erst in jüngerer Zeit zu einem selbständigen Zweig entwickelt. Er befaßt sich mit den ökologischen Grundlagen und natürlichen Bestandsformationen der Erde, mit den Nutz- und Schutzfunktionen des Waldes, der Weltholzproduktion und dem Weltholzhandel und analysiert die forstlichen Großwirtschaftsräume der Erde (vgl. H. W. Windhorst 1972, 1978). Hier seien nur einige Beziehungen zwischen Land- und Waldwirtschaft herausgegriffen.

Vor Beginn der geregelten Forstwirtschaft im 18. Jh. schädigten die planlose Entnahme von Brenn- und Bauholz und vielerlei Waldgewerbe (Köhlerei, Glasbläserei, Pottaschegewinnung usw.) die Wälder Mitteleuropas nachhaltig. Im Umkreis der Siedlungen wurde dieser Raubbau durch die *Waldweide* verstärkt, die man insbesondere im Allmendewald durchführte. Während der Eintrieb von Schweinen in den Eichen- und Buchenwäldern geringeren Schaden anrichtete, vernichteten Rinder, Schafe und Ziegen den jungen Baumwuchs, der von Ersatzgesellschaften (Trockenrasen, Callunaheide) verdrängt wurde. Die Entnahme von Streu für die Ställe und von Plaggen (Vegetationsfilz mit Humusschicht) für die Düngung verstärkte die Bodendegradierung und -erosion. Während es der Forstwirtschaft in Mitteleuropa seit dem 18. Jh. gelang, nach Aufhebung der Waldweide die Wälder zu regenerieren, wurden im Mittelmeergebiet durch Rodung und Beweidung weiterhin große Waldbestände vernichtet und damit Bodendegradierung und Verkarstung gefördert; der Verlust der Bodenkrume macht eine Aufforstung oft unmöglich.

Auch in den tropischen Savannen Indiens, Afrikas und Südamerikas ist die Waldweide weit verbreitet und führt zur Reduzierung der Baumbestände, die zudem durch das Abbrennen des Grasunterwuchses am Ende der Trockenzeit geschädigt werden.

Die *Feld-Wald-Wirtschaft* der deutschen Mittelgebirge wurde bereits auf S. 112 genannt. Sie ist eine historische Form, während der Wechsel zwischen Wald und Feld in den tropischen Regenwäldern und Savannen mit Brandrodung und Wanderfeldbau (shifting cultivation; s. S. 110) noch weite Verbreitung besitzt. Um die Schäden dieses Nutzungssystems für Vegetation und Boden zu vermeiden, wurde seit der Mitte des 19. Jh., zunächst in Burma, der kombinierte land- und forstwirtschaftliche Anbau entwickelt (W. MANSHARD und R. MÄCKEL 1995, S. 123). Er zog später auch in Indien, Indonesien, Ost- und Westafrika ein. Meist werden dazu verarmte Sekundärwälder herangezogen. Bei der Rodung bleiben die wertvollen Holzarten erhalten. Sodann werden exportfähige Nutzhölzer wie Mahagoni, Limba oder Teak als Dauerkulturen neu angepflanzt. Zwischen den jungen Bäumen erfolgt durch Bauern unter Aufsicht der Forstbehörde der Anbau von Knollenfrüchten, Reis, Hirse, Tabak, Baumwolle usw. So kann die Fläche für einige Jahre der Versorgung der Bevölkerung dienen, bis sich der Waldbestand wieder schließt. Diese Kombination, in Südasien als *Taungya-Kultur* bezeichnet, stellt eine Alternative zur shifting cultivation dar, bei der Walddegradierung und Bodenerosion vermieden und die dauerhafte forst- mit der zeitweiligen landwirtschaftlichen Nutzung verknüpft werden kann (vgl. dazu H. W. WINDHORST 1978, S. 86, H. HESMER 1966, 1970). Es bleibt abzuwarten, wie weit diese Methode, die einige Voraussetzungen (ausreichende Flächen und Arbeitskräfte, Absatz der Nutzhölzer) erfordert und von den Kolonialmächten eingeführt wurde, in den Entwicklungsländern fortbesteht.

Auf die Bedeutung der heute in allen Klimazonen mit sehr unterschiedlichem Erfolg durchgeführten *Aufforstungen* kann nur hingewiesen werden. Sie dienen nicht nur der verbesserten Holzversorgung, sondern auch dem Schutz von Boden, Klima und Wasserhaushalt. Aufforstungsprogramme können zur Arbeitsbeschaffung beitragen und die Landflucht vermindern. In den Tropen und Subtropen werden degradierte Wälder und erosionsgefährdete Gebiete u. a. mit Eukalyptus-, Kiefern- und Zypressenarten aufgeforstet. In den Gebirgen der gemäßigten Zone nimmt die Aufforstung landwirtschaftlicher Grenzertragsböden zu; in tieferen Lagen folgt sie oft der Sozialbrache.

Aufforstungsprogramme laufen vor allem in den Staaten des Nadelwaldgürtels (Kanada, USA, ehem. Sowjetunion) und in den Mittelmeerländern. In der VR China wurden allein 1953-1959 fast 80 Mio. ha, d.h. etwa 8 % der Gesamtfläche, neu bepflanzt. In der Bundesrepublik Deutschland wurden nach der Behebung der Einschläge während der Kriegs- und Nachkriegszeit Grenzertragsböden aufgeforstet und Niederwald- in Hochwaldbestände überführt. Heute wird die Aufforstung hier wieder eingeschränkt, um eine „Mindestflur" zu erhalten und die Landschaft, auch für den Tourismus, offen zu halten.

5.3.7 Technische Einrichtungen

Die seit dem Ende des 19. Jh. zunehmende Technisierung der Landwirtschaft hat zu einer gewaltigen Erhöhung der Arbeitsproduktivität geführt. Durch sie konnte der starke Rückgang der landwirtschaftlichen Arbeitskräfte, der mit der Verstädterung und Industrialisierung verknüpft war, mehr als ausgeglichen werden. Da die technischen Einrichtungen einen hohen Kapitaleinsatz erfordern, blieben sie zunächst auf Großbetriebe, vornehmlich in den Industrieländern, beschränkt. Seit dem 2. Weltkrieg führten Arbeitskräftemangel und steigende Kapitalkraft in diesen Ländern zur Technisierung auch kleiner Betriebe, während diese in den Entwicklungsländern infolge Kapitalmangels meist noch traditionelle Arbeitsmethoden beibehalten. So zählen die meisten Industrieländer mehr als 500 Traktoren und Erntemaschinen auf 1000 landwirtschaftliche Arbeitskräfte, die meisten Entwicklungsländer hingegen weniger als zehn.

Zu den wichtigsten technischen Einrichtungen der modernen Landwirtschaft zählen Zugmaschinen (Traktoren), Saatpflüge, Mähdrescher, Maschinen zur Heugewinnung, Düngerstreuer, Melkmaschinen usw. Mit Hilfe dieses Maschinenparks lassen sich z.B. große Getreidefarmen in Nordamerika mit nur einer ständigen Arbeitskraft bewirtschaften. Der Einsatz der Pflückmaschine hat den Baumwollanbau in den USA tiefgreifend umstrukturiert und mit der Freisetzung zahlreicher (meist negroider) Arbeitskräfte zu großen sozialen Problemen geführt.

Als Beispiele für technische Aufbereitungsanlagen, die in enger Verbindung mit den Produktionsbetrieben stehen, seien Brennereien, Keltereien, Molkereien, Einrichtungen zur Verarbeitung und Konservierung von Zuckerrüben, Früchten und Gemüse genannt. In den Tropen unterliegen fast alle weltwirtschaftlich wichtigen Produkte (Zuckerrohr, Baumwolle, Kaffee, Kakao, Tee, Reis) der betriebsnahen Aufbereitung.

Neben den arbeitssparenden mechanisch-technischen Fortschritten sind die bodensparenden organisch-technischen Entwicklungen zu nennen, die die

Züchtung leistungsfähiger Haustiere und Kulturpflanzen (z. B. Hybrid-Mais, winterharte Weizensorten) umfassen. Durch den gezielten Einsatz von Düngemitteln und die Krankheits- und Schädlingsbekämpfung konnten die Erträge erhöht und das Risiko vermindert werden. Die starke Verwendung von Insektiziden und Herbiziden bringt allerdings auch neue gesundheitliche Gefahren mit sich.

Zu den ertragssteigernden Einrichtungen gehören die Glas-(Gewächs-) häuser für die Anzucht und Pflege von Zierpflanzen und Gemüse. Gewächshäuser dienen der Regelung von Wärme, Luft, Licht, Feuchtigkeit und Boden. Sie erfordern hohen Kapital- und Arbeitseinsatz. Im Freiland sind ihnen die Foliendächer und -tunnels vergleichbar, die zunehmend verbreitet sind.

Spezielle Probleme der *Mechanisierung* ergeben sich in den tropischen Entwicklungsländern (vgl. W. MANSHARD 1968 a, S. 181). Hier beschränkt sich die Mechanisierung weithin auf größere private, genossenschaftliche und staatliche Betriebe und dient weniger der Einsparung von Arbeitskräften als zur Erhöhung der Arbeitsleistung und der Erträge. Die mechanisierte Feldbestellung erlaubt z. B. beim Bergreisanbau die Bodenbearbeitung und Einsaat in den noch harten Boden vor Beginn der Regenzeit und kann durch den Zeitgewinn eine zweite Ernte ermöglichen. Der Einsatz von Maschinen erleichtert und beschleunigt die Neulandgewinnung und fördert damit die Erschließung von Produktionsreserven für die Selbst- und Marktversorgung. Die Motorisierung verkürzt die Ernte und den Transport der Produkte zu den Märkten. Mit der Mechanisierung können Montagebetriebe, Reparaturwerkstätten oder eigene Maschinenindustrien und damit neue Arbeitsplätze in den Entwicklungsländern entstehen.

Andererseits ist die Mechanisierung mit Gefahren verbunden. Der unsachgemäße Einsatz von Maschinen kann zur Schädigung der Bodenstruktur und bei hohen Niederschlägen zu verstärkter Bodenerosion führen. Kleinbetriebe werden, nicht nur in den Entwicklungsländern, durch die Beschaffung und den Unterhalt von Maschinen oft zu stark belastet. Kleinparzellierung und Relief setzen der Mechanisierung Grenzen. Sie kann bei einem großen Angebot an Arbeitskräften die Arbeitslosigkeit und damit die sozialen Probleme verstärken. Wenn die Maschinenarbeit durch Lohnunternehmen erfolgt, steigt die Abhängigkeit und Verschuldung der Kleinbetriebe.

Die Mechanisierung der Landwirtschaft erweist sich auch in den Entwicklungsländern als notwendig, um die Ernährung besser zu sichern und die Konkurrenzfähigkeit zu fördern. Sie muß sich jedoch den regionalen Relief-, Boden- und Klimaverhältnissen anpassen und setzt die Beratung und Schulung der Bevölkerung voraus. Die „gesteuerte Teilmechanisierung" erlaubt es, die Arbeitskräfte effektiver einzusetzen, das Sozialprodukt zu erhöhen und bewährte traditionelle nahtlos mit modernen Arbeitsmethoden zu verbinden. Zur Entlastung des Einzelbetriebs bietet sich dabei, nicht nur in den Entwicklungsländern, die überbetriebliche und genossenschaftliche Zusammenarbeit an, die unter Wahrung des Privateigentums den optimalen Einsatz der Technik zu gemeinsamem Nutzen ermöglicht; sie kann so zum „Katalysator einer beschleunigten Entwicklung“ werden.

5.4 Umweltbelastung, alternativer Landbau und Landschaftsschutz

Neben den bisher besprochenen allgemeinen agrargeographischen Strukturen muß die mit der Intensivierung der Landwirtschaft besonders in den Industrieländern (vgl. S. 185) steigende Umweltbelastung eigens hervorgehoben werden. Der Einsatz moderner Produktionsmethoden mit Hochleistungssorten, Dünge- und Schädlingsbekämpfungsmitteln hat einerseits zur gewaltigen Steigerung der Erträge bis zur Überproduktion, andererseits zu ernsten ökologischen Schäden geführt. Während früher der Bauer mit einer extensiveren, naturnäheren Bewirtschaftung zugleich „Landschaftspfleger“ war, hat die Technisierung und Rationalisierung der Betriebe, die der Maximierung der Einkünfte und Verbesserung der Arbeitszeit dienen, erhebliche Eingriffe in den Naturhaushalt hervorgerufen.

Diese Eingriffe verstärken sich mit der flächenhaften Konzentration der Landnutzung, die einerseits durch die Überbauung für Siedlung, Industrie und Verkehr zunehmend eingeengt wird, andererseits ertragsschwache Grenzertrags- oder unrationelle Kleinbetriebsflächen der Brache überläßt. Auf den intensiv genutzten Flächen werden, namentlich im Zuge der Flurbereinigung, mit der Beseitigung von Hecken und anderen Flurgehölzen, von Wegrainen und Uferbewuchs die Reste der natürlichen Biotope mit ihrer Pflanzen- und Tierwelt zerstört und durch eine einförmige, ökologisch labile Kulturlandschaft ersetzt. Großflächige Monokulturen beanspruchen den Boden einseitig und vergrößern die Anfälligkeit gegenüber Krankheiten und Schädlingen. Getreidereiche Fruchtfolgen ohne Zwischenfruchtbau führen in viehlosen, düngerarmen Betrieben zur Humusverarmung. Der Einsatz von schweren Traktoren und Geräten verdichtet den Boden und stört das Bodenleben, die Anlage asphaltierter Feldwege schädigt weitere Biotope und beschleunigt den Wasserabfluß.

Allgemein steigt die *Erosionsgefahr* auf Kulturland nicht nur mit zunehmender Niederschlagsmenge bzw. -intensität und Hangneigung, sondern auch durch die Beseitigung von Feldgehölzen und Böschungen. Sie erhöht sich bei zunehmendem Hackfrucht- (vor allem Mais-)bau und abnehmendem Feldfutter- und Grünlandanteil. Die großen, durch Flurbereinigung und Aufstockung geschaffenen Feldschläge sind gegenüber der Erosion, vornehmlich durch Wind, anfälliger als kleine Parzellen. Die Bodenabtragung verringert nicht nur die Ertragsfähigkeit, sondern fördert durch Einschwemmung in die Gewässer auch deren Eutrophierung.

Die *Entwässerung* von Rieden, Hochmooren und anderen feuchten Geländeflächen hat einerseits die Kulturfläche erweitert, andererseits natürliche Biotope mit heute seltenen Tier- und Pflanzenarten zerstört. Darüber hinaus beeinflußt sie häufig den Wasserhaushalt nachteilig durch fehlenden Rückstau und schnellen Abfluß mit sommerlicher Austrocknung. Diese Folgen treten auch bei der Begradigung und Kanalisierung der Fließgewässer und der Beseitigung ihrer Ufervegetation auf.

Zunehmend machen sich die nachteiligen Folgen der stark erhöhten Anwendung von *Handelsdünger* und *Pflanzenschutzmitteln* bemerkbar. In der Bundesrepublik Deutschland stieg z. B. der Verbrauch von 1960 bis 1988 bei Handelsdünger von 2,8 auf 4,8 Mio. t Nährstoff. Die Verwendung von Mineraldünger in der leicht löslichen Salzform hat zur raschen Verminderung des Artenbestandes im Grünland und in den Unkrautgesellschaften geführt. Mit der Verarmung der natürlichen Pflanzen- und Tierwelt wird das sich selbstregulierende ökologische Gleichgewicht gestört (vgl. R. L. CARLSON 1963) und durch monotone, gegenüber Krankheiten, Schädlingen und Degeneration anfällige Kulturpflanzenbestände verdrängt. Hohe Düngergaben tragen außerdem zusammen mit Humanabgängen aus den Siedlungen und Detergentien (wasserentspannende Reinigungsmittel) über die Bodenabschwemmung zur Belastung der Grund- und Oberflächenwässer bei. In der Bundesrepublik Deutschland kommt der Anfall von Phosphat in den Gewässern zu 20-30 %, von Stickstoff sogar zu 70 % aus Abwässern landwirtschaftlicher Nutzflächen (K. BÜRGER 1974, S. 44). Die *Abwasserbelastung*, insbesondere mit Stickstoff und Phosphor, führt zu beschleunigter Eutrophierung der natürlichen Gewässer, d. h. zur Nährstoffanreicherung, die zunächst eine hohe organische Stoffproduktion, dann aber einen durch die Abbauprozesse bedingten Sauerstoffmangel und Überschuß an unzersetztem Faulschlamm zur Folge hat. Mit der Eutrophierung nimmt die Selbstreinigungskraft der Gewässer ab, und es kommt letzthin zum Rückgang der im Wasser lebenden Pflanzen und zum Sterben der Fische. Während die Abwasserbelastung aus den Siedlungen durch vollbiologische oder physikalisch-chemische Kläranlagen gesenkt werden kann, ist die Erfassung der durch Auswaschung gedüngter Böden in die Gewässer gelangten Stoffe sehr viel schwieriger.

Die Umweltbelastung durch die zahlreichen *Pestizide* (Herbizide gegen Unkräuter, Insektizide gegen Insekten, Fungizide gegen Pilze) ist ebenfalls stark gestiegen. Bereits 1971 wurden 20 % der Gesamtfläche der Bundesrepublik Deutschland mit Herbiziden und je 3 % mit Insektiziden und Fungiziden behandelt. Bei diesen Mitteln stehen den Vorteilen der Krankheits- und Schädlingsbekämpfung die nachteiligen Neben- und Folgewirkungen gegenüber, die das ganze Ökosystem stören. Viele Pestizide werden nicht bereits im „Zielorganismus" abgebaut und ausgeschieden, sondern wirken in der Umwelt weiter und können bei hoher Persistenz in den am Ende der Nahrungskette stehenden Organismus eine stark toxische Konzentration erreichen. Durch Pestizide werden auch nützliche Pflanzen- und Tierarten betroffen; damit wird das natürliche Konkurrenzgleichgewicht gestört. Durch den selektiven Druck können resistente Schädlingstypen sogar begünstigt werden. Die Persistenz der Pestizide in Futter- und Nahrungsmitteln kann zudem zur gesundheitlichen Gefährdung von Tieren und Menschen führen. Durch Abschwemmung der Pestizide in das Grund- und besonders das Oberflächenwasser erfolgt auch eine Schädigung der Lebewesen in den Gewässern. Nicht gering sind auch die Gefahren, die infolge von Unfällen und Fahrlässigkeiten bei der Produktion, Lagerung, Beförderung und Anwendung der Pestizide entstehen. Um alle diese Schäden zu verringern, sollten verstärkt nur artspezifisch wirkende Mittel entwickelt und ihr Einsatz nach Menge, Fläche und Zeit weitmöglich begrenzt werden. Zudem sollten die biologische Schädlingsbekämpfung mit genetischen Verfahren (Verminderung der Fortpflanzungsfähigkeit) stärker gefördert und Refugien für schädlingsvertilgende Nützlinge erhalten werden.

Die Reformbewegung des *alternativen (biologischen) Landbaus* (N. Knauer 1993, H. Vogtmann 1991/92), die in Deutschland 1995 185 000, d. h. 0,9 % der gesamten LF umfaßte, aber auch in der Schweiz, in Frankreich und den Niederlanden verbreitet ist, wirkt der durch die ertragsintensive Landwirtschaft verursachten Umweltbelastung entgegen. Der alternative Landbau sieht im Betrieb eine ökologisch-ökonomische Einheit, in der unter Verzicht auf Höchsterträge durch naturnahe Bewirtschaftung ohne systemfremde Mittel eine gesunde Nahrungskette Boden – Pflanze – Tier – Mensch entwickelt wird. Er möchte damit sowohl der Anreicherung von Schadstoffen in Boden, Wasser und Nahrungsmitteln wie der Energieverschwendung und Überproduktion Einhalt gebieten.

Zu den Grundsätzen des alternativen Landbaus gehören vielseitige Fruchtfolgen mit standortgemäßen Kulturpflanzen, wobei neben Getreide Feldfutterpflanzen (besonders Kleegras) und stickstoffbindende Hülsenfrüchte Bevorzugung finden, um den Boden zu regenerieren; dieser soll tief gelockert, aber nur flach gewendet werden. Bei der Düngung soll auf leicht lösliche synthetische Mittel ganz verzichtet und der Bedarf autark aus eigenem organischem Wirtschaftsdünger (Stallmist, Kompost, Gründüngung, evtl. Urgesteins- und Algenmehle) gedeckt werden. Dazu sind viehstarke Betriebe (mindestens 1 GVE/ha) notwendig, wobei naturnahe Methoden die Tiermassenhaltung ablösen. Auch der Pflanzenschutz soll keinerlei chemisch-synthetische Mittel verwenden und die Krankheits- bzw. Schädlingsbekämpfung allein durch vorbeugende Pflanzenhygiene und mechanisch-biologische Methoden erzielen. Durch den verringerten oder fehlenden Einsatz chemisch-synthetischer Dünge- und Pflanzenschutzmittel sinkt der Bedarf an betriebsfremder Energie; zusätzlich läßt sich betriebseigene Energie durch Bio-Gas gewinnen.

Diesen Vorteilen des alternativen Landbaus stehen Nachteile gegenüber. Der Arbeitsaufwand steigt durch die Methoden der Bodenbearbeitung und des Pflanzenschutzes erheblich an. Die Erträge sinken hingegen infolge fehlender chemischer Düngemittel im allgemeinen ab, bei Getreide bis zu 40 %. Höherer Arbeitskräftebedarf und geringerer Flächenertrag lassen sich aber durch die niedrigeren variablen Kosten für Dünger und Pflanzenschutz nicht voll ausgleichen. So ist die Rentabilität nur durch höhere Erzeuger- und Marktpreise zu erreichen. Damit besteht die Gefahr, daß nur Wohlhabende „biologische Nahrungsmittel" erwerben können und bei Einkommensrückgang das Marktrisiko steigt; eine geringe Preis- steht einer hohen Einkommenselastizität gegenüber. In den letzten Jahren haben aber alternative Agrarbetriebe in Deutschland bereits ein besseres Aufwands-/Ertragsverhältnis erzielt als konventionelle Betriebe.

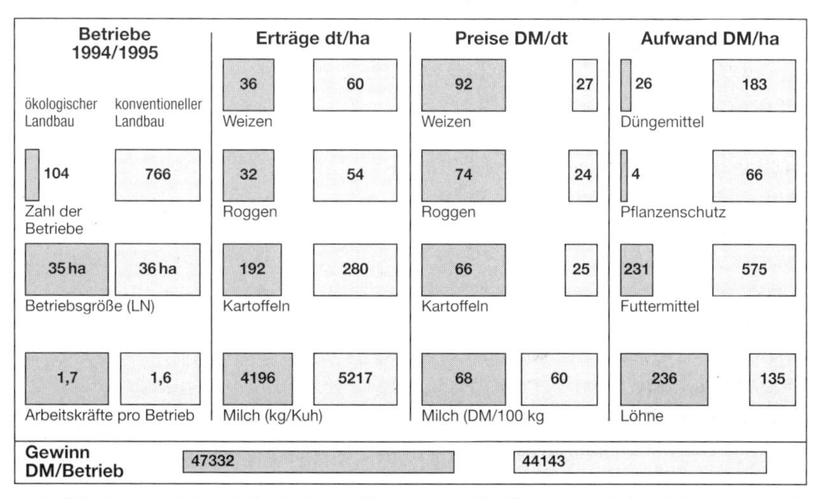

Abb. 17: Ausgewählte ökologische und konventionelle Haupterwerbsbetriebe in Deutschland im Vergleich (Quelle: Agrarbericht 1996, S. 9)

Die bisherigen Untersuchungen sind noch zu unvollständig, um die gegenüber der konventionellen Landwirtschaft geringere Umweltbelastung und höhere Erzeugerqualität des alternativen Landbaus allgemein zu beweisen. Kritisch wird vermerkt, daß mit biologischen Methoden allein die kostengünstige Versorgung der Bevölkerung und die Wettbewerbsfähigkeit der Landwirtschaft bei dem heutigen Lebensstandard der Industrieländer nicht aufrecht zu erhalten sei. Wenn es so auch zweifelhaft ist, ob der alternative Landbau angesichts der ökonomischen Zwänge gemeingültig werden kann, bleibt doch der Verdienst des Denkanstoßes. Er ist eine Herausforderung an die nur marktwirtschaftlich orientierte Landwirtschaft, die sich wieder stärker ihrer organischen Grundlagen bewußt wird und systemfremde, belastende Mittel nur im unumgänglichen Maße einsetzen sollte.

Während der alternative Landbau bisher nur kleine Flächen erfaßt, muß angesichts steigender Umweltbelastung heute darüber hinaus ein wirksamer *Landschaftsschutz* (VOGL J. u.a. 1995; BUCHWALD, K., ENGELHARD, W. 1978 f.; HAMPICKE, U. 1991; PLACHTER, H. 1991; MATTSCHULAT, J. 1994) für den gesamten Lebensraum gefordert werden. Er muß auf den bewirtschafteten Flächen eine funktionsgerechte Nutzung mit schonenden ökologischen Arbeitsweisen anstreben. So sollen z.B. bei Flurbereinigungen natürliche Ökotope neben der ökonomisch gestalteten Kulturlandschaft erhalten bzw. geschaffen werden. Zudem ist die Sicherung größerer agrarisch nicht genutzter Freiflächen aus landschaftsökologischen, lokalklimatischen, wasserwirtschaftlichen und lufthygienischen Gründen notwendig. Es müssen innerhalb des Kulturlandes artenreiche Refugialräume für Pflanzen und Tiere erhalten bleiben, die als ökologisch-genetische Reserve den Naturhaushalt stabilisieren. Dazu gehört der Biotopschutz von Brachland, das nur in beschränktem Maße aufgeforstet werden sollte.

Etwa seit Beginn des 20. Jh. ist die Bewahrung der natürlichen Umwelt das Anliegen des *Naturschutzes*, der von vielen privaten Vereinen, seit 1920 in Deutschland auch von amtlichen Stellen aus betrieben wird. Ihm dienen seit 1935 das Reichs-, seit 1976 das Bundesnaturschutzgesetz und Ländergesetze, die Natur- und Landschaftsschutzgebiete und die Verantwortlichkeit zum Ausgleich von Schäden festlegen. Seit dem 2. Weltkrieg ist darüber hinaus die *Landschaftspflege* zunehmend in die Ziele der Raumordnung und Landesplanung einbezogen worden. Der Umweltschutz wird in der Bundesrepublik Deutschland vom Umweltbundesamt und von den Landesanstalten für Umweltschutz wahrgenommen. Im Rahmen der regionalen Planung werden Landschaftspläne erarbeitet, die neben den ökonomischen auch den ökologischen Gesichtspunkten Geltung verschaffen sollen. Aus der Erkenntnis bisheriger Schäden wächst die Einsicht, daß Landschaftspflege langfristig auch ökonomischen Nutzen bringt. So ist es auf Dauer sinnvoller, daß die hohen Subventionen für die Landwirtschaft zunehmend der Landschaftspflege und weniger den Intensivierungsmaßnahmen zufließen, die zu Überproduktion, Umweltbelastung und Energieverschleiß führen. Umweltschutz und Landschaftspflege dürfen nicht nur auf staatliche Anordnungen und Hilfen beschränkt bleiben, sondern müssen auf der Erziehung der gesamten Bevölkerung zu einem aktiven ökologischen Bewußtsein beruhen, ohne das in den Industrie- und Entwicklungsländern die Menschheit nicht überleben kann.

6 Agrargeographische Raumeinheiten

Die kultur- und naturgeographischen Grundlagen, agrargeographischen Kräfte und Prozesse, Strukturen und Funktionen verbinden sich im Raum zu einem komplexen Geflecht von Ursache und Wirkung. Die Untersuchung dieses räumlichen Zusammenspiels, seiner sozioökonomischen Entwicklungen und Probleme ist das vorrangige Ziel geographischer Untersuchungen.

Bestimmung und Abgrenzung agrargeographischer Raumeinheiten können nach unterschiedlichen Kriterien erfolgen. Der Raumgliederung kann die Verbreitung oder das dominierende Vorkommen eines einzelnen Merkmals zugrunde liegen, sofern sich dadurch unterscheidbare Einheiten ergeben. Diese können auch auf der Verbreitung mehrerer korrelierender Merkmale beruhen. Jedoch werden dabei immer nur Teilaspekte isolierend erfaßt. Eine zusammenfassende Gliederung in agrargeographische Raumeinheiten muß versuchen, eine möglichst große Zahl von Merkmalen zu kombinieren und die Abgrenzung nach der jeweils dominierenden Kombination vorzunehmen. Demnach soll zwischen analytischen, auf Teilaspekten beruhenden Raumeinheiten und synthetischen, die Teilaspekte verbindenden Raumeinheiten unterschieden werden, wobei eine scharfe methodische Trennung schwerfällt, weil zwischen den Integrationsstufen fließende Übergänge bestehen.

Abb. 18 versucht, das vielschichtige Wirkungsgefüge agrargeographischer Faktoren zu veranschaulichen. Dabei sollen die Beziehungen zwischen den ökologischen, ökonomischen und sozialen Komponenten deutlich werden, die sich letzthin in den agrargeographischen Raumeinheiten, vom Einzelbetrieb bis zum Agrarraum der Erde, miteinander verknüpfen.

6.1 Analytische Raumeinheiten (Verbreitungsareale und Zonen)

Zu den analytischen Einheiten gehören die *Verbreitungsareale* einzelner, den Agrarraum gestaltender Strukturelemente. So lassen sich die Areale bestimmter Kulturpflanzen, Haustiere oder Arbeitsgeräte (z. B. Hacke, Pflug)

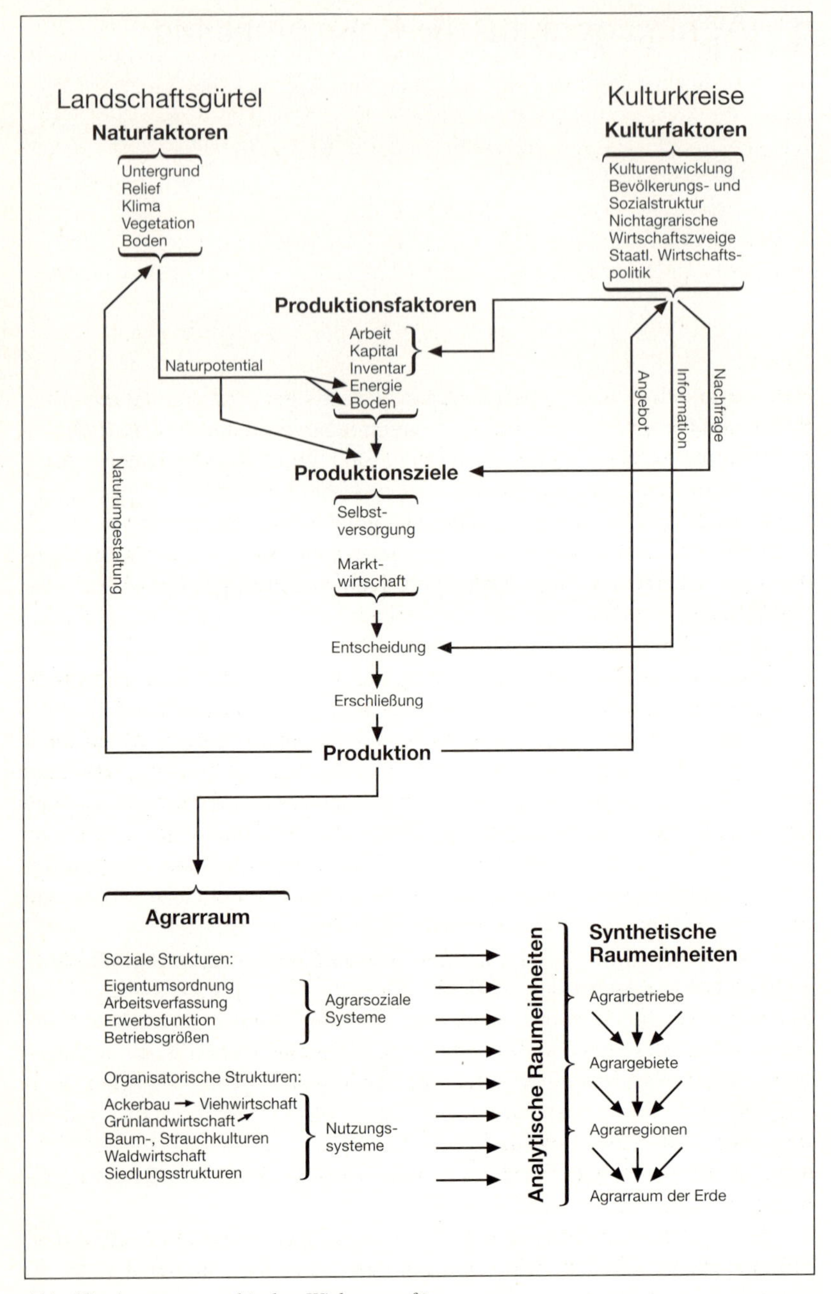

Abb. 18: Agrargeographisches Wirkungsgefüge

ermitteln. Sie können wiederum mit den Arealen von Bodennutzungssystemen (z. B. der Dreifelderwirtschaft) oder von Viehwirtschaftsformen (z. B. der Transhumanz) verglichen und kombiniert werden. Auf einer größeren Zahl von Merkmalen beruhen die Areale genetischer Raumtypen (Alt-, Jungsiedelland, Kolonisationsgebiet) oder sozioökonomischer Entwicklungen (z. B. des Rentenkapitalismus), wobei sich die Übergänge zu siedlungs- und sozialgeographischen Kriterien zeigen.

E. OTREMBA (1976, S. 86) gab eine Zusammenstellung von Objekten agrargeographischer Forschung, die jeweils eigene Raumeinheiten bilden:

- Naturbestimmte Eignungsräume (z. B. Klima-, Bodengebiete nach bestimmten Kriterien)
- Raumeinheiten der organischen Natur (z. B. Floren-, Faunengebiete)
- Humanphysische Gebiete (z. B. Ernährungs-, Akklimatisationszonen)
- Humanpsychische Gebiete (z. B. Gebiete bestimmten Wirtschaftsgeistes und -verhaltens)
- Agrarsoziale Gebiete (z. B. Realteilungs-, Kleinbauerngebiete)
- Agrarökonomische Gebiete (z. B. Nutzpflanzenareale, Anbauzonen)
- Funktionale Gebiete (z. B. Mangel-, Selbstversorgungs-, Überschußgebiete, Marktbereiche).

Einige Untersuchungen seien ausgewählt, die den Erdraum nach bestimmten agrargeographischen Gesichtspunkten analysieren und gliedern:

W. HOLLSTEIN (1937) gliederte für seine „Bonitierung der Erde auf landwirtschaftlicher und bodenkundlicher Grundlage“ nach der Ertragsfähigkeit der Anbaugebiete und suchte dabei neben der gegenwärtigen Nutzung auch das Potential für die zukünftige Erschließung zu ermitteln. Der Gliederung wird u. a. der Wärme- und Feuchtigkeitsbedarf der Nutzpflanzen zugrunde gelegt; daraus ergeben sich z. B. Areale mit ununterbrochenem Anbau, mit mehreren Ernten, Winter- oder Sommerfrüchten.

Eine Arbeit von H. G. KARIEL (1966) versuchte eine räumliche Differenzierung nach dem Nahrungsmittelkonsum auf der Erde. Dabei wird der geschätzte Durchschnittsverbrauch von Nahrungsmitteln herangezogen, um die Hauptkalorien- und Eiweißträger qualitativ zu erfassen. Daraus geht z. B. hervor, daß in den Tropen allgemein die Kohlehydrate in der Ernährung überwiegen, die Proteine aber nicht ausreichend zur Verfügung stehen und die tierischen Nahrungsmittel nur eine geringe Rolle spielen. Letztere sind hingegen in den gemäßigten Breiten aufgrund der Veredlungswirtschaft mehr als reichlich verfügbar.

Die Gliederungen der Erde nach den Nutzpflanzarealen und ihrem Potential spiegeln vor allem die Klimaabhängigkeit wider und stimmen damit weithin mit den Landschaftsgürteln (Ökozonen) überein. Es ergibt sich eine zonale Anordnung, die in den Untersuchungen über die *Landbauzonen* herausgearbeitet wurde.

So versuchte H. ENGELBRECHT schon 1930 eine agrargeographische Gliederung nach den „Landbauzonen der Erde“. Er ermittelte nach statistischen Erhebungen die jeweils dominierenden Kulturpflanzen, deren Verbreitung in den Klimagürteln eingeordnet wird. Demnach werden u. a. in den Tropen die Reiszone, in den Subtropen die Baumwoll-, Mais- und Wintergerstenzone, in den Außertropen die Hafer- und Sommergerstenzone unterschieden. Die damals vor allem für die Tropen noch unsicheren Unterlagen zwangen zu starker Generalisierung bei dieser verdienstvollen frühen Gesamtgliederung der Erde.

Diese Gliederungen berücksichtigen die anderen, den Agrarraum gestaltenden Faktoren, wie Nutzungssysteme, Produktionsziele und Sozialstrukturen noch nicht. Die zonale Anordnung der großen Agrarräume der Erde bleibt aber infolge der starken Naturbedingtheit der Landwirtschaft grundlegend für alle Gliederungen.

Funktionale Raumeinheiten entstehen durch die Marktbeziehungen. Märkte und Handelsunternehmen haben sich gegenseitig begrenzende oder auch überschneidende Einzugsbereiche. Dieses Thema liegt im Übergang zur Geographie des Tertiären Sektors und kann hier nicht näher behandelt werden.

6.2 Synthetische Raumeinheiten

Die synthetische Raumgliederung versucht, über die bei den Verbreitungsarealen und Zonen erfaßten Erscheinungen hinaus die Gesamtheit der agrargeographischen Faktoren einzubeziehen und erst auf dieser Grundlage zu entscheiden, welche dominierenden Faktoren der Gliederung zugrunde gelegt werden können.

Bei diesem synthetischen Vorgehen bildet der *Agrarbetrieb* die kleinste Einheit. Die Agrarbetriebe können in Verbänden, z. B. in einer Dorfgemeinschaft oder Genossenschaft, auftreten. Im größeren Rahmen sind *Agrargebiete* oder Landesteile zu erkennen, die sich durch bestimmende agrargeographische Merkmalskombinationen von den Nachbarräumen unterscheiden, so z. B. kleinbäuerliche Weinbaugebiete in Mitteleuropa oder subtropische Küstengebiete. Letzthin können auch große *Agrarregionen* der Erde in ihrer agrargeographischen Struktur eine gewisse Einheitlichkeit aufweisen, z. B. die Gebiete des Nomadismus in der Alten Welt. Eine flächendeckende hierarchische Gliederung der gesamten Erde nach den vorgenannten Größenordnungen ist jedoch kaum durchführbar, da zwischen ihnen zahllose Übergänge bestehen und viele Räume mit gemischten Merkmalen keine eindeutige

Zugehörigkeit zu einer bestimmten Einheit bzw. Größenordnung erkennen lassen. Je kleiner die Einheit, desto mehr Merkmale kann man ihrer Bestimmung und Abgrenzung zugrunde legen, je größer sie ist, desto weniger dominierende Kennzeichen wird man im allgemeinen heranziehen können. Die vorliegende Einführung muß sich darauf beschränken, mit den Agrarbetrieben, -gebieten und -regionen drei hinlänglich unterscheidbare Ordnungsstufen darzustellen.

6.2.1 Agrarbetriebe

Der Agrarbetrieb ist als organisatorische Zusammenfassung von Boden, Kapital und Arbeit in einem Unternehmen die kleinste sozioökonomische Einheit und gleichsam der Baustein des Agrarraumes. Zu seiner Bestimmung müssen zahlreiche ökologische, ökonomische und soziale Merkmale herangezogen werden; dazu gehören die Naturgrundlagen, das Produktionsziel und die Produktivität, die Kommerzialisierung, Verkehrs- und Marktlage, die Betriebsgröße und Besitzform, die Arbeitsverfassung, die Methoden und Intensität der Bodennutzung sowie die Ausstattung mit totem und lebendem Inventar. Als *Betriebsform* kann man demnach die Gesamterscheinung eines Betriebes bezeichnen, die sich aus der Kombination dieser Merkmale ergibt (vgl. auch die Definitionen bei B. ANDREAE 1964, 1983; E. OTREMBA 1976, P. v. BLANCKENBURG 1986, O. SPIELMANN 1989, C. BORCHERDT 1996).

Organisation und Produktionsrichtung der Betriebe, d. h. die Höhe ihres Boden-, Arbeits- und Kapitaleinsatzes sowie die Ein- oder Vielseitigkeit ihrer Produktion, werden von einer Reihe *innerbetrieblicher Faktoren* bestimmt (B. ANDREAE 1983, S. 88 f.):

- Arbeitsausgleich: Senkung der Arbeitskosten durch möglichst gleichmäßige Auslastung der Arbeitskräfte bei vielseitiger Produktion. Einsparung von Arbeitskräften durch Mechanisierung, die häufig zu stärkerer Spezialisierung führt.
- Ausgleich der Bodenanforderungen: Erhaltung der Bodenproduktivität durch Fruchtfolgen sowie durch produktions- und kostenangepaßte Stall- und Kunstdüngergaben.
- Futterausgleich zwischen Weide- und Stallfütterung, Saft- und Trockenfutter entsprechend den natürlichen, insbesondere klimatischen Bedingungen. Zukauf von Futter und Arbeitsteilung zwischen den Betrieben ermöglichen eine stärkere Spezialisierung.
- Selbstversorgungsausgleich durch vielseitige Produktion, heute nur noch in entlegenen Gebieten erforderlich.
- Risikoausgleich zum Schutz gegen Ernte-, Markt- und Preisschwankungen durch eine vielseitige Produktion. Technisch-organisatorische Maßnahmen

(Mechanisierung, Bewässerung, Marktordnungen mit Preisgarantien, Subventionen, Versicherungen) können das Risiko, auch bei stärkerer Spezialisierung der Produktion, verringern.

Neben diesen innerbetrieblichen Faktoren führen *außerbetriebliche* zur räumlichen Differenzierung in der Organisation und Produktion der Agrarbetriebe:

- Die natürlichen Produktionsbedingungen bestimmen die Möglichkeiten und Grenzen der Produktion. In diesem Rahmen muß vielseitig produziert werden, wenn die Ergänzung durch andere Gebiete gering ist oder fehlt (z. B. durch Importbeschränkungen). Öffnung der Märkte und internationaler Handel (z. B. in der EU) ermöglichen eine stärkere Spezialisierung mit Konzentration auf optimale Standorte.
- Die Bevölkerungsstruktur zwingt in Gebieten hoher Volksdichte zu hoher Flächenproduktivität (z. B. durch Naßreisanbau), ermöglicht bei zahlreicher Agrarbevölkerung aber auch hohe Arbeitsintensität, während in Gebieten geringerer Volksdichte die Nutzung im allgemeinen extensiver erfolgt (z. B. mit Weidewirtschaft).
- Die Betriebsgrößenstruktur zwingt bei Kleinbetrieben infolge ihres Mangels an Fläche und Kapital zu hoher Flächen- und Arbeitsproduktivität, während größere Betriebe mit höherem Flächen- und geringerem Arbeitseinsatz wirtschaften können.
- Verkehrs- und Marktlage: Steigende Marktentfernung führt zu steigenden Transportkosten, d. h. zu sinkenden Gewinnen für Agrarprodukte, aber zunehmenden Preisen für gewerbliche Produkte (vgl. Thünen'sche Ringe). Marktferne Betriebe müssen deshalb einseitiger und extensiver, marktnahe Betriebe können vielseitiger und intensiver wirtschaften. Diese Zusammenhänge gelten allerdings durch die moderne Verkehrsentwicklung nicht mehr allgemein.
- Verhältnis zwischen Agrarpreisen und Kosten für Betriebsmittel: Niedrige Agrarpreise und hohe Kosten (für Maschinen, Düngemittel u. a.) erzwingen extensivere Betriebsformen, so in den Entwicklungsländern, während hohe Agrarpreise und geringere Betriebsmittelkosten eine intensivere Wirtschaftsweise (mit hoher Arbeits- und Flächenproduktivität) ermöglichen, z. B. in Westeuropa.

Die Vielzahl dieser Merkmale und Faktoren, die den Agrarbetrieb prägen, läßt erkennen, wie schwierig die Betriebsformen der Erde zu erfassen und zu klassifizieren sind.

Im Grunde gibt es so viele Betriebsformen wie Betriebe, da kaum einer dem anderen ganz gleicht. Um eine Übersicht zu gewinnen, muß versucht werden, einander ähnliche Betriebsformen nach dem Kriterium gemeinsamer vorrangiger Merkmale zusammenzufassen, d. h. zu systematisieren und zu typisieren.

Den Begriff des *Betriebssystems* definiert die Literatur nicht einheitlich. Meist versteht sie darunter nur einen Teilaspekt der Betriebsformen, nämlich die Produktionszweige und deren Verbund, z. B. die Kombination von Ackerbau und Viehhaltung. Dabei können auch Verarbeitung und Vermarktung mit eingeschlossen sein. In diesem Sinne bezeichnen Betriebssysteme die horizontale und vertikale Integration der Produktion, also einen Prozeß, dem auch die physikalische Definition eines Systems als „zweckvolles Ineinandergreifen verschiedener Kräfte" entspricht. Beispielsweise unterscheidet die offizielle Agrarstatistik der Bundesrepublik Deutschland seit 1971 nach der vorwiegenden Produktionsrichtung fünf Betriebssysteme (vgl. DIERCKE Weltatlas S. 50/4):

- Marktfruchtbetriebe (z. B. mit Getreide, Hackfrüchten)
- Futterbaubetriebe (z. B. mit Milchvieh und Rindermast)
- Veredlungsbetriebe (z. B. mit Schweinen und Geflügel)
- Dauerkulturbetriebe (z. B. mit Obst, Wein, Hopfen)
- Gemischtbetriebe (ohne Schwerpunkt)

Nach dem Grad der Spezialisierung wird dabei jeweils in Spezial- und Verbundbetriebe unterschieden. Die Schwellenwerte werden nach dem Standarddeckungsbeitrag (Bruttoleistung der Betriebszweige abzüglich variabler Spezialkosten), also nach monetärem Bewertungsprinzip, ermittelt.

B. ANDREAE (1976) stellte für die Europäische Gemeinschaft Betriebssysteme dar, die sich aus der Kombination von Bodennutzungssystemen (d. h. Getreide-, Hackfrucht-, Futterbau und Sonderkulturen) und Viehhaltungssystemen (d. h. Milchvieh-, Jungrinder-, Kleinwiederkäuer- und Schweinehaltung) ergeben. Weltweit gliedert er (1977) wiederum in Grasland-, Ackerbau- und Dauerkultursysteme. Ähnliche Gliederungen finden sich bei H. RUTHENBERG (1976) und H. HAMBLOCH (1982). In den Tropen und Subtropen gliedert W. DOPPLER (1991) die Betriebssysteme nach ihrer Subsistenz- oder Marktorientierung.

Während so die Betriebsform die Gesamterscheinung des einzelnen Betriebes und das Betriebssystem vornehmlich die Produktionsrichtung bezeichnen, ist der *Betriebstyp* ein abstrahierender Begriff, der Betriebe mit gleichen oder ähnlichen Merkmalen zusammenfaßt. Die Typisierung kann dabei einzelne Merkmale auswählen und kommt dann zu den Typen des Kleinbauern-, Gartenbau-, Bewässerungs- oder Weidebetriebes. Bei der Kombination mehrerer Merkmale ergeben sich z. B. die Typen des großbäuerlichen Zuckerrüben-Weizen-Milchviehbetriebes oder des kleinbäuerlichen Reisbaubetriebes mit Bewässerung, der jeweils einer Vielzahl gleichartiger Betriebe entspricht. Von *„Betriebsformentypen"* kann aber streng genommen erst gesprochen werden, wenn alle Merkmale berücksichtigt sind. Dies führt allerdings zu einer sehr großen Zahl von Typen, die weltweit, aber auch regional schwer erfaßbar sind. So muß man sich in der Praxis darauf beschränken, Typen von Betriebsformen nach dominierenden Merkmalen zu bestimmen und den regionalen Verhältnissen entsprechend zu variieren.

Als Beispiel für die lateinamerikanischen Tropen sei Venezuela genannt, wo C. BORCHERDT (1979) auch funktionale Gesichtspunkte einbeziehende Typen von Betriebsformen ermittelte:

Subsistenz-Betriebe
Unstete und semipermanente Betriebe:
- Marktorientierte Sammelwirtschaft mit Selbstversorgungsanbau auf Brandrodungsflächen
- Subsistenzbetrieb mit Wanderfeldbau und Brandrodung
- Vorherrschende Selbstversorgung und geringe Marktbelieferung bei Wanderfeldbau mit Brandrodung
- Selbstversorgungsanbau mit ungeregelter Landwechselwirtschaft und Dauerkulturen in Mischpflanzung

Marktbeliefernde Betriebe
Betriebsformen des Feldbaus:
- Vielseitige kleinbäuerliche Finca der tiefen heißen Regionen mit Landwechselwirtschaft
- Finca der mittleren und höheren Lagen der Anden mit Getreide- und Kartoffelanbau
- Gartenanbau mit geringer Wirtschaftsfläche und seltenem Wechsel des Nutzlandes
- Mechanisierter mittel- oder großbäuerlicher Finca-Betrieb mit Spezialisierung auf wenige Marktprodukte

Betriebsformen der Viehwirtschaft:
- Kleinbäuerlicher Viehhaltungsbetrieb
- Mittelbäuerlicher Aufbaubetrieb (Fundo)
- Mittelgroßer Viehzuchtbetrieb (Ganaderia)
- Hacienda als intensiver Milchwirtschaftsbetrieb
- Hacienda als extensiver Weidewirtschaftsbetrieb
- Arbeitsintensiv bewirtschafteter Kleinviehbetrieb (Granja)

Betriebsformen der Pflanzungen:
- Fruchtbaum-Granja als intensiv bewirtschafteter Kleinbetrieb
- Freizeit-Granja (mit Wochenend-Bewirtschaftung)
- Bäuerlicher Betrieb mit Dauerkulturen und Selbstversorgungsanbau
- Hacienda als große Pflanzung
- Genossenschaftlicher Pflanzungs-Großbetrieb

Diese Typisierung geht von den Produktionszielen aus und untergliedert dann weiter nach den Formen der Bodennutzung und den agrarsozialen Strukturen. Sie erfaßt das regionale Betriebsformengefüge so detailliert wie möglich und läßt sich mit Abwandlungen auch auf andere Gebiete übertragen. Ähnlich gliedert W. DOPPLER (1991) in den Tropen und Subtropen nach subsistenz- und marktorientierten Betriebssystemen.

6.2.2 Agrargebiete

Nach der Größenordnung liegen die Agrargebiete zwischen den Agrarbetrieben und den Agrarregionen als Einheiten mittleren Umfangs. Agrargebiete sind individuelle Räume, die sich durch eine spezifische Kombination ihrer Merkmale von den Nachbarräumen abheben. Zu diesen Merkmalen zählen Lage, Naturgrundlagen, Bodennutzung, Sozial- und Siedlungsstrukturen mit ihrer historischen Entwicklung. Es gelten im Grunde die gleichen Kriterien, die zur Erfassung der Betriebsformen dienen, so daß man die Agrargebiete auch als Räume gleicher oder ähnlicher Betriebstypen definieren kann.

Die Bezeichnung von Einheiten dieser Größenordnung fällt in der Literatur unterschiedlich aus, doch gleichen sich die Definitionen weitgehend. So entspricht dem Agrargebiet die *Agrarlandschaft*, nach E. OTREMBA (1976, S. 82) eine „Gestalteinheit mit einem in sich einheitlichen Gefüge im räumlichen Zusammenklang aller Kräfte und Elemente aus allen Bereichen unter dem Gesichtspunkt der Agrarwirtschaft“, nach W. MANSHARD (1968 a) ein Teil der Erdoberfläche mit einer bestimmten, einheitlichen Struktur. Der Landschaftsbegriff bleibt allerdings in der Geographie methodisch umstritten und wird nicht einheitlich angewandt (vgl. A. KNIERIEM 1994), so daß hier die neutrale Bezeichnung „Agrargebiet“ vorzuziehen ist. Ähnlichen Inhalt besitzt der von L. WAIBEL (1933 a, b) geschaffene Begriff der *Wirtschaftsformation*, eine „in die Naturlandschaft projizierte Wirtschafts- und Betriebsform, eine Einheit im ökologisch-physiognomischen Sinne, mit der sich alle Struktur- und Gestaltelemente der Agrarlandschaft erfassen lassen“ (E. OTREMBA 1976, S. 82). Auf die umfassende Diskussion über diesen anregenden, aber vieldeutigen Begriff WAIBELS kann hier nicht näher eingegangen werden (vgl. G. PFEIFER 1971).

Schwieriger als die allgemeine Definition ist die konkrete Erfassung dieser Raumeinheiten. Sie müssen nach regional wechselnden Kriterien bestimmt und abgegrenzt werden, wobei sich oft um deutlich erkennbare Kerngebiete unscharfe Randgebiete (Grenzgürtel) im Übergang zu den Nachbarräumen legen. Die Erfassung darf sich nicht auf das äußere Bild beschränken, sie muß auch die literarischen und statistischen Quellen und die Befragung mit heranziehen, um die sozioökonomischen Hintergründe und Entwicklungen aufzudecken. Doch müssen zudem die Beziehungen zu den nichtagrarischen Funktionen einbezogen werden, die namentlich in den Industrieländern heute viele Agrargebiete durchsetzen oder sogar dominieren.

Hier seien nur einige Beispiele gegeben, um Größenordnung und Bestimmungsmerkmale von Agrargebieten zu verdeutlichen. Dabei bringt das erste Beispiel einen ausführlichen Bestimmungskatalog, während bei den übrigen nur die Hauptmerkmale genannt werden.

Südwestdeutsches Gäugebiet (z. B. Oberes Gäu)

Naturgrundlagen:	Lößlehm auf Muschelkalk; Braunerden. Immerfeucht, sommerwarm
Produktionsziel:	Marktwirtschaft, z. T. Selbstversorgung
Eigentumsform:	Individuelle Eigentums- und Pachtbetriebe; Realteilung
Arbeitsverfassung, Erwerbsfunktion:	Familienbetriebe mit Zu- und Nebenerwerb (Arbeiterbauern)
Betriebsgrößen:	Mittel- und Kleinbetriebe
Methode der Bodenbearbeitung:	Pflugbau, Mechanisierung
Bodennutzungs-, Fruchtfolgesystem:	
Kulturartengefüge:	Getreide-Hackfruchtbau
Kulturartenwechsel:	Dreifelderwirtschaft und freie Fruchtfolgen
Anbauordnung nach Klima und Wasserhaushalt:	Sommerfeldbau, z. T. Feldberegnung
Viehwirtschaft:	Stallfütterung mit Futterbau
Siedlungsform:	Haufendörfer, z. T. verstädtert. Gewannfluren

Agrargebiet	*Hauptmerkmale*
Kaiserstuhl (Südbaden)	Kleinbäuerliches Weinbaugebiet mit Marktorientierung, Feldbau im Randsaum
Küstenhof von Valencia (Spanien)	Kleinbäuerlich mit vielfältigem Bewässerungs- und Trockenfeldbau (Reis, Agrumen, Baumwolle, Getreide, Gemüse) Kleinviehhaltung
Souf-Oasen (Algerien)	Bewässerung mit artesischem Grundwasser
Becken von Quito (Ecuador)	Haciendas, indianische Kleinbetriebe; Regenfeldbau mit Mais, Weizen; Viehhaltung
Pampa (Argentinien)	Regenfeldbau mit Weizen, Mais, Alfalfa, Sonnenblumen u. a. Randlich Viehhaltung; Großbetriebe und kleinere Pachtbetriebe.

Diese Beispiele zeigen, daß Agrargebiete sehr unterschiedliche Größen besitzen können, wobei manchmal (wie bei der Pampa) eine Untergliederung nach der Anbaudifferenzierung möglich ist. Oft stellen die Gebiete gleichzeitig naturräumliche Einheiten (Kaiserstuhl, Küstenhof, Hochlandbecken) mit einem spezifischen Eignungspotential dar.

Wie bei den Betriebsformen lassen sich auch bei den Agrargebieten abstrahierend *Typen* bilden, die einander ähnliche Gebiete repräsentieren. Für die genannten Beispiele ergeben sich die Typen der Gäugebiete, der mitteleuropäischen Weinbaugebiete, der mediterranen Küstenhöfe, der Oasen, der tropischen Hochlandbecken und der außertropischen, europäisch kolonisierten Farmgebiete. Andere Typen umfassen mitteleuropäische Gemüsebaugebiete (z. B. Insel Reichenau), ozeanische Viehzuchtgebiete (Normandie), alpine Täler mit Almwirtschaft und Spezialkulturen (Wallis), ostasiatische Reisbaugebiete (Flußdeltas in China) oder tropische Zuckerrohrgebiete (Insel Mauritius). Viele Räume der Erde lassen sich jedoch nur Mischtypen zuordnen.

Einem eigenen Typ gehören die stadtnahen Agrargebiete an, die sich als innerster Thünen'scher Ring durch ihre arbeits- und häufig auch kapitalintensive Bewirtschaftung mit Sonderkulturen und z. T. Milchviehhaltung von den stadtferneren Gebieten abheben. In diesen suburbanen Räumen findet sich die Agrarwirtschaft oft stark mit anderen Wirtschaftszweigen (Handwerk, Industrie, Verkehr) und mit verstädterten Wohngebieten vermischt.

6.2.3 Agrarregionen

Die Agrarregionen bilden die obere Stufe der agrarräumlichen Gliederung. In diesem Sinne findet sich der Begriff auch häufig in der fremdsprachigen Literatur (*agricultural regions*; vgl. D. GRIGG 1969). Der Maßstabsbereich der Agrarregionen geht über die Staatengröße hinaus. Zur Bestimmung der Agrarregionen muß, wie bei den Agrargebieten, auf die Betriebsformen und ihre Merkmalskombinationen zurückgegriffen werden. Doch ist nunmehr eine noch stärkere Generalisierung erforderlich, um die Erde in eine überschaubare Zahl von Regionen gliedern zu können. Dabei zeigt sich, daß sich aus der Fülle der Kriterien die Formen der Bodennutzung, die sich z. T. mit den klimatisch bedingten Landschaftsgürteln parallelisieren lassen, am besten für die großräumige Gliederung eignen. Danach ergeben sich zunächst mehrere Regionen, in denen eine bestimmte Form der Nutzung vorherrscht:

- Wanderfeldbau und Landwechselwirtschaft
- Bewässerungsfeldbau mit Naßreis
- Spezialisierter marktorientierter Feldbau (Farmbetriebe)
- Nomadischer Weideflächenwechsel

- Stationäre extensive Weidewirtschaft (Ranchbetriebe)
- Stationäre intensive Grünlandwirtschaft

Bei einigen dieser Regionen ist die Bodennutzung zugleich mit einem bestimmten Betriebstyp (z. B. Farm-, Ranch-, nomadische Viehbetriebe) verbunden.

Die zwischen diesen Regionen liegenden Räume zeigen vielfältige Kombinationen von Nutzungsformen und Betriebstypen. Sie müssen bei einer großräumigen Gliederung in „Mischregionen" zusammengefaßt werden, die sich in ihrer Nutzungsstruktur nach den Landschaftsgürteln der Erde unterscheiden lassen:

Tropische Region
Subtropische Region
Region der gemäßigten Breiten
} mit gemischten Betriebsformen

Neben diesen neun Agrarregionen bilden die Bereiche der Wälder und der Forstwirtschaft eine selbständige Region. Alle Regionen sind in räumlich getrennte, über die Kontinente verstreute Teilregionen untergliedert.

Dieser Gliederungsversuch (s. Abb. 19 und DIERCKE Weltatlas S. 229③) stellt einen Kompromiß zwischen zahlreichen anderen Vorlagen dar (vgl. die zusammenfassende Übersicht bei D. GRIGG 1969). Diese Vorlagen nennen z. T. weitere Regionen, die aber nur kleinräumig oder weit verstreut verbreitet sind:

Plantagenwirtschaft
Gartenbau und Sonderkulturen

Sie werden hier nur als Sonderformen im Rahmen der oben genannten Regionen berücksichtigt. Auf die Darstellung der primitiven Jagd- und Sammelwirtschaft wurde verzichtet, weil sie nach ihrer Verbreitung und Bedeutung heute keine eigene Region mehr bildet.

Neben der überwiegend produktionswirtschaftlichen Regionalisierung gehörte die regionsübergreifende wirtschaftspolitische Gliederung mit der Abgrenzung der sozialistischen Länder früher einer eigenen Kategorie an. Aus der großen Zahl der weltweiten Gliederungen seien zum Vergleich die Arbeiten von D. WHITTLESEY (1936), B. ANDREAE (1977) und P. A. R. NEWBURY (1980) genannt, in jüngerer Zeit H. ARNOLD 1985, H. O. SPIELMANN (1989) und C. BORCHERDT (1996). Für die Entwicklungsländer gibt H. RUTHENBERG (1980) eine Gliederung nach den „Organisationsformen der Landwirtschaft". In der Kommission der Internationalen Geographischen Union für Agrartypologie wurde unter J. KOSTROWICKI (1980; vgl. auch

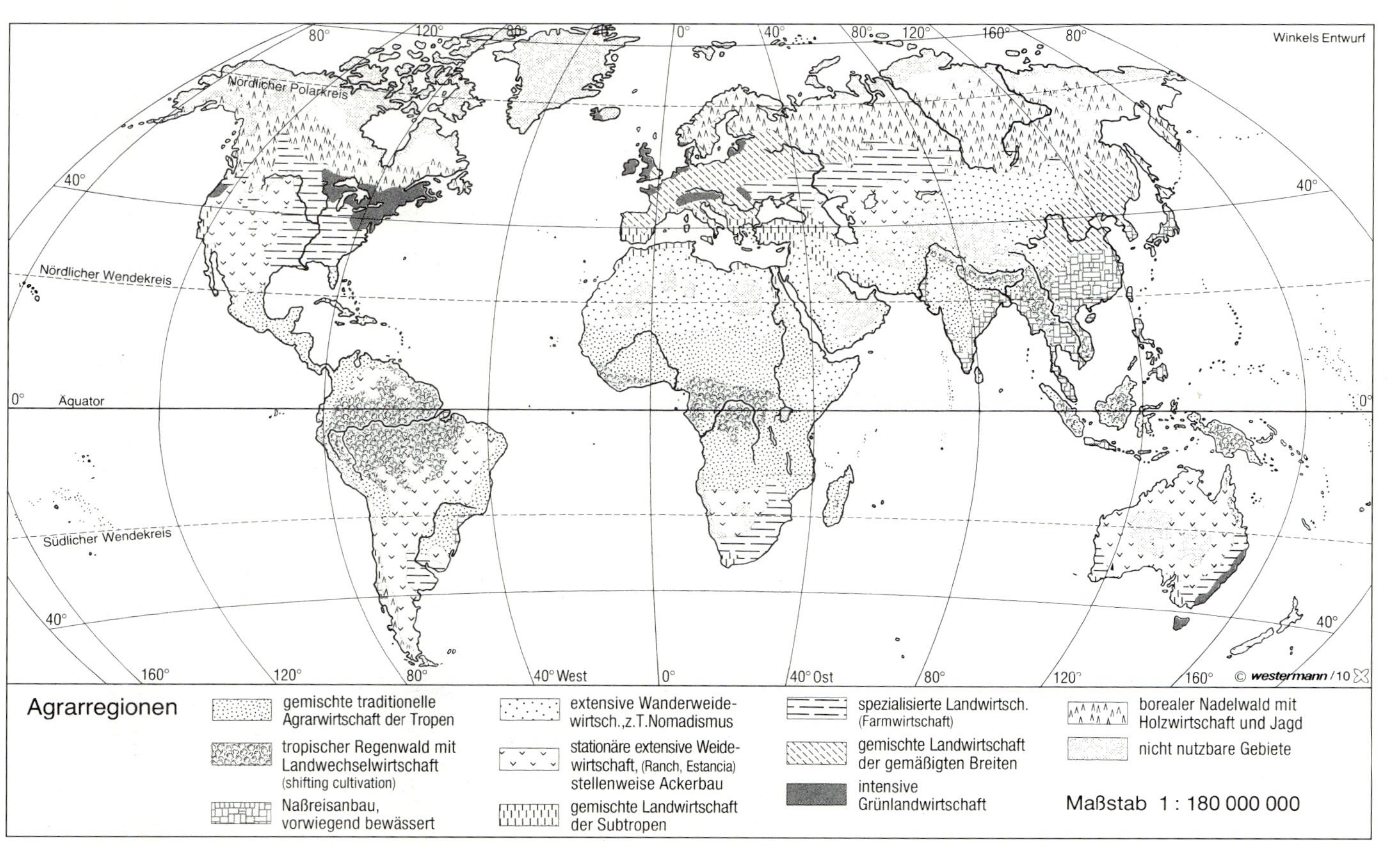

Abb. 19: Die Agrarregionen der Erde (nach WHITTLESEY *1936,* GRIGG *1969,* HAMBLOCH *1982 u. a)*

B. HOFMEISTER 1974) ein System mit den vier Haupttypen – primitiv, traditionell, marktwirtschaftlich und sozialistisch – ausgearbeitet. Mit insgesamt 55 Untertypen erfordert diese Gliederung eine großmaßstäbige Darstellung, die hier nicht möglich ist.

Nachstehend werden die Agrarregionen der Erde, ausgehend von den Tropen, kurz charakterisiert. Manche ihrer Merkmale wurden bereits in den vorhergehenden Abschnitten in anderem Zusammenhang genannt; hier erfolgt unter dem Gesichtspunkt der Regionalisierung eine Zusammenfassung. Die durch Abbildungen (bzw. im DIERCKE Weltatlas) veranschaulichten Beispiele sind Ausschnitte der jeweiligen Region, wobei in manchen Fällen bereits ein einzelner Betrieb die wesentlichen Merkmale vereint.

Wanderfeldbau und Landwechselwirtschaft

Die Region des Wanderfeldbaus und der Landwechselwirtschaft *(shifting cultivation* s. S. 110) liegt in den feuchttropischen Gebieten Mittel- und Südamerikas, Afrikas und Südostasiens (DIERCKE Weltatlas S. 130/3, 165/2). Sie läßt sich nicht scharf abgrenzen, da sie mit den anderen Betriebsformen der Tropen vermischt auftritt. Die Nutzung beruht auf dem Wechsel zwischen mehrjährigem Anbau und langdauernder Brache mit Sekundärvegetation; so dehnen sich die Nutzflächen nicht geschlossen aus, sondern verstreut im Übergang zwischen Regenwald und Feuchtsavanne oder inselförmig innerhalb des Waldes. Der Brandrodung folgt der meist gemischte Anbau mit Maniok, Yams, Taro, Süßkartoffeln, Bananen, Hirse, Mais und Bergreis in zahlreichen regionalen Kombinationen. Die Produktion dient überwiegend der Selbstversorgung, doch gelangen z. B. Baumwolle, Erdnüsse und Tabak auch zum Verkauf. Zur Bodenbearbeitung finden Pflanzstock, Grabstock und Hacke Verwendung. Die Nutzfläche zeigt häufig eine ringförmige Anordnung mit intensiv und dauernd bestellten, z. T. gedüngten, Innenfeldern und extensiv im Wechsel genutzten Außenfeldern, die jährlich neu verteilt werden und von sekundärem Wald, Busch oder Grasland durchsetzt sind.

Wenn der Anbau infolge der Bodenerschöpfung nach mehrmaliger Wiederholung nicht mehr lohnt, werden die Siedlungen verlegt. Bei steigender Volksdichte nehmen die Erträge infolge verkürzter Brachezeiten rasch ab. So ist dieses System ökonomisch und ökologisch nur für dünnbesiedelte, kapitalarme Länder bei geringen Ansprüchen geeignet.

Über die regionalen Variationen der Wirtschafts-, Sozial- und Siedlungsstruktur dieser Region unterrichten u. a. W. MANSHARD (1968 a, S. 81 f.), P. GOUROU (1969, S. 40 f.) und R. DUMONT (1970, S. 18 f.).

Abb. 20 zeigt die landschaftlichen Auswirkungen von Brandrodung und Wanderfeldbau am Beispiel von Sri Lanka. Im unmittelbaren Ortsbereich liegen die ständig genutzten Hausgärten und Reisfelder. Den weiteren Umkreis durchsetzen fleckig noch genutzte, durch Brandrodung erschlossene Parzellen und ältere, aufgegebene Rodungsflächen, bei denen die Stufen des Neubewuchses durch die natürliche Vegetation bis zum sekundären Monsunwald auftreten.

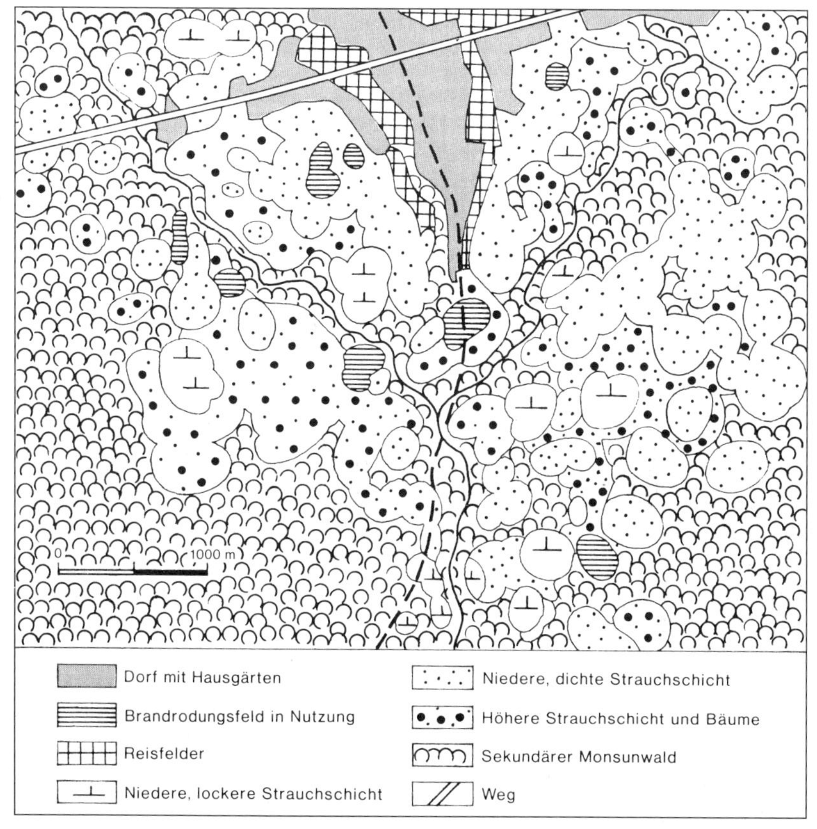

Abb. 20: Wanderfeldbau mit Brandrodung in Sri Lanka (Ceylon) (nach HAUSHERR 1971)

Traditionelle Agrarbetriebe der Tropen

Die Region der gemischtwirtschaftlichen traditionellen Agrarbetriebe der Tropen ist sehr heterogen. Sie umfaßt zusammen mit der vorgenannten Region den größten Teil der tropischen Entwicklungsländer und gliedert sich in zahlreiche Teilregionen. Die Charakterisierung muß sich auf einige gemeinsame Merkmale und wenige Beispiele beschränken.

Die Bodennutzung erfolgt meist ohne Flächenwechsel. Neben dem ursprünglichen Hackbau wurde der in Südasien schon Jahrtausende alte Pflugbau mit der Kolonialisierung auch in den anderen Kontinenten eingeführt. Die überwiegend kleinen, kapitalarmen Betriebe sind wenig mechanisiert und zu hohem Arbeitseinsatz gezwungen. Das früher vorherrschende Kollektiveigentum ging mit der Übernahme europäischer Rechtsnormen und zunehmender Marktwirtschaft z. T. in Individualeigentum über. Die Großbetriebe treten der Zahl nach zurück; zu ihnen gehören kolonialzeitliche Feudalbetriebe wie die Latifundien Lateinamerikas, aber auch jüngere genossenschaftliche und staatliche Unternehmen.

Im vielseitigen Anbau, der alle Nutzpflanzen der Tropen umfaßt, dienen Reis, Hirsearten und Mais, in den Hochländern auch Weizen und Gerste als Grundlage der Ernährung. Die markt- und exportorientierte Produktion verbreitete sich mit der Kolonialisierung auch in den kleineren Betrieben, oft auf Kosten der Selbstversorgung, und umfaßt Feldbauprodukte (z. B. Erdnüsse, Faserpflanzen, Zuckerrohr) sowie Baum- bzw. Strauchkulturen (Kaffee, Kakao, Tee, Ölpalmen). Daneben sind die Hausgärten eine wichtige Quelle der Ernährung, teils auch der Vermarktung. Die Viehhaltung dient vorwiegend der Selbstversorgung und wirkt im Futter-, Arbeits- und Düngerausgleich viel weniger mit dem Feldbau zusammen als in den gemäßigten Breiten.

Die folgenden Beispiele veranschaulichen die Bodennutzung in den Tropen Afrikas und Lateinamerikas; die Bewässerungswirtschaft Süd- und Ostasiens bildet eine eigene Region (s. S. 155).

Abb. 21 zeigt einen Kleinbauernbetrieb in Uganda/Ostafrika. Die Nutzung ist sehr vielseitig und häufig auf den Parzellen gemischt. Bananen und Maniok dienen der Selbstversorgung, Kaffee und Baumwolle sind als „Cash crops“ wichtigste Verdienstquellen. Die Viehhaltung spielt eine untergeordnete Rolle und ist auf den peripheren Betriebsbereich beschränkt.

Abb. 22 stellt im Profil die typische Abfolge der Landnutzung auf einer Flußhufenflur („Huza“) in Ghana vor. Die zeitweilig überschwemmte Talsohle wird mit Gemüse, Zuckerrohr und Süßkartoffeln genutzt, die Terrasse um die Siedlung mit Mais im Regenfeldbau; Baumkulturen nehmen die höhere Geländestufe unterhalb des bewaldeten Hanges ein. Weitere Profile zur Landnutzung der Tropen finden sich bei W. MANSHARD 1968 a (S. 157 f.).

Abb. 23 stellt mit einem SW-NO-Profil durch Ecuador die Höhenstufung in tropischen Gebirgen dar (nach W. D. SICK 1963). Der mit Mangrove und Kokospalmen gesäumten Küste folgen landeinwärts extensive Weidegebiete in der Dorn- und Trockensavanne. Die Uferdämme der Flüsse (Bancos) werden für Exportprodukte (Bananen, Kaffee, Kakao), die Uferböschungen mit einjährigen Kulturen (Tabak, Mais) genutzt. Die Talsohlen und feuchten Mulden (Tembladeras) zwischen den Bancos dienen dem Naßreisanbau. Der Tierra caliente schließt sich nach oben die Tierra templada mit Kaffee-, Zuckerrohr- und Bananenanbau in den andinen Quertälern an. In der Tierra fria gedeihen Obst, Mais, Weizen und Gerste innerhalb der im Profil angegebenen Höhengrenzen; der Anbau reicht von den Sohlen der Hochlandbecken

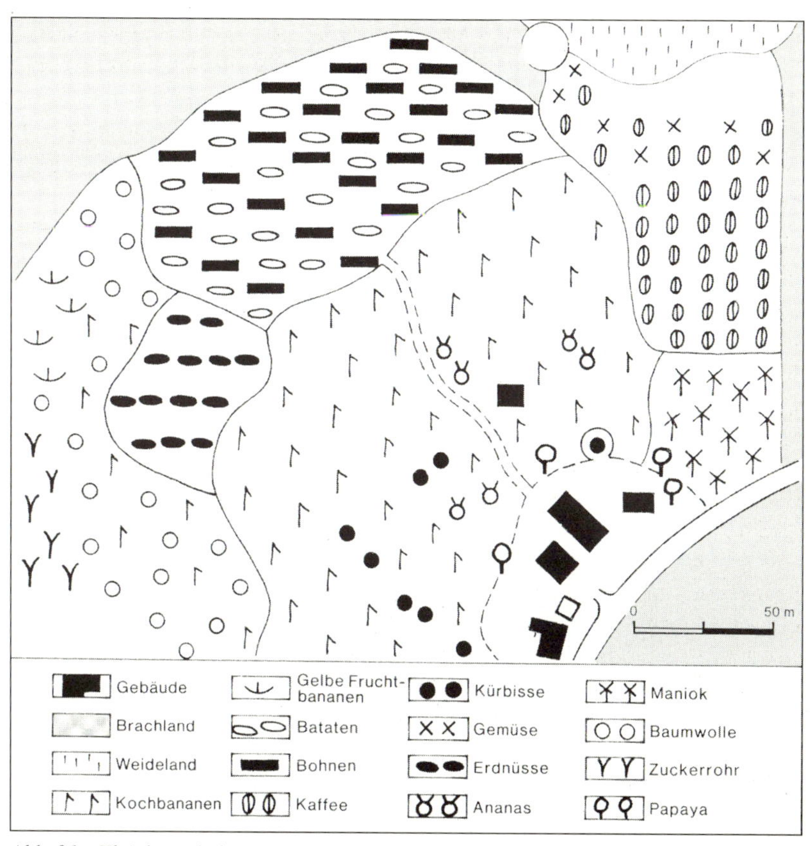

Abb. 21: Kleinbäuerlicher Betrieb in Uganda (nach HICKMANN 1960)

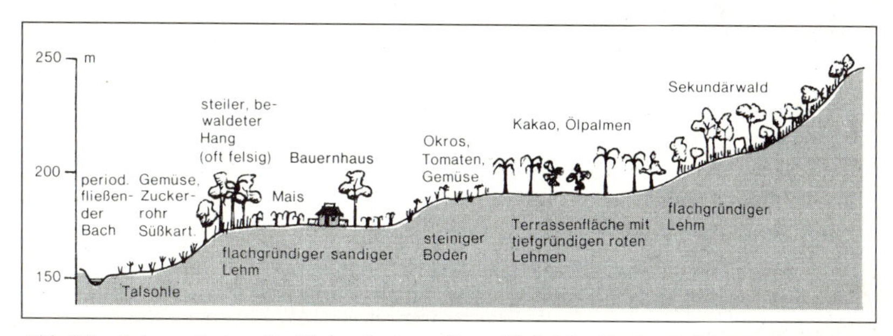

Abb. 22: Schematisches Profil durch eine „Huza-Hufe" im Krobo-Gebiet, Südost-Ghana (nach MANSHARD 1968a)

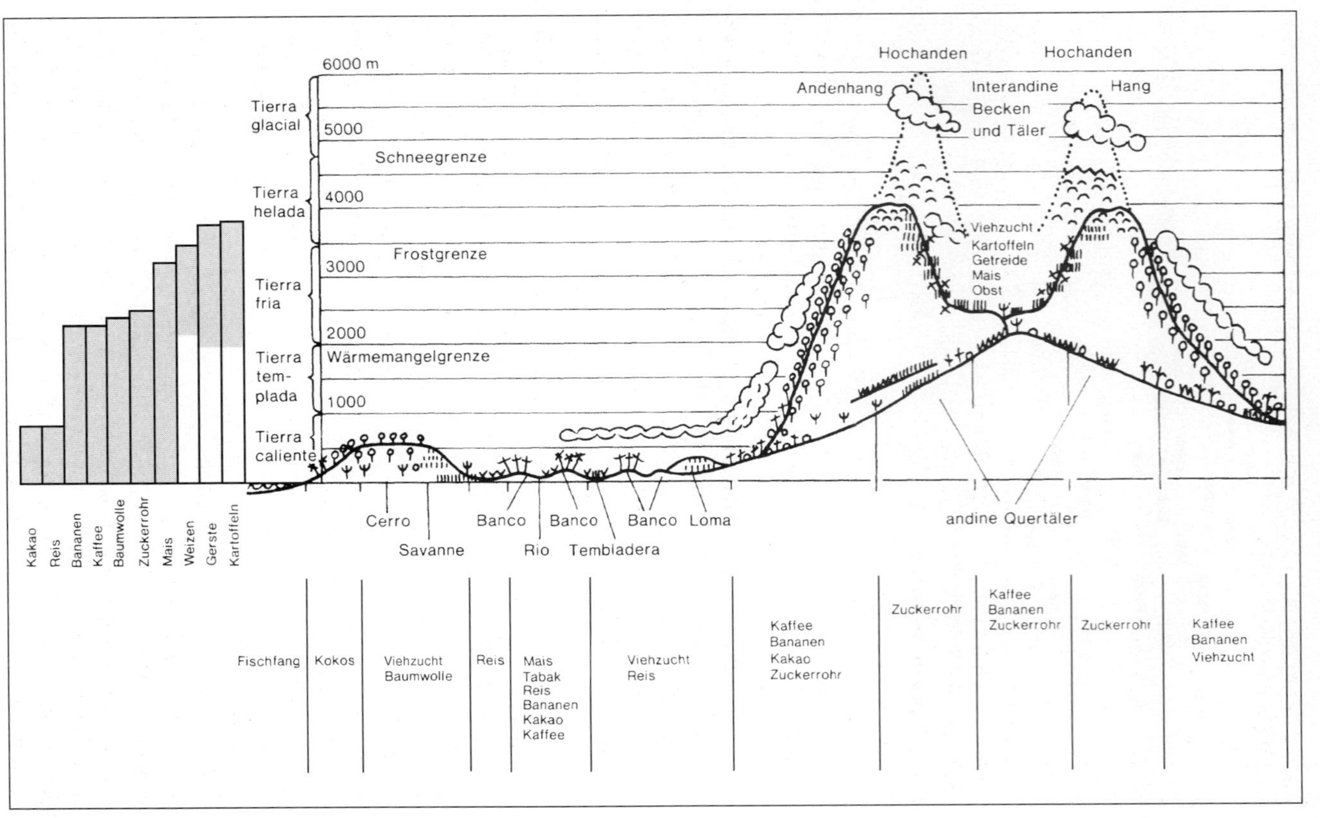

Abb. 23: Profil der Bodennutzung in Ecuador (nach SICK 1963)

bis zur Tierra helada auf den Höhen der Anden, die sich nur noch für extensive Weidewirtschaft eignen.

Bewässerungsfeldbau

Die Bewässerungswirtschaft ist weltweit verbreitet und deshalb nicht in einer Region allein erfaßbar. Im tropisch-subtropischen Süd- und Ostasien bildet die Bewässerung mit dem *Naßreisbau* als Grundlage der Volksernährung und Kulturentwicklung ein derart beherrschendes Landschaftselement, daß hier eine eigene Agrarregion abgegrenzt werden kann. Sie trägt äußerlich ihre Kennzeichen durch die zahllosen stark parzellierten Reisfelder in den Flußniederungen und auf den kunstvoll terrassierten Hängen, die ein dichtes, aus Stauseen oder Flüssen gespeistes Kanalnetz bewässert. Der Regenfeldbau mit Mais, Süßkartoffeln, Hirse, im Norden mit Winterweizen, spielt demgegenüber eine untergeordnete Rolle.

Der Reisanbau dieser Region bestreitet etwa 90 % der Welterzeugung und 80 % des Weltexportes; er ernährt seit Jahrtausenden eine außerordentlich dicht siedelnde Bevölkerung. Dies ist nur durch die hohe Flächenproduktivität und den intensiven Einsatz zahlreicher Arbeitskräfte möglich, verbunden mit sorgfältigen, dem Gartenbau ähnlichen Anbaumethoden, zu denen z. B. das Umpflanzen aus Saatbeeten, Düngen und Jäten gehören. Soweit genügend Wasser, Wärme und Licht vorhanden sind, kann der Reis als selbstverträgliche Pflanze beständig in Monokultur angebaut werden und 2-3 Ernten im Jahr erbringen. Dennoch müssen die Erträge weiter gesteigert werden, um die wachsende Bevölkerung auch in Zukunft ernähren zu können. Als Maßnahmen dazu dienen die Züchtung neuer Reissorten („Grüne Revolution“ mit Erträgen bis über 100 dt/ha), wasserwirtschaftliche Verbesserungen, verstärkte Handelsdüngergaben, Pflanzenschutz und genossenschaftliche Organisation der kleinbäuerlichen Betriebe. Den Maschineneinsatz behindern allerdings nicht nur der Kapitalmangel, sondern auch die Kleinparzellierung. Bei gesteigerten Reiserträgen könnten neue Fruchtfolgen eingeführt werden; dies würde eine vielseitigere Ernährung ermöglichen und mit dem Futterbau die Großviehhaltung fördern, die bisher in den Reisbaugebieten wegen fehlender Futterflächen eine sehr geringe Bedeutung erreicht. (Über die Probleme des Reisbaus in Südostasien unterrichten umfassend H. WILHELMY 1975 und H. UHLIG 1983).

Die in Asien beispielhaft für die ganze Welt vertretenen Reisbausysteme beruhen z. T. auf natürlicher, z. T. auf künstlicher Wasserzufuhr. Zur erstgenannten gehört der Trockenlandreisbau (Bergreisbau), der gänzlich auf Regen angewiesen ist und sowohl im Wander- wie im Dauerfeldbau betrieben wird. Zur natürlichen Bewässerung kann auch der Naßreisbau gerechnet werden, wenn er durch Regenstau mit Wällen (Sawah-Kultur) oder durch Überschwemmung in den Flußniederungen mit Tiefen zwischen 5 und 600 cm

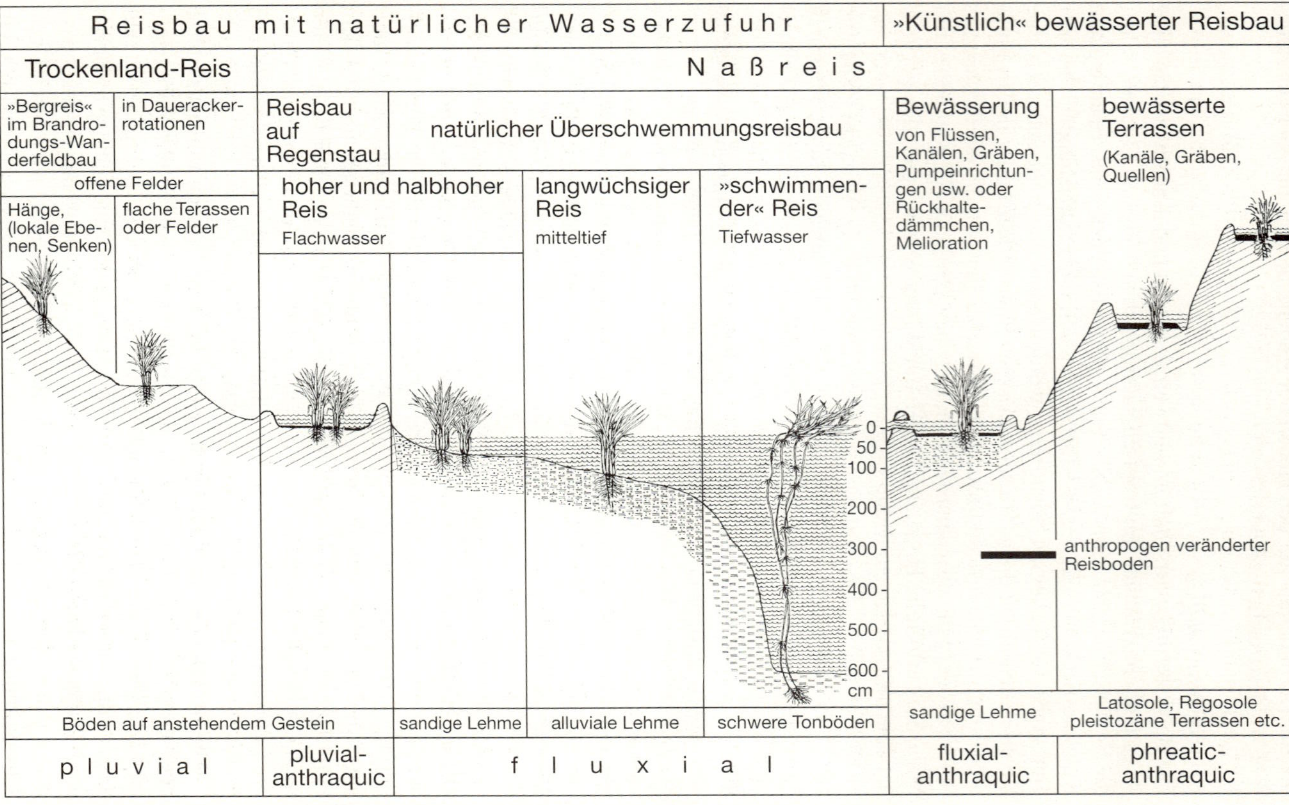

Abb. 24: Toposequenz der wichtigsten Reisanbau- und Standorttypen (nach UHLIG *1983)*

erfolgt. Naßreisbau mit künstlicher Bewässerung erfordert hingegen erheblichen Aufwand an Arbeit und Kosten für Anlage und Unterhalt von Kanälen, Terrassen und Dämmen. Sehr vorteilhaft ist jedoch, daß der Wasserstand kontrolliert und unabhängig von den Niederschlägen dem Bedarf angepaßt werden kann. Infolge der ganzjährigen Bewässerung sind zwei und sogar drei Ernten entweder nur mit Reis oder in Rotation mit anderen Früchten möglich. Die künstliche Bewässerung vermindert so die Risiken und erlaubt die Versorgung einer dichten Bevölkerung; weltweit überwiegt jedoch die natürliche Bewässerung (H. UHLIG 1983, Abb. 24).

Die Sozialstruktur der Region ist durch die überwiegenden Kleinbetriebe mit oft weniger als 1 ha Nutzfläche gekennzeichnet. Trotz der intensiven Nutzung sind viele der meist kinderreichen Familien zum zusätzlichen Erwerb in größeren Betrieben oder in den Städten gezwungen. Karte 164/2 in DIERCKE Weltatlas stellt die kleinstparzellierte Reisbauflur und die Sozialstruktur eines indischen Dorfes dar. Abb. 25 zeigt eine kleinbäuerliche Reisbaugemeinde in Japan. Die eng verbauten Dörfer sind von Gärten umgeben. Der Hauptteil der Gemarkung dient dem Naßreisbau, den ein engmaschiges Kanalnetz bewässert. Einzelne Parzellen tragen Obst- oder Maulbeerbäume. Der unbewässerte Feldbau ist auf die höher liegenden Uferdämme beschränkt; das Grünland fehlt ganz.

Plantagenwirtschaft

Die Plantagenwirtschaft (W. GERLING 1954, P. J. WILKENS 1974, P. P. COURTENAY 1980, K. H. HOTTES 1992, DIERCKE Weltatlas S. 131/2) umfaßt einen eigenen Betriebstyp, der jedoch weit verstreut ist und keine eigene Region bildet. Plantagen sind Großbetriebe besonders der Tropen und Subtropen, die Dauerkulturen für den Welt- und Binnenmarkt pflanzen und zum Teil die Verarbeitung übernehmen. Oft sind sie im Besitz internationaler Konzerne. Sie werden mit hohem Kapitaleinsatz und meist zahlreichen Arbeitskräften betrieben und unterscheiden sich von den bäuerlichen Unternehmen durch starke Rationalisierung, Technisierung und Spezialisierung. Gewinnorientiert wird in den Plantagen der optimale Einsatz von Boden, Kapital und Arbeit angestrebt. Durch technische und wissenschaftliche Fortschritte können sie innovativ wirken. Die spezialisierte Produktion ist allerdings mit den Risiken der Marktschwankungen, Krankheiten und Bodenerosion verbunden. Die hierarchische soziale Differenzierung kann zu internen Spannungen führen. Die meisten Plantagengebiete liegen transportgünstig in Küstennähe, verfügen über gute Verkehrsverbindungen und oft über spezialisierte Häfen (z. B. Santos für den Kaffee-Export). Die wichtigsten Produkte und Verbreitungsgebiete der Plantagenwirtschaft sind:

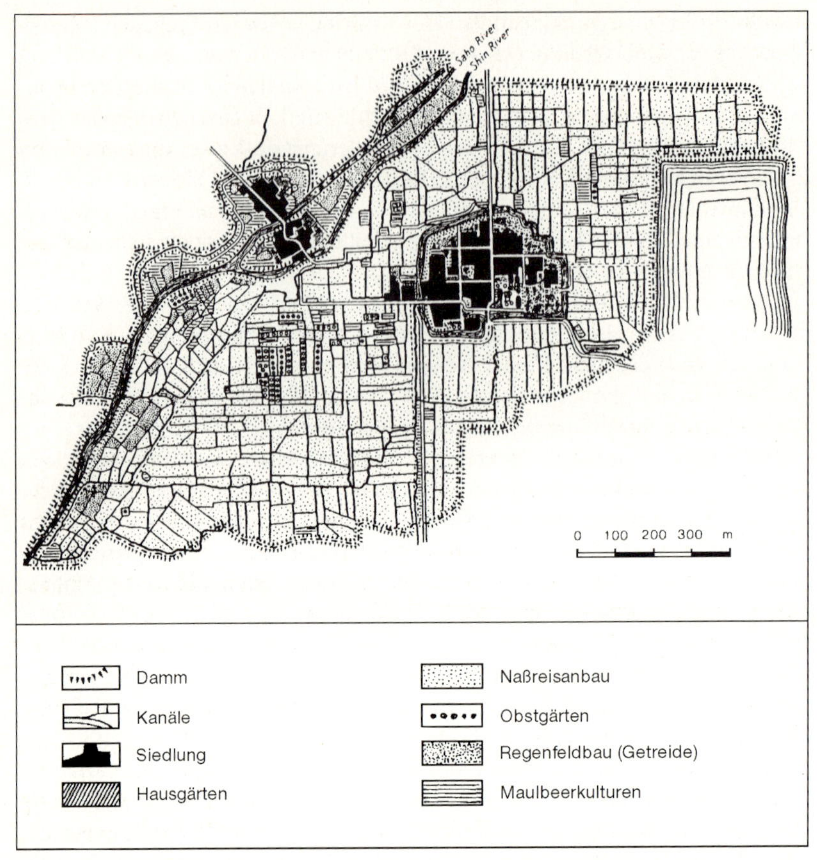

Abb. 25: Reisbauernsiedlung in Japan (Heita Aza, Becken von Yamato) (nach R. LEBEAU 1986; nach JONES)

Zuckerrohr	(Westindien, Brasilien, Inseln im Indischen Ozean, Australien)
Bananen	(Mittel-, Südamerika, Westafrika)
Sisal	(Ostafrika, Indonesien, Brasilien)
Tee	(Sri Lanka, Indien, Ostafrika)
Kaffee	(Brasilien, Mittelamerika, Ostafrika)
Kakao	(Westafrika)
Kautschuk	(Liberia, Malaysia, Indonesien)
Ölpalmen	(Westafrika, Südostasien)
Kokospalmen	(Indien, Malaysia, Indonesien, Ozeanien)

Durch die Entkolonialisierung haben die Plantagen tiefgreifende Wandlungen erfahren. Viele Betriebe wurden zugunsten von Staat, Genossenschaften und privaten Unternehmen enteignet oder aufgeteilt. Die stärkere Inlandorientierung zeigt sich zudem in der vermehrten Produktion für den Binnenmarkt, in der Beschäftigung einheimischer Arbeitskräfte auch in führenden Stellungen und in dem Streben nach Integration mit ausländischer Zulieferung, Verarbeitung und Vermarktung. Die dominante Stellung ausländischer Konzerne, aber auch der Plantagen selbst ist im Vergleich zur Kolonialzeit geringer. Als Devisenbringer und Arbeitgeber sind Plantagen weiterhin existenzberechtigt. Zur Risikominderung wird aber eine stärkere Diversifizierung anstelle von Monokultur angestrebt. Die Plantagen konkurrieren heute mit vielen Kleinbetrieben und mit synthetischen Produkten (z. B. Kautschuk). Der Konkurrenz anderer Nationen sucht man durch internationale Abkommen mit Exportquotierungen zu begegnen.

Die Probleme und Veränderungen in der Plantagenwirtschaft lassen sich am Beispiel Brasiliens verdeutlichen. Dort wurden die früheren küstennahen Zuckerrohrpflanzungen im 19. Jh. durch Kaffeeplantagen abgelöst, die einen hohen und raschen Gewinn versprachen. Für die Nutzung der fruchtbaren „Terra roxa" wurden große Waldgebiete gerodet, doch ließen die Erträge infolge der düngerlosen Monokultur rasch nach, so daß sich die „Kaffee-Frontier" mit neuen Rodungen immer weiter nach Westen und Norden vorschob, während auf den erschöpften Böden im Hinterland nur noch extensive Viehhaltung möglich blieb. Die Abhängigkeit vom Weltmarkt zeigte sich drastisch im jähen Abbruch des Kaffeebooms um 1930.

Aufgrund dieser Erfahrungen stellten sich viele Plantagen auf eine risikoärmere Mischkultur um. Dies wird am Beispiel einer Kaffeepflanzung (Fazenda) von Brasilien deutlich (DIERCKE Weltatlas S. 209/3). Der Kaffee nahm 1970 die höheren Lagen zwischen zwei Tälern ein, während die tieferen frostgefährdeten Lagen durch Rinderweiden und Faserpflanzen (Ramie) genutzt werden.1985 war der Kaffeeanbau verschwunden und großenteils durch Soja (neben Mais, Weizen und Zuckerrohr) ersetzt worden. Charakteristisch für Plantagen sind das regelmäßige gute Wegenetz zwischen den großen Flurblöcken und die Landarbeitersiedlungen, die zur Erntezeit zusätzlich Wanderarbeiter aufnehmen. Die Aufbereitung und Vermarktung des Kaffees erfolgt in eigener Regie.

Nomadische Weidewirtschaft

Die Region der nomadischen Weidewirtschaft (F. SCHOLZ 1995 s. auch S. 122) zeigt die geschlossenste Verbreitung unter allen Regionen, da sie dem afrikanisch-asiatischen Trockengürtel entspricht, der von der Sahara über Vorderasien bis zur Mongolei reicht. Abb. 26 zeigt die Entwicklung und Differenzierung des Nomadismus. Die geringe Höhe der Niederschläge (meist

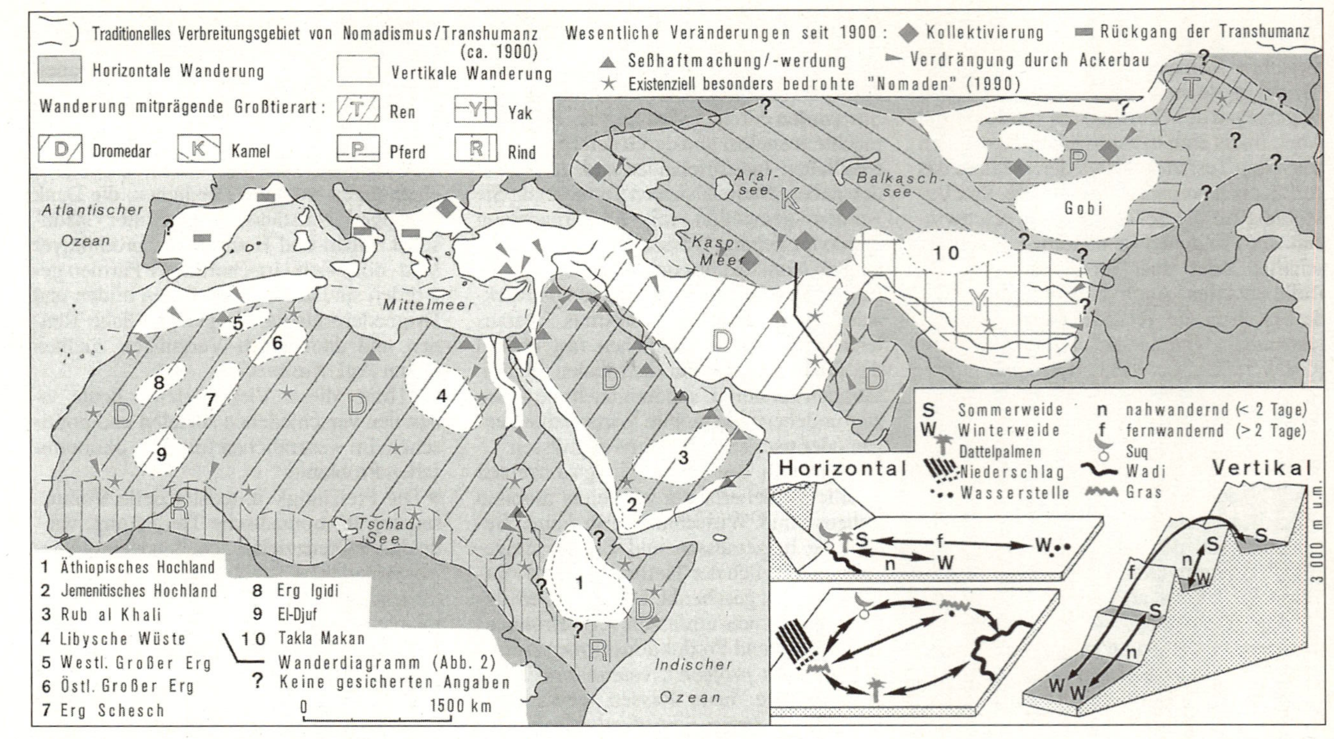

Abb. 26: Verbreitung der traditionellen nomadischen Lebensweise (nach SCHOLZ 1994)

unter 250 mm/Jahr) und die wenigen humiden Monate (unter 3) führen zu den Vegetationsgürteln der tropischen Dorn- und Wüstensavannen und der außertropischen Wüstensteppen, die den Kernwüstenbereich im Süden und Norden säumen. In der Neuen Welt fehlt diese Region.

Auf der Suche nach Weideplätzen und Tränkstellen folgt die Bevölkerung mit ihren Herden der jahreszeitlichen Verteilung der Niederschläge. Die Viehhaltung dient der Selbstversorgung mit Fleisch, Milch, Wolle, Häuten, Fellen und Brennstoff (Kot) sowie dem Austausch gegen Feldbau- und Gewerbeerzeugnisse. Die meisten Nomaden betreiben jedoch selbst einen bescheidenen Anbau zur Selbstversorgung in Form des Wanderfeldbaus oder der Feldgraswirtschaft (Teilnomadismus). Der Vollnomadismus findet sich nur noch in Teilen der Sahara, Arabiens und Innerasiens. Am Grenzsaum der Ökumene stellt der Nomadismus die bestmögliche Anpassung an die extremen Nutzungsbedingungen dar; er ist jedoch wie der Wanderfeldbau kaum intensivierbar. Wegen der geringen Produktivität und Konkurrenzfähigkeit wird sich der Umfang dieser Region weiter verringern.

Die Formen der nomadischen Viehhaltung in der Sahara beschrieb H. RUTHENBERG (1967, S. 196) näher: Die Wanderungen führen, den Niederschlägen folgend, im Sommer nach Süden, im Herbst nach Norden. Ziegen und Schafe weiden in Nähe des Lagers, Rinder im Umkreis der Wasserstellen. Kamele können wegen ihres geringeren Wasserbedarfes noch bis zu 80 km vom Lager entfernte Weiden nutzen. Die pflanzliche Nahrung wird durch Einsaat von Hirse in feuchte Senken gewonnen oder aber durch Ackerbau, der von abhängigen Lohnarbeitern oder Pächtern in den regenreicheren Randgebieten betrieben wird. Zusätzliche Erwerbsquellen bieten Handel und Transport im Austausch zwischen den Weide-, Ackerbau- und Oasengebieten.

Inselförmig eingesprengt liegen in dieser Trockenregion die *Oasen* (DIERCKE Weltatlas S. 130/1, 160/3, 163/3). Ihre Existenz beruht auf der Wassergewinnung aus Flüssen, die feuchteren Gebieten entstammen (Fremdlingsflüsse), aus Wasserspeichern oder aus dem Grundwasser, das in Quellen, Sickerstollen (Qanate) oder in Brunnen gefaßt wird. Charakteristisch sind die meist sehr kleinen Betriebe (unter 1 ha) in Eigen- oder Pachtbewirtschaftung mit sehr vielseitiger Nutzung. Auf den Feldern werden mit Hack- und Pflugbau alle Getreidearten, Gemüse, Zuckerrohr, Luzerne, Baumwolle und Tabak, daneben und teilweise im Stockwerkbau Ölbäume, Pfirsiche und Granatäpfel gepflanzt. In Nordafrika und im Vorderen Orient kommt die alles überragende Dattelpalme hinzu. Die Viehhaltung ist untergeordnet. Neben der Selbstversorgung wird der Markt beliefert. Die Oasenwirtschaft ist durch eine komplizierte Besitz- und Sozialstruktur mit geringer Arbeitsproduktivität gekennzeichnet. Mit dem Rückgang des Nomadismus geht der Karawanenhandel verloren. Industrie und Fremdenverkehr bieten nur wenige

Arbeitsplätze, so daß die Abwanderung, zumal in kinderreichen Familien, zunimmt. Untersuchungen in Maghrebländern zeigen indes, daß hier die Oasen mit manchen Revitalisierungs- und Modernisierungsentwicklungen durchaus lebensfähig sind und von „Oasensterben“ nicht gesprochen werden kann (H. POPP 1990).

Extensive Weidewirtschaft („Ranchwirtschaft“)
Die Region der stationären extensiven Weidewirtschaft mit Großbetrieben („Ranchwirtschaft“) gliedert sich in Teilregionen, die überwiegend den Subtropen und gemäßigten Breiten angehören. Es handelt sich um Gebiete, in denen die Niederschläge für den Ackerbau kaum mehr ausreichen, die Weidewirtschaft jedoch noch ohne Wanderungen bestehen kann. Die Teilregionen liegen im westlichen Nordamerika, südöstlichen Südamerika und südlichen Afrika, in Australien, Neuseeland und im russischen Mittelasien. In allen diesen Gebieten wurde die stationäre Viehwirtschaft durch die europäische Kolonisation eingeführt.

Allgemeine Kennzeichen der Region sind Großbetriebe, deren Weidefläche meist viele tausend Hektar umfaßt, und die Spezialisierung auf wenige Tierarten, meist Rinder oder Schafe in riesigen Herden. Die Produktion (Fleisch, Wolle, Milchprodukte) erfolgt marktorientiert und dient häufig dem Export, der durch neue Transport- und Konservierungstechniken (Kühlschiffe u. a.) entscheidend gefördert wurde. Man nutzt große Flächen mit geringem Einsatz von Arbeitskräften. Der Wechsel zwischen den ortsfesten Weiden wird entsprechend der Ertragsfähigkeit geregelt (Umtriebsweiden), wobei heute meist Elektrozäune die Hirten abgelöst haben. Die Bestockungsdichte liegt je nach Weideertrag zwischen 2 und 50 GVE je 100 ha. Während die Rinderhaltung etwa 400 mm Jahresniederschlag erfordert, gibt es die Schafhaltung noch bei 150 mm. Es wird planmäßig Zucht und Weidepflege betrieben, zusätzlicher Ackerfutterbau ist jedoch selten.

Die Vorteile dieser Form der Viehwirtschaft liegen, ähnlich wie bei den Plantagen, in der rationellen Nutzung und planmäßigen Produktion mit quantitativ und qualitativ gleichmäßiger Marktbelieferung. Probleme können infolge der anfänglich hohen Investitionskosten, z. B. bei der Herdenbeschaffung, und durch klimabedingte Risiken mit Niederschlagsschwankungen entstehen. Der Export kann durch die Konkurrenz der Länder mit intensiverer Viehhaltung, besonders der EU, bedroht werden.

Als Beispiel diene eine 12 000 ha große Vieh-Estancia im Gran Chaco Argentiniens (DIERCKE Weltatlas S. 209/2). Dem Viehbestand von etwa 9000 Rindern stehen offenes Grasland und lichte Wälder als Weide zur Verfügung; die Anlage von Kunstweiden wird durch die winterliche Trockenzeit und die hohen Sommertemperaturen erschwert. Viehstationen mit Pferchen und Tränkstellen betreuen die umzäunten Weidebezirke; das Wasser pumpen

Windmotoren. Der Betrieb zieht Jungvieh auf, verkauft es zur Mast an die Kunstweidebetriebe der Pampa und setzt Fleisch an örtliche Händler ab. Daneben wird Gerbstoff (Tannin) aus dem Quebrachoholz der Wälder gewonnen. Die verkehrsgünstig an der Chacobahn gelegene Estancia entstand 1907 im Zuge der europäischen Kolonisation auf Indianerland und befindet sich heute im Besitz einer Aktiengesellschaft.

Traditionelle Betriebsformen der Subtropen

Die Region der gemischtwirtschaftlichen traditionellen Betriebe der Subtropen umfaßt mehrere Teilräume mit verschiedenartigen Betriebsformen. Sie beruht vorwiegend auf klimatisch bedingten Gemeinsamkeiten der Nutzung und beschränkt sich demnach auf die winterfeuchten, an der Westseite der Kontinente gelegenen Subtropen (s. K. ROTHER 1993), während die übrigen Teile dieses Klimagürtels anderen Agrarregionen, z. B. der Bewässerungswirtschaft Ostasiens, zuzurechnen sind.

Die Nutzung muß sich dem wechselfeuchten Klima anpassen, d. h. sie beruht auf dem Winterregenfeldbau oder auf Bewässerung während der Trockenzeit. Feldbauprodukte sind besonders Winterweizen, Mais und Gerste; ferner werden, häufig mit Bewässerung, Futterpflanzen (Luzerne) und Gemüsearten angebaut. Augenfälliges Merkmal der Region bilden die langjährigen Baum- und Strauchkulturen mit Ölbäumen, Baumwolle, vielen Agrumenarten (besonders Apfelsinen und Zitronen), Obstarten der gemäßigten Zone und Wein. Diese Kulturen stehen als geschlossene Haine oder sind mit dem Feldbau in engwüchsiger Stockwerknutzung *(cultura mista, coltura promiscua)* vermischt. In den küstennahen, bewässerten Niederungen zeigt diese Region eine der vielfältigsten Anbaustrukturen der Erde. In den höheren, nicht bewässerten Gebieten ist die Nutzung hingegen einförmiger; der Feldbau überwiegt hier und geht schließlich in den Gebirgen in extensive Naturweiden über.

Eine weitere Eigenheit der Region stellt die untergeordnete Stellung der Großviehhaltung dar, da infolge des Klimas ertragreiche Grünflächen fehlen, sofern nicht bewässert wird. Den Futterausgleich im Mittelmeerraum erreichen vor allem Kleinviehherden durch die transhumanten Wanderungen zwischen den Niederungen und Gebirgen. Die meist nur schwache Koordination zwischen Ackerbau und Viehhaltung zeigt sich im Mangel an Spannvieh und Naturdünger. In den Bergländern führte die jahrtausendelange Entwaldung und Beweidung zur Degradierung der Vegetation und zu Bodenschäden, denen man heute mühsam durch Wiederaufforstung zu begegnen sucht.

In der Sozialstruktur nimmt der mediterrane Raum ebenfalls eine Sonderstellung innerhalb der Region ein, gekennzeichnet durch die Gegensätze zwischen großen Latifundien einerseits und zahlreichen Kleinbetrieben, häufig mit abhängigen Pächtern, andererseits.

In den außereuropäischen winterfeuchten, von Europäern kolonisierten Subtropen bestehen größere soziale Unterschiede nur gegenüber der einheimischen Bevölkerung in Südafrika und Mittelchile. Die marktorientierten und rationalisierten Betriebe der Kolonisten gleichen in ihrer Organisationsform den Farmen (S. 165). Eine besonders große Anbauvielfalt hat Kalifornien, wo mit Hilfe der Bewässerung Reis, Baumwolle, Südfrüchte und Obst, Wein, Gemüse und Getreide einem großen Absatzbereich dienen.

Die folgenden Beispiele zeigen die Nutzungsstruktur im europäischen Mittelmeerraum. In der Huerta von Murcia (DIERCKE Weltatlas S. 103/3) trägt das von Fluß und Kanälen durchzogene Bewässerungsland *(campo regadio)* dichte Mischkulturen mit Obst (Pfirsiche, Aprikosen), Agrumen und Gemüse auf kleinsten Parzellen mit vielseitigen Fruchtfolgen. Die randlichen höheren Gebiete dienen dem unbewässerten Feldbau *(campo secano)* mit Getreide; aufgegebene Flächen sind verbuscht. Das entwaldete Ödland wurde bisher nur am Südrand der Huerta wieder aufgeforstet. Die Bewirtschaftung der Huerta erfolgt durch zahlreiche, inmitten des bewässerten Landes gelegene Streusiedlungen und einige größere Dörfer.

Auf der Hochfläche der Mancha (Abb. 27) ist hingegen kaum Bewässerung möglich. Die Felder im Umkreis der großen Dörfer dienen dem Getreidebau, durchsetzt von Rebanlagen und Olivenhainen; Buschwald bildet den Außensaum. Ein radiales Wegenetz erschließt die Gemarkungen; die Viehtriebwege weisen auf die Transhumanz der Herden hin. Infolge des winterkühlen Klimas und der geringen Niederschläge fehlen die Agrumenkulturen.

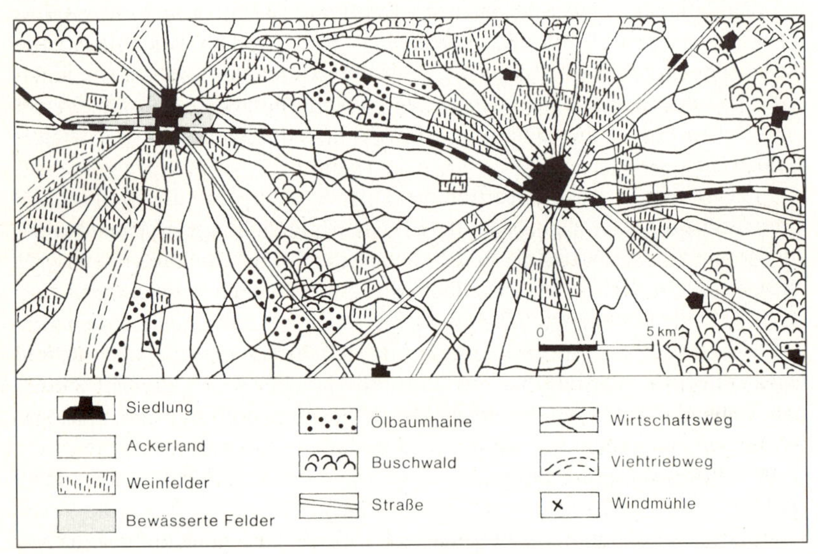

Abb. 27: Bodennutzung in der Mancha (Spanien) (nach LAUTENSACH *1964)*

Abb. 28 zeigt das Trocken- und Bewässerungsland sowie die Abfolge der Nutzung am Beispiel der Huerta von Valencia. Die tiefsten Teile der Küstenniederung nimmt Naßreisbau ein, dem landeinwärts in Siedlungsnähe die hier besonders große Vielfalt der Bewässerungskulturen (Agrumen, Baumwolle, Erdnüsse, Luzerne, Kartoffeln, Gemüse usw.) folgt. In den höheren Gebieten tragen die unbewässerten Felder Getreide, gemischt mit Weinbau, Öl- und Mandelbäumen. Auf den Randhöhen liegt die extensivste Zone mit dürftigen, von Macchienvegetation durchsetzten Weiden für Kleinvieh.

Spezialisierte marktorientierte Landwirtschaft (Farmwirtschaft)
Die Region der spezialisierten, marktorientierten Landwirtschaft ist in der subtropischen und gemäßigten Zone verbreitet und mit dem Betriebstyp der Farm verbunden, den die europäische Kolonisation einführte. Die Teilregionen liegen im mittleren Westen Nordamerikas, in der Pampa Südamerikas, in Südwest- und Südostaustralien. In der ehemaligen Sowjetunion kann der von der Ukraine bis Mittelasien reichende Ackergürtel entsprechend seiner Nutzung mit zur Region gerechnet werden.

Allgemeine Kennzeichen sind die großen, meist mehrere hundert und oft tausende von Hektaren umfassenden Betriebe, die großflächige Bewirtschaftung und der hohe Kapitaleinsatz mit starker Mechanisierung, die sich z. B. bei der Verwendung der großen Erntemaschinen zeigt. Außerhalb der ehemaligen Sowjetunion wird ein großer Teil der Produktion exportiert; Abnehmer ist seit dem 19. Jh. Europa, wo mit der Industrialisierung der Bedarf an Agrarprodukten stark anstieg. Heute exportieren die Farmgebiete Getreide auch nach Süd- und Ostasien und zeitweilig nach Rußland. Die Farmen Nordamerikas und Australiens sind häufig als Familienbetriebe infolge hoher Lohnkosten gezwungen, mit wenigen Arbeitskräften eine hohe Produktivität zu erreichen. In diesen Ländern ist auch der spekulative Charakter der Farmwirtschaft mit starker Mobilität der nicht an Traditionen gebundenen Betriebsinhaber am deutlichsten ausgeprägt.

Die Produktion spezialisiert sich auf den großflächigen Anbau weniger Feldpflanzen, insbesondere auf Weizen und Mais; außerdem erreichen Baumwolle und Tabak (in den USA), Luzerne und Flachs (in Argentinien), Zuckerrüben und Sonnenblumen (in der Ukraine) Bedeutung. In den USA und der früheren Sowjetunion konnten durch Bewässerung, z. T. mit Feldberegnung, die Anbauflächen erweitert und die Produktion gesteigert werden, doch blieben die Hektarerträge insgesamt hinter dem mit höherem Düngereinsatz flächenproduktiveren Anbau Mittel- und Westeuropas weit zurück (1995 Bundesrepublik Deutschland 69, USA 24, Rußland 13 dz Weizen je ha).

Die früher stärker ausgeprägte Monokultur der Farmgebiete führt zu nachteiligen Folgen. Obwohl große Teile der Region über hochwertige Böden

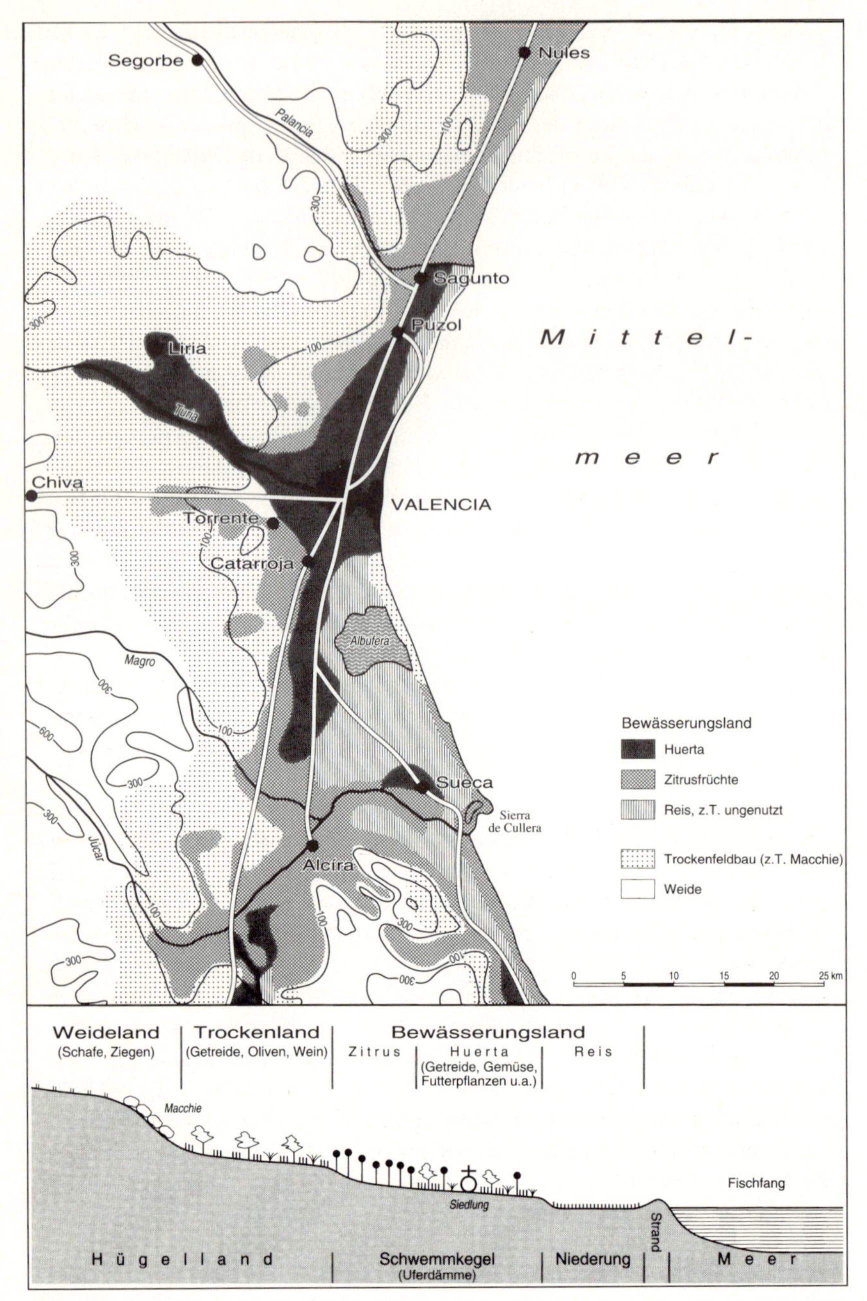

Abb. 28: Trocken-und Bewässerungsland im Küstenhof von Valencia, Spanien (nach K. Rother 1993 u. a.)

(Schwarzerden auf Löß) verfügen, führt der langjährige einseitige Anbau zu Bodenschäden (Erosion, Windabtrag), insbesondere in den USA und der früheren Sowjetunion, denen man durch Terrassierung, Konturpflügen und Schutzpflanzungen zu begegnen sucht. Eine weitere Folge ist die Überproduktion namentlich im Weizenbau Nordamerikas. Aus diesen Gründen ist heute eine stärkere Diversifizierung des Anbaus mit Fruchtwechsel innerhalb der Farmbetriebe an die Stelle der Monokultur getreten.

In den USA haben sich Verbundsysteme entwickelt, bei denen die Agrarproduktion mit vor- und nachgelagerten Industrie- und Dienstleistungsbetrieben *(Agrobusiness)* verknüpft ist. Diese vertikale Integration, welche die Farmen rationalisiert, aber auch abhängig macht, findet sich vornehmlich bei der Tiermassenhaltung und im Gemüsebau der USA (H. W. WINDHORST 1987 f., s. auch S. 93).

Die Anbau- und Siedlungsstruktur der Region macht ein Beispiel aus dem Weizengürtel der USA (vgl. DIERCKE Weltatlas S. 198/3) deutlich. Die großen Blockfluren tragen mehrheitlich Weizen, doch zeigt die Nutzung mit anderen Getreidearten, mit Futterbau und Grasland, die Abkehr von der Monokultur. Der Plan läßt auch die gute Verkehrserschließung der Farmgebiete für den Abtransport der Produkte und ihre Einzelhofstruktur erkennen. Konturpflügen, Terrassierung und Windschutzhecken sind Maßnahmen gegen die drohende Bodenzerstörung.

Infolge der großräumig gleichen Betriebsstruktur und -größe bestehen nur geringe soziale Unterschiede in den nordamerikanischen und australischen Farmgebieten, während in der Pampa die Betriebsgrößen stärker streuen.

Gemischte Landwirtschaft der gemäßigten Zone

Die Region der gemischtwirtschaftlichen, marktorientierten Betriebe der gemäßigten Zone umfaßt West-, Mittel- und das nördliche Osteuropa sowie das östliche Nordamerika und das nördliche Ostasien. Obwohl sich die Betriebsformen stark unterscheiden, lassen sich einige gemeinsame Merkmale erkennen.

Dazu gehört insbesondere der im Vergleich zu anderen Regionen enge Verbund der Agrarwirtschaftszweige innerhalb der Betriebe. Den Ackerbau kennzeichnet die vielseitige Kombination von Getreide-, Hackfrucht- und Futterbau mit zahlreichen Bodennutzungs- und Fruchtfolgesystemen. Bei den Getreidearten gewinnt neben Weizen, Gerste, Roggen und Hafer der Körnermais zunehmend an Fläche. Die wichtigsten Hackfrüchte sind Kartoffeln, Zuckerrüben, Futterhackfrüchte und Feldgemüse; der Futterbau umfaßt u. a. Klee, Luzerne und Grünmais.

Charakteristisch ist ferner die gegenüber den anderen Regionen enge Verflechtung zwischen Ackerbau und Viehhaltung, wobei letztere Dünger und z. T. Zugkräfte liefert; durch den Anbau von Futterpflanzen wird eine intensive Veredlungswirtschaft betrieben. Die Fütterung wird häufig durch betriebseigenes Grünland (Wiesen und Weiden) und durch Futterzukauf ergänzt. Winterkälte und mangelndes Grünland machen langdauernde Stallfütterung nötig. Die Viehhaltung umfaßt die meisten Haustierarten, wobei Rinder-, Schweine- und Geflügelbestände überwiegen.

Die Baum- und Strauchkulturen spielen insgesamt im Vergleich zum mediterranen Raum eine geringere Rolle, doch können Obstanlagen zusammen mit anderen Sonderkulturen bei günstigen Voraussetzungen lokal vorherrschen (s. S. 102).

Kennzeichnend für die Region ist schließlich die häufige Kombination von Land- und Forstwirtschaft mit der planmäßigen Nutzung betriebseigener Waldflächen.

Die Bewirtschaftung zeichnet sich durch hohe Flächenproduktivität aus, besonders im alt- und dichtbesiedelten europäischen Kernraum, wo die Nutzfläche infolge der Verstädterung, Industrialisierung und Verkehrserschließung stark abgenommen hat. Hohe Arbeitsintensität kennzeichnet vor allem den Kleinbetrieb. Durch den Mangel an Landarbeitskräften und die relativ billigen Industriegüter hat jedoch die Kapitalintensität in den Betrieben aller Größenklassen stark zugenommen; so erreicht hier der Einsatz an Maschinen und Düngemitteln je Flächeneinheit die höchsten Werte der Erde. Seit dem 19. Jh. vollzog sich in dieser Region der Wandel vom traditionellen, großenteils selbstversorgenden Bauerntum zur rationalisierten, mechanisierten Agrarwirtschaft, die sich mit zunehmender Marktorientierung spezialisiert und damit dem Betriebstyp der Farm annähert. Doch blieb bei den bäuerlichen Betrieben Europas die Bodenverbundenheit gegenüber dem Farmertum immer noch stärker.

In der Besitzstruktur ist die Region sehr unterschiedlich. In West- und Mitteleuropa überwiegen die mittleren und kleineren Betriebe, wobei letztere namentlich in den Realteilungsgebieten verbreitet sind und hier zum Arbeiterbauerntum mit Nebenerwerbslandwirtschaft geführt haben. Die Großbetriebe sind verstreut und nur in einigen Gebieten (z. B. Pariser Becken) zahlreicher. Sie herrschen jedoch im östlichen Nordamerika vor, das als „mixed-farming"-Gebiet hier einbezogen wird, nach seiner Besitzstruktur aber auch zur Farmregion gerechnet werden kann. Politisch fiel bisher der Teil der Region mit den Großbetrieben der sozialistischen Länder aus dem Rahmen. Das Staats- und Kollektiveigentum stand im schroffen Gegensatz zum betont bewahrten Individualeigentum im westlichen Teil der Region, der zum Kernbereich der kapitalistischen Welt gehört.

Im DIERCKE Weltatlas S. 50 sind Beispiele von Veredelungs- und Marktfruchtbetrieben aus Deutschland dargestellt. Bei den Veredelungsbetrieben fallen die zahlreichen Hühner- und Schweinehaltungen, der Feldfutterbau mit Mais und Gerste sowie viele viehbezogene Folgebetriebe auf. Bei den Marktfruchtbetrieben ist der hohe Anteil von Weizen- und Zuckerrübenanbau sowie von Saatzuchtparzellen typisch.

Gartenbau und Sonderkulturen

Die Betriebe mit Gartenbau und Sonderkulturen heben sich durch hohe Flächenproduktivität und Arbeitsintensität von den übrigen Betriebsformen der Region ab. Sie kommen zwar in manchen Gebieten geschlossen vor, doch liegen diese weit gestreut, so daß sie wie die Plantagen keine eigene Region bilden. Zu den Gartenbaugewächsen zählen Feingemüse, Beerenobst und Blumen, zu den Sonderkulturen gehören (nach der Statistik in der Bundesrepublik Deutschland) Rebland, Obstanlagen, Hopfen, Tabak und Gewürzpflanzen. Der Anbau erfolgt überwiegend in Kleinbetrieben; ihre große Flächenproduktivität ergibt sich aus dem starken Einsatz von Arbeitskräften und Düngemitteln. Die Handarbeit läßt sich nur z. T. durch Maschinen ersetzen. Hohe Investitionskosten entstehen z. B. durch Beregnungsanlagen oder Glashäuser. Daneben finden neue Methoden wie Hydrokulturen, Abdeckung mit Plastikfolien und gentechnische Veränderungen zunehmend Anwendung. Die Betriebe sind ausgesprochen marktorientiert; häufig übernehmen Genossenschaften die Lagerung und den Verkauf der Produkte. Die starke Spezialisierung erhöht das Risiko, Einbußen können Wettereinflüsse (z. B. Hagel, Frost), Krankheiten und Preisschwankungen bringen.

Die Standorte der Gartenbau- und Sonderkulturbetriebe hängen einerseits von der Klima- und Bodengunst ab; so fordert z. B. der Frühgemüsebau milde Winter, der Weinbau warme Sommer. Andererseits sind, besonders für leichtverderbliche Produkte (Gemüse, Blumen), nahe Absatzmärkte und gute Verkehrsverbindungen wichtig; deshalb umgibt die meisten Großstädte ein Gürtel mit Gartenbaubetrieben. Größere Gemüsebaugebiete liegen in Holland, in den Vierlanden (Niederelbe) um Erfurt und auf der Insel Reichenau (Bodensee). Beispiele für Sonderkulturgebiete sind die Hallertau in Bayern für Hopfen, das Alte Land bei Hamburg für Obst und die Weinbaugebiete in Frankreich und Deutschland. Im DIERCKE Weltatlas (S. 51/1) wird ein Beispiel intensiven Feldgemüsebaus im fränkischen Knoblauchsland gezeigt.

Grünlandwirtschaft

Der Region der gemischtwirtschaftlichen Betriebe schließt sich mit fließendem Übergang im Norden die der Intensiven Grünlandwirtschaft an, die Teile des nordöstlichen Nordamerika *(Dairy belt)*, des nordwestlichen und mittleren Europa umfaßt. Auf der Südhalbkugel gehören kleine Gebiete in Südostaustralien und Neuseeland dazu.

Im Gegensatz zur Region der extensiven stationären Weidewirtschaft (Ranchbetriebe) ergänzen Kunstweiden die Naturweiden in stärkerem Maße, und Mähwiesen treten für die Stallfütterung hinzu. Zum Teil wird der Bedarf auch durch Ackerfutter und Zukauf gedeckt. Die Nutzungssysteme der Region sind somit Dauergrünland und Feldfutterbau, z. T. verbunden mit Feldgraswirtschaft. Einen weiteren Unterschied zur Ranchwirtschaft bilden die durchschnittlich kleineren Betriebe, die mit höherem Einsatz an Kapital und Arbeitskräften je Flächeneinheit eine größere Flächenproduktivität erzielen; die Intensität bleibt jedoch geringer als bei den gemischtwirtschaftlichen Betrieben. Viele Unternehmer spezialisieren sich auf nur eine Viehart und Produktionsrichtung (z. B. Milch-, Mastvieh), z. T. mit Tiermassenhaltung (s. S. 127). Die Produktion orientiert sich am Markt und dient überwiegend der Versorgung der inländischen Zentren. Der Überproduktion namentlich an Milch sucht man in der EU durch Kontingentierung zu begegnen. Bei den verarbeitenden Betrieben findet eine zunehmende Konzentration auf größere Unternehmen statt. Während die Regionen der extensiven Weidewirtschaftsformen die für den Feldbau zu trockenen Räume einnehmen, dringt die intensive Grünlandwirtschaft in die für den Ackerbau zu feuchten und kühlen Gebiete der gemäßigten Zone vor. Es lassen sich dabei drei Subregionen unterscheiden (B. ANDREAE 1977, S. 108):

- die Subpolarregion in Kanada und Eurasien, in der bei reichlichen Niederschlägen Dauergrünland und Futterbau gegenüber den anderen Nutzungssystemen infolge der kurzen Vegetationszeit vorherrschen,
- die maritime Subregion in den Randgebieten der Nordsee mit gut verteilten Niederschlägen, welche die Weidewirtschaft begünstigen. Während der wintermilde Westen eine fast ganzjährige Beweidung ermöglicht, muß im kühleren Osten zusätzlich Futter für den Winter gewonnen werden,
- die montane Subregion in den sowohl feuchten wie kühlen Höhengebieten der Alpen und der Mittelgebirge. Mähwiesen ergänzen die Weiden mit Heugewinnung für den großen Winterfutterbedarf. Neben der Jungviehaufzucht dominiert die Milchwirtschaft mit talständiger Verarbeitung; die Mastviehhaltung ist im Vergleich zu den reliefarmen maritimen Gebieten geringer. In den höheren Gebirgen ergänzt die Almwirtschaft das ortsnahe Grünland (vgl. DIERCKE Weltatlas S. 51 ② zum Allgäu).

Die *Region der Wälder* und der Forstwirtschaft wird bei der Agrarregionalisierung der Erde meistens nicht berücksichtigt. Doch ist sie, besonders an den Randsäumen, häufig eng mit der Landwirtschaft verflochten. In den Tropen deckt sie sich z. T. mit der Verbreitung von Wanderfeldbau und Landwechselwirtschaft. Die Region gliedert sich in zahlreiche Teilgebiete, die auch Waldreste inmitten agrarisch genutztem Land umfassen. Karte 229 ③ im DIERCKE Weltatlas zeigt die großen Subregionen der tropischen Regen- und borealen Nadelwälder sowie einige größere Waldgebiete der anderen Zonen. Die Typisierung der Wälder nach ihren natürlichen Beständen und ihren Nutzungsformen fällt in den Bereich der Geographie der Wald- und Forstwirtschaft (vgl. H. W. WINDHORST 1978 und DIERCKE Weltatlas, S. 228 ②).

7 Agrargeographische Probleme der Gegenwart

7.1 Die Entwicklungsländer (EL)

In den tropischen und subtropischen Entwicklungsländern leben heute etwa drei Viertel der Menschheit. Obwohl die Bewohner noch großenteils in der Landwirtschaft tätig sind, leiden noch 600 bis 800 Millionen an Hunger und mangelhafter Ernährung. Die Ursachen und Lösungsmöglichkeiten dieses wirtschaftlich und sozial zentralen Problems zu ermitteln, ist eine der wichtigsten Aufgaben der Agrarpolitik und Agrargeographie (zu den EL allgemein vgl. u. a. J. P. Dickenson 1983, F. Scholz 1985, P. v. Blanckenburg 1986, D. Nohlen und F. Nuscheler 1992, H. G. Bohle 1992, W. Mikus 1994, W. Manshard und R. Mäckel 1995). Ein Index für den wirtschaftlichen Rückstand der EL ist das *Bruttosozialprodukt*. 1993 entfielen auf die Industrieländer rd. 78 %, auf die EL 16 % der globalen Wertschöpfung (der Rest von 6 % auf den ehemaligen Ostblock).

Für die Ernährung entscheidend ist das Verhältnis zwischen Agrarproduktion und Bevölkerungszahl. Die EL konnten ihre Agrarproduktion insgesamt 1981-1994 je Einwohner zwar um 14 % steigern; in Afrika fiel sie jedoch um 5 % zurück. Außerdem ist zu bedenken, daß die Agrarerzeugung infolge geringer Kaufkraft, durch Verluste bei Verarbeitung, Lagerung und Transport und vor allem durch Exporte auf Kosten der Selbstversorgung der einheimischen Bevölkerung nur eingeschränkt zugute kommt. Die durchschnittliche Nahrungsenergieaufnahme pro Kopf hat in den EL zwar 1972-1992 von 2135 auf 2510 kcal zugenommen. In vielen dieser Länder bleibt sie aber weit darunter, namentlich in Afrika und Südasien, wo etwa zwei Drittel der Hungerleidenden der Erde leben (Abb. 3). In Äthiopien sollen z.B. 3 Millionen davon betroffen sein. In den Industrieländern erreicht die Energieaufnahme hingegen über 3400 kcal pro Kopf und Tag und steigert sich häufig zur Überernährung.

Zu dem Problem der *Unterernährung* kommt in den EL das der *Mangelernährung* besonders infolge unzureichender Eiweißversorgung aus tierischen Nahrungsquellen. Diese sind aber, gemessen an kcal je Kopf und Tag, in den Industrieländern um das Vier- bis Fünffache mehr verfügbar als in den EL. Da aber zur Erzeugung einer in tierischen Produkten veredelten Sekundärkalorie etwa sieben pflanzliche Primärkalorien erforderlich sind und weitere Energie für Betriebsmittel, Transportmittel, Kühlketten u. a. verbraucht wird, ist der tägliche Energieeinsatz in den Industrieländern um ein Vielfaches höher als in den EL.

Agrarwirtschaft in den EL

Die ungenügende Agrarproduktion der EL hat sowohl ökologische wie ökonomische und soziale Ursachen. Es ist ein „Teufelskreis", bei dem die zum Teil ökologisch bedingte geringe Produktivität, hohes Bevölkerungswachstum, geringe Kapitalbildung und Investition sowie unterentwickelte Infrastruktur zur Minderung des Lebensstandards und wiederum der Produktion führen. Die Folge ist häufig das Abwandern ländlicher Arbeitskräfte in die Städte. Dort bilden sie aus Mangel an Arbeitsplätzen eine marginale Unterschicht neben einer nachkolonialen Oberschicht, die im Besitz von Kapital und Produktionsmitteln und damit der wirtschaftlichen und politischen Macht ist. Die Förderung der ländlichen Räume in den EL ist deshalb sowohl für den wirtschaftlichen wie für den sozialen Ausgleich vordringlich.

Die ökologischen Probleme liegen zunächst in latent vorhandenen Naturgefahren, die sich regional katastrophal auswirken können. Dazu gehören Wirbelstürme und Sturmfluten, Überschwemmungen infolge exzessiver Niederschläge, Dürren bei anhaltender Trockenheit, aber auch Vulkanausbrüche, Erdbeben oder der Einfall von Insektenschwärmen. Noch ausgedehnter sind jedoch die vom Menschen verursachten Gefahren, da die von Natur aus relativ stabilen Ökosysteme durch die Nutzung rasch destabilisiert werden können *(Nutzungslabilität)*; die naturgegebenen Gefahren werden dadurch noch verstärkt. So gehören heute die Bodenerschöpfung in den feuchten Tropen und die *Desertifikation* in den Trockengebieten zu den schwierigsten Problemen der EL.

In den feuchten Tropen führen Rodung und Nutzung, die den natürlichen Kreislauf zwischen Boden und Vegetation unterbrechen, zur raschen Ertragsminderung namentlich auf ferrallitischen Böden mit geringer Speicherkapazität für Nährstoffe (s. S. 47). Die Landwechselwirtschaft paßt sich dem an, sie beansprucht jedoch, da die Bodenfruchtbarkeit nicht mehr voll regenerierbar ist und die Bevölkerung wächst, immer größere Flächen. So gehen die tropischen Feuchtwälder jährlich um 1,2 % zurück und umfassen heute mit 0,9 Mrd. ha nur noch 58 % ihrer Klimaxfläche. Die negativen Folgen des großflächigen Raubbaus zeigen sich beispielhaft an den Kolonisationsprojekten Brasiliens im Regenwald Amazoniens. Wenn auch weitere Rodungen feuchttropischer Wälder mit der Volkszunahme unvermeidbar sein dürften, so sollte doch angestrebt werden, die Regenerationsintervalle zwischen den Nutzungsphasen zu verlängern und standortgemäße Baum- und Strauchkulturen zu bevorzugen. Im ganzen aber bilden die Waldgebiete keine Landreserve für die Zukunft, sondern müssen vielmehr zum Schutz von Klima, Grundwasser und Boden erhalten bleiben. Die Steigerung der Produktion kann nicht durch Expansion auf Kosten des Waldes, sondern nur durch Intensivierung in ökologisch weniger labilen Teilen der EL erfolgen.

In den Trockengebieten wird die Nutzung zwar durch die größere Ertragsfähigkeit der fersiallitischen Böden (s. S. 48) begünstigt, doch ist hier der Wassermangel der begrenzende Faktor. Die Gefahren der Nutzung an der agronomischen Trockengrenze mit zunehmender Desertifikation macht das Beispiel der afrikanischen Sahelzone eindringlich deutlich (H. MENSCHING 1980 ff.), wo die Dürrekatastrophe 1969-1973 40 % der Viehbestände und Hunderttausende von Menschen hinwegraffte. Dies ergab sich zum einen als Folge sehr trockener Jahre in dem von hoher Niederschlagsvariabilität bedrohten Raum. Zum anderen wurde die Katastrophe durch den Menschen verstärkt, der hier wie in anderen Trockengebieten der Desertifikation neben der natürlichen Desertion Vorschub leistet *(„man made desert")*. Die Ursachen und Folgen dieses Vorganges wurden auf S. 50 besprochen. Um künftig eine bessere Anpassung an die natürliche Tragfähigkeit zu erzielen, sollen deshalb die Viehbestände quantitativ beschränkt und qualitativ verbessert, Wasserspeicher und Futterreserven angelegt und die Abholzung durch alternative Energiequellen eingeschränkt werden. Allerdings sind diese Maßnahmen umstritten.

Allgemein kann die Agrarwirtschaft der EL in den Zweigen des Feldbaus, der Vieh- und Forstwirtschaft gefördert und besser koordiniert werden. Die verbesserte Nachhaltigkeit und Stabilität ist dabei das Hauptpostulat für die Zukunft (W. MANSHARD und R. MÄCKEL 1995).

Im *Feldbau* ist eine standortgerechte Produktion anzustreben, die sowohl der örtlichen Tragfähigkeit wie den Ernährungsgewohnheiten entspricht. Von grundlegender Bedeutung für die Ernährung der Bevölkerung ist dabei ein ausgewogenes Verhältnis zwischen Selbstversorgungs- und Marktproduktion. Die eigene Bedarfsdeckung darf nicht zugunsten marktabhängiger *cash crops* soweit eingeengt werden, daß Nahrungsmangel eintritt oder teurer Zukauf notwendig wird. Es sollte vielmehr versucht werden, zunächst den Ertrag der Selbstversorgungsfrüchte zu steigern, um dann auf den freigewordenen Flächen Marktfruchtbau zu betreiben. Vorteilhaft erweist sich dabei die Kombination von Feldbau mit ökologisch angepaßten Baum- und Strauchkulturen (z.B. Öl-, Kokospalmen, Kaffee, Bananen; *Agroforestry*), die sowohl der Eigenversorgung wie der Vermarktung dient und sich auch für kleinere Betriebe eignet. Diese Mischkulturen haben bodenerhaltende Funktionen, sie vermindern das Ernterisiko und fördern den Arbeitsausgleich. In

China hat sich z. B. die traditionelle Mischung von Reis und anderen Getreidearten, Gemüse, Zuckerrohr, Tabak und Maulbeerbäumen bewährt. Bei Flächenmangel sollte der für die Energiebilanz günstigere Anbau pflanzlicher Nahrungsmittel gegenüber den Weide- und Futterbauflächen für tierische Nahrungsmittel bevorzugt werden. Eine besondere Bedeutung kommt den der Selbst-, z. T. auch der Marktversorgung dienenden Hausgärten zu.

Neben dem räumlichen Kulturartenwechsel ist der zeitliche Fruchtwechsel auch in den EL ein geeignetes Mittel zum Erhalt der Bodenfruchtbarkeit. So können Ackerbau und Grasland wechseln, innerhalb des Ackerbaus Getreide mit Hülsenfrüchten und im Getreidebau Sommerweizen mit Winterreis. Auch könnten nutzbare Wildpflanzen mit einbezogen werden. Die Erträge lassen sich durch verstärkte Düngung zwar steigern, jedoch kaum auf ferrallitischen Böden. Saatgut mit hohen Erträgen *(High yielding varieties*; s. S. 187) wird zwar mit großem Erfolg angewendet, doch sind nur etwa 15 % des Tropenareals dafür geeignet, da im übrigen entweder die Böden unbrauchbar oder die Niederschläge zu gering sind (W. WEISCHET 1978). Die verstärkte Anwendung von Pflanzenschutzmitteln kann wohl die hohen Verluste der EL durch Krankheiten und Schädlinge verringern, doch muß dabei die steigende Resistenz der Schädlinge und die Umweltbelastung durch Chemikalien bedacht werden. Zudem erfordern diese Maßnahmen einen hohen Kapitaleinsatz, der von den Kleinbetrieben der EL nicht geleistet werden kann.

Dies gilt auch für den Einsatz moderner *Technologien*. Sie müssen sowohl den Naturbedingungen wie den finanziellen Möglichkeiten und dem technischen Verständnis der Bauern angepaßt sein. Die Verwendung von Traktoren kann sinnvoll sein, wenn dadurch im überbetrieblichen Einsatz die Bodenbearbeitung verkürzt und die Wachstumszeit verlängert wird oder bei der Bestellung schwerer tropischen Rotlehme. In der Regel ist jedoch in Kleinbetrieben das Spanntier, das zudem Dünger liefert, kostengünstiger. Da in den EL Boden und Arbeit meist noch sehr billige Produktionsfaktoren sind, dürfen diese nicht voreilig durch teure Kapitalgüter, d. h. durch Mechanisierung, ersetzt werden. Der Einsatz von Maschinen ist mit teuren Importen verbunden und fördert die Arbeitslosigkeit. Die Technikfolgenabschätzung ist heute auch in den EL unumgänglich geworden.

Die vielen Vorzüge der *Bewässerungswirtschaft* – dauerhafte und gleichmäßige Nutzung mit hohen Erträgen, vielseitiger Anbau und Landerschließung jenseits der Trockengrenze – legen ihre weitere Ausdehnung in den EL nahe. Die großen Bewässerungsprojekte am Nil (Assuan, Gezira), am Niger und Indus bezeugen die bisherigen Anstrengungen und Erfolge. Sie beweisen aber auch die großen Probleme der Bewässerungsanlagen, die hohe Investitionskosten, großen Arbeitsaufwand, überbetriebliche Organisation zur Bewältigung der technischen Aufgaben und geeignetes Gelände bei der Anlage von Talsperren erfordern. Dazu kommen die Gefahren der Bodenvernässung und -versalzung, denen ausreichende Entwässerung entsprechen muß. In vielen ariden Neulandgebieten ist die Bewässerung durch exzessive Grundwasserausbeutung fossiler Vorräte nicht nachhaltig („Überpumpung"). Neuen Anlagen müssen vorbereitende Untersuchungen mehr als bisher vorangehen, um die langfristige Rentabilität zu sichern und das ökologische Gleichgewicht zu erhalten.

Eines der Hauptprobleme der Agrarwirtschaft in den EL liegt in der geringen Koordination zwischen Feldbau und *Viehhaltung*. Namentlich in den afrikanischen Savannen und Steppen herrscht eine starke Flächenkonkurrenz nicht nur zwischen Ackerbauern und Nomaden, sondern auch zwischen Feld- und Weidenutzung innerhalb vieler Betriebe. Hier ist eine bessere gegenseitige Ergänzung möglich, bei der die Viehhaltung Spannvieh und Dünger liefert, der Feldbau die Futterbasis erweitert. Qualitativ lassen sich die Viehbestände durch Aufkreuzung verbessern; häufig wird, besonders in Afrika, die Quantität des Sozialprestiges wegen höher geschätzt als der Ertrag. Zur Aufkreuzung dienen europäische Rinderrassen, die höhere Fleisch- und Milcherträge als die einheimischen Rassen liefern. Dies ist entscheidend für die bessere Eiweißversorgung der Bevölkerung im Ausgleich zu der meist weit überwiegenden Kohlehydraternährung. Die Spezialisierung mit rassereinem Hochleistungsvieh beschränkt sich allerdings meist auf größere Betriebe mit guter Futtergrundlage. Auf futterärmeren Standorten ist eine Mischung günstiger, bei der die europäischen Rassenanteile hohe Erträge in guten Futterjahren, die anspruchsloseren einheimischen Rassen (z. B. Zeburinder) sichere Erträge in schlechten Futterjahren gewährleisten. Die Aussaat von klima- und bodengemäßen Grassorten kann höhere Weideerträge erzielen. Dadurch lassen sich die wachstumsfördernden, aber bodenschädigenden Weidebrände einschränken, die Futterreserven erhöhen und der Übergang von der extensiven wandernden zur intensiveren stationären Viehhaltung erleichtern. Diese Ertragssteigerung ist besonders in jenen Gebieten vordringlich, in denen sich der Feldbau zur Versorgung der wachsenden Bevölkerung auf Kosten der Weideflächen vorschiebt und damit die pflanzliche Ernährung zwar fördert, die tierische Eiweißversorgung aber mindert. Eine weitere wichtige Maßnahme besteht in der Bekämpfung von Seuchen infolge der gesteigerten Anfälligkeit des Viehs, besonders in den feuchten Tropen. In den semiariden und ariden Tropen bleibt das Hauptproblem die hohe Niederschlagsvariabilität, verbunden mit der Gefahr der Überweidung, Bodenerosion und Desertifikation.

Die *Forstwirtschaft* ist in den meisten EL noch kaum entwickelt. Die Nutzung der Wälder (H. W. WINDHORST 1978) beschränkt sich häufig auf die selektive Entnahme von Nutzhölzern ohne Pflegemaßnahmen; Brandrodung, Wanderfeldbau und Weidebrände vernichten weiterhin große Holzbestände. Die Forstwirtschaft, die stärker auf kommunaler Basis aufgebaut werden sollte, muß die restlichen Waldbestände für die wirtschaftliche Nutzung, vor allem aber wegen ihrer Schutzfunktion erhalten. So sucht das *Taungya-System* (s. S. 129) die Brandrodung durch einen geregelten, land- und forstwirtschaftlich kombinierten Anbau zu ersetzen. Eine nachhaltige oder protektive, d. h. nicht nur ökonomisch orientierte Forstwirtschaft, wurde bisher nur in wenigen Gebieten eingeführt. Über die Waldpflege hinaus müssen die Aufforstungen, vor allem in erosionsgefährdetem Gelände, weitergeführt werden, wobei neben importierten Baumarten (Eukalypten, Kiefern) standortgemäße einheimische zu bevorzugen sind, um die natürlichen Ökotope weitestmöglich wieder herzustellen.

Die Holzbestände der EL werden nicht nur durch den steigenden Flächenbedarf für Feld- und Viehwirtschaft dezimiert; sie unterliegen auch als unentbehrliche Quelle für die *Energieversorgung* dem Raubbau. Die Ursachen und verheerenden Folgen der Brennholzgewinnung wurden auf einer internationalen Tagung in Bordeaux 1980 zusammenfassend besprochen (CEGET 1981). Der Mangel an anderen Energiequellen zwingt viele EL, den größten Teil ihres Bedarfs mit Holz und Holzkohle zu decken; in 19 Ländern Afrikas überschreitet der Anteil 80 %. Der Bedarf steigt mit dem Bevölkerungswachstum ständig; große Mengen an Holzkohle werden für die Städte und gewerblichen Betriebe benötigt, deren Belieferung eine wichtige Einnahmequelle für die ländliche Bevölkerung darstellt. Die rasche Verteuerung der Erdölimporte früherer Jahre führte zu verstärktem Rückgriff auf die inländischen Holzbestände. Im Umkreis der Großstädte fallen die Auswirkungen besonders drastisch auf. So verschlingt der jährliche Bedarf von Ouagadougou (Burkina Faso) den Holzzuwachs von 800 000 ha Fläche, und die Versorgung muß wegen des Raubbaus bereits aus Entfernungen von 50-100 km erfolgen (P. VENNETTIER in CEGET 1981, S. 20).

Da der Energiebedarf in den meisten EL weder durch fossile Brennstoffe noch durch Aufforstungen, die mit dem Raubbau nicht annähernd Schritt halten, zu decken ist, müssen künftig verstärkt alternative Quellen erschlossen werden. Dazu laufen mit internationaler Unterstützung Projekte zur Nutzung von Solar- und Windenergie, von Erdwärme und Biogas.

Die *Erschließung von Neuland* zur Erweiterung der Nutzfläche geschieht, abgesehen von den erwähnten Bewässerungsprojekten, vor allem auf Kosten der Waldgebiete. Großräumige Beispiele dafür bieten das Amazonasgebiet und der Ostrand der Anden Südamerikas. In Amazonien suchte der brasilianische Staat durch Rodung und Ansiedlung von Kolonisten die Übervölkerung in anderen Landesteilen zu mildern und von den Problemen der Bodenreform abzulenken (DIERCKE Weltatlas S. 213/1). Das mit großem finanziellen und technischen Aufwand, mit dem Bau neuer Straßen und Siedlungen durchgeführte Unternehmen zeigt jedoch nur beschränkten Erfolg (G. KOHLHEPP 1987 u. a.). Die Bodenerschöpfung führte rasch zu Mißernten; Infrastruktur und Vermarktung blieben ungenügend, und die Kolonisten litten unter Akklimatisationsschwierigkeiten und fehlender Unterstützung. Zudem hat man ausländische Kapitalgesellschaften, die große Rinderweiden anlegten, gegenüber den bäuerlichen Kolonisten bevorzugt, und die einheimischen Indianer wurden rücksichtslos dezimiert.

Erfolgreicher verlief die Kolonisation im östlichen Tiefland von Bolivien (F. MONHEIM 1977). Zwar traten auch hier nach der Rodung ökologische Störungen und infrastrukturelle Schwierigkeiten auf, und die Übervölkerung des Hochlandes konnte nur wenig abgebaut werden. Doch ließen sich immerhin etwa 170000 Kolonisten nieder, die einen durchschnittlich höheren Lebensstandard als im Hochland erzielten und neben der Selbstversorgung z. T. in die Marktwirtschaft integriert sind. Die Produktion konnte bei Kakao, Kaffee, Bananen und Zitrusfrüchten gesteigert, der frühere Import von Reis und Zuckerrohr ersetzt werden. Die weitere Planung muß den Ausbau der Verkehrswege, eine ausgewogene Mischung zwischen familien- und marktorientierten Großbetrieben sowie die rechtliche Besitzsicherung gegenüber illegalen „Intrusos" anstreben. Abb. 29 zeigt die Flurstruktur einer planmäßig angelegten Kolonie im östlichen Tiefland von Bolivien.

Beide Beispiele machen deutlich, daß in den Neulandgebieten die Produktionssteigerung gleichzeitig mit einer Förderung der Markt-, Infra- und Sozialstruktur verbunden sein muß. Dies gilt auch für die weitere Entwicklung der Agrarwirtschaft im allgemeinen.

Der Übergang von der Selbstversorgung zur *Marktwirtschaft* bringt den Produzenten einerseits die Chance des Gewinns und höheren Lebensstandards, andererseits die Abhängigkeit von Handel, Verkehr und Absatz. Die Organisation von Transport und Vermarktung wurde früher z. T. von der Kolonialmacht, z. T. von einheimischen oder zugewanderten Händlern, die oft bis heute eine Monopolstellung innehaben, durchgeführt. Viele EL streben die stärkere Verknüpfung dieser Funktionen mit der Agrarwirtschaft zugunsten der Erzeuger an. In manchen afrikanischen Staaten übernahmen staatliche *Marketing boards* die Vermarktung, wobei allerdings die Gefahr der Bürokratisierung und des Mißtrauens der Bevölkerung gegenüber obrigkeitlichem Dirigismus besteht. Die bisherigen Versuche mit Genossenschaften haben gezeigt, daß diese ihre Aufgaben nur erfüllen können, wenn sie auf ausreichendem Angebot aufbauen und über Kapital, Transportmittel und ausgebildetes, zuverlässiges Personal verfügen. Als günstig erwiesen sich gemischte staatlich-private Unternehmen, bei denen sich Privatinitiative mit begrenzter staatlicher Kontrolle verbindet.

Gemeinsame Ziele dieser Institutionen sind der verbilligte Bezug von Produktionsmitteln, das Sammeln der oft weit verstreuten Produkte sowie deren Transport und Lagerung, wobei eine Standardisierung der meist sehr unterschiedlichen Qualität angestrebt wird. Der Absatz soll durch preisstabilisie-

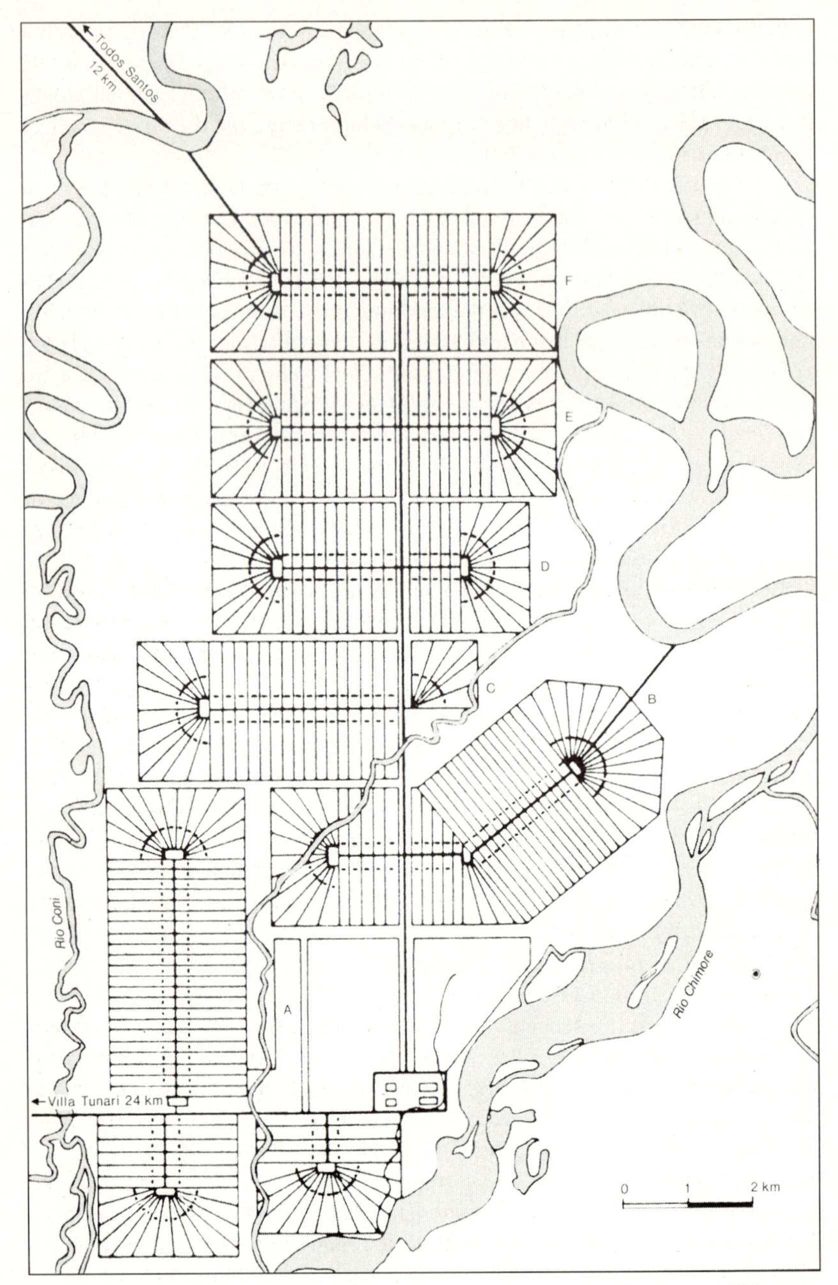

Abb. 29: Flurplan der dirigierten Kolonie Chimore (Bolivien) (nach SCHOOP *1970)*

rende Marktordnungen gefördert werden, die auf der Abstimmung zwischen Angebot und Nachfrage und langfristiger Marktforschung beruhen. Allerdings gefährden witterungsbedingte Ernteausfälle, innenpolitische Schwierigkeiten und internationale Marktschwankungen häufig das Erreichen dieser Ziele in den EL.

In vielen dieser Staaten ist außerdem die Verkehrsstruktur unzureichend. Der Ausbau des Verkehrs-, insbesondere des Straßennetzes bildet eine Voraussetzung, um die Transportkosten und -verluste zu vermindern, isolierte Landesteile in die Marktwirtschaft zu integrieren und die Städte ausreichend zu versorgen. Ökologisch unterschiedliche Regionen müssen durch tragfähige Linien verbunden werden, damit sie sich in ihrer Produktion ergänzen können.

Die Verbesserung der Verkehrsstruktur stellt außerdem eine Vorbedingung für den Aufbau der *Agroindustrie*, die sowohl Produktionsmittel (Geräte, Dünger usw.) liefert wie die Weiterverarbeitung der Produkte besorgt. Damit können einerseits teure Industrieimporte verringert, andererseits Fertigprodukte für die Inlandversorgung und den Export hergestellt werden. In vielen EL bedarf die Agroindustrie einer verbesserten horizontalen Integration, d. h. der Koordination zwischen den Produktionsgebieten (Abstimmung von Lieferzeiten) und der vertikalen Integration zwischen den Verarbeitungsstufen. Um Verluste zu vermeiden, müssen dem Industrieaufbau Kapazitätsberechnungen und Standortplanungen vorausgehen. B. ANDREAE (1979, S. 394) nannte als Beispiel die optimale Standortwahl einer Zuckerfabrik im Iran. Sie wird im inneren Ring von einer Großplantage umgeben, die in Monokultur das transportempfindliche Zuckerrohr erzeugt, während bäuerliche Betriebe aus dem Außenring Winterzuckerrüben liefern; da sich die Erntezeiten nicht überschneiden, ist die Fabrik günstig ausgelastet. Die Anlage verarbeitender Betriebe in den Agrargebieten hilft, die in den EL meist einseitig auf die Städte konzentrierte Industrie zu dezentralisieren und neue Arbeitsplätze im ländlichen Raum zu schaffen.

Besitz- und Sozialstruktur in den EL

Von gleicher Dringlichkeit wie die wirtschaftlich-technischen Maßnahmen ist in den meisten EL die Verbesserung der *Sozialstruktur*, d. h. die Beseitigung ungerechter Besitzverteilung, die zur Ausbeutung und zu sozialen Spannungen führt. Krasse Gegensätze zwischen den Betriebsgrößen kennzeichnen bis heute insbesondere die Länder Lateinamerikas, Südasiens und des Orients. Die Änderung der überkommenen Agrarverfassung ist das Ziel der *Agrarreformen*, definiert als „Komplex agrarpolitischer und agrarrechtlicher Maßnahmen, deren Ziel die Förderung des Wohlstandes der landwirtschaftlichen Bevölkerung und die Ertragssteigerung der Landwirtschaft ist" (P. v. BLANCKENBURG 1967, S. 329). Diese Definition macht deutlich, daß die

Agrarreform sowohl soziale als auch wirtschaftliche Gesichtspunkte abwägen und in Einklang bringen muß.

Bodenbesitzreformen erfolgen durch Umverteilung des Eigentums und erfordern die teilweise Enteignung von Großbetrieben (vgl. DIERCKE Weltatlas S. 207 ①). Dabei gilt es, eine Grenze zu finden, innerhalb der diese Betriebe noch existenzfähig bleiben, namentlich wenn sie intensiv wirtschaften und für Inlandversorgung und Export weiterhin unentbehrlich sind. Problematisch gestaltet sich auch die Neuverteilung des Bodens, bei der einerseits möglichst viele Bewerber berücksichtigt werden, andererseits nicht zu kleine, unwirtschaftliche Betriebe entstehen sollen, die einen sozialen Aufstieg unmöglich machen. Die Verteilung muß zudem die ökologische Differenzierung berücksichtigen und darf sich nicht auf die peripheren und wenig fruchtbaren Teile der Großbetriebe beschränken. Schwierigkeiten bietet ferner die Auswahl der Bewerber nach Anspruch (Präferenz bisher abhängiger Bauern und Pächter) und nach Eignung für eine selbständige Bewirtschaftung. Umstritten ist schließlich die Bemessungsgrundlage für die Entschädigung der enteigneten Betriebe, die eine erhebliche Belastung für den Staat und die neuen Kleinbetriebe bringt.

Eine andere Art der Bodenreform bedeutet die Individualisierung von Gemeineigentum, z. B. in afrikanischen Stammesterritorien. Hierbei steht dem Vorteil der selbstverantwortlichen Bewirtschaftung mit individuellen Gewinnen bei der Marktbelieferung der Nachteil des größeren Risikos gegenüber. Die Auflösung des Gemeineigentums vermindert die soziale Sicherheit und birgt die Gefahr steigender Ungleichheit durch Besitzkonzentration einerseits, Besitzzersplitterung andererseits.

Andererseits fand die zwangsweise *Kollektivierung* nach dem Muster sozialistischer Staaten bisher wenig Anklang in den EL, da sie den Verlust der Selbständigkeit und des Eigentums bringt. Erfolgreicher verlief die gemäßigte Sozialisierung in den Ejidos von Mexiko, wo der Boden zwar Eigentum des Kollektivs ist, die Mitglieder aber auf ihrer Parzelle ein individuelles und erbliches Nutzrecht bewahren.

Die Maßnahmen zur Reform der *Pachtverhältnisse* in den EL streben eine größere Sicherheit für die Pächter durch Kündigungsschutz, verlängerte Dauer der Pacht, angemessene Pachtzinsen und Beseitigung der Unterverpachtung an. Dadurch sollen der einseitige Gewinn der Verpächter verringert und der Anreiz zur Intensivierung und Investition für den Pächter vergrößert werden. Zudem wird angestrebt, die Teilpacht mit Ernteabgaben in Geldpacht mit gleichbleibenden Beträgen zu überführen. Diese Maßnahmen sind besonders in den Ländern des Orients und Südasiens mit rentenkapitalistischen Strukturen vordringlich.

Die Probleme der Bodenreform zeigen, daß der Neuverteilung des Besitzes Maßnahmen zur wirtschaftlichen Sicherung folgen müssen. Diese

Bewirtschaftungsreformen umfassen vor allem die Ausbildung und Beratung der meist unerfahrenen neuen Betriebsinhaber mit der Vermittlung technischer und organisatorischer Kenntnisse und der Erziehung zur Eigeninitiative. Zur Festigung der neuen Wirtschafts- und Sozialstruktur dienen ferner das Vorbild größerer Musterbetriebe, die Zusammenarbeit in Genossenschaften und die staatlich kontrollierte Agrarreform mit „Produktion unter Aufsicht". Wichtig ist die Gewährung zweckgebundener Kredite mit längerer Laufzeit für den nach der Neuzuteilung erhöhten Ausstattungsbedarf. Zu den strukturverbessernden Maßnahmen gehören der Ausbau des Marktwesens und des Verkehrsnetzes sowie die Flurbereinigung bei starker Gemengelage und Parzellierung. Der Agrarreform muß die Steuerreform folgen, die den Kleinbesitz nicht zu stark belastet und doch dem Staat die notwendige Kapitalbildung nach dem Verlust von Steuern aus Großbetrieben ermöglicht.

Die Auswirkungen der Agrarreformen sind regional sehr unterschiedlich. Ein überwiegend positiver Effekt bleibt jedenfalls, daß erstarrte Gesellschaftsstrukturen durchbrochen werden und bisher benachteiligte Schichten (Kleinbauern, Landarbeiter) Hoffnung und damit Antrieb zu eigener Initiative erhalten. Unterschiedliche Fähigkeiten können allerdings dazu führen, daß sich anstelle der angestrebten Gleichheit wieder eine neue Schichtung zu bilden beginnt. Die Produktion sinkt im allgemeinen durch die Umwälzungen der Reformen und mangelnde Erfahrung zunächst ab, steigt aber dann – ausreichende Betriebsgrößen vorausgesetzt – gefördert durch das Eigeninteresse wieder an. In der Produktionsrichtung der verselbständigten Kleinbetriebe überwiegt die Selbstversorgung, meist als Nachholbedarf der bisher mangelhaften Ernährung. Langfristig wächst jedoch aufgrund des Geldbedarfs die Marktbelieferung zugunsten der Städte, die während der Bodenreformen meist Versorgungseinbußen erleiden.

Die zahlreichen Variationen der Agrarreformen lassen sich drei Grundtypen zuordnen: Die *individualwirtschaftlichen Familienbetriebe*, z. T. verbunden mit Genossenschaften, sind aus der Aufteilung von Großbetrieben, die Obergrenzen überschreiten, hervorgegangen. Beispiele finden sich in Japan, Südkorea, Taiwan und Ägypten, wo in der frühen Nachkriegszeit rentenkapitalistische Strukturen beseitigt wurden. *Kollektivistische Bodenreformen*, anknüpfend an traditionelle Agrarverfassungen, wurden in Mexiko und Tansania durchgeführt. In Mexiko wurde das Land von Latifundien Eigentum von Dorfgemeinschaften *(Ejidos)* und entweder kollektiv oder individuell mit Nutzungsrechten der Familien bewirtschaftet. In Tansania umfaßt das *Ujamaa*-Konzept kollektives Eigentum mit gemeinsamer Bewirtschaftung und Vermarktung. Die *sozialistischen Produktionsgenossenschaften* mit Kollektivbesitz und -bewirtschaftung wurde im ehemaligen Ostblock geschaffen (heute z. T. reprivatisiert) sowie in Kuba, Algerien und Äthiopien. Mischformen entstanden z. B. in Peru, wo enteignete Großbetriebe erhalten blieben und nun von ehemaligen Landarbeitern oder kleinbäuerlichen Dorfgemeinschaften genutzt werden.

Die Maßnahmen zur Verbesserung der Agrarstruktur verdeutlichen, daß die *Agrargesellschaft* der EL heute im Widerstreit zwischen Tradition und Modernisierung steht. Die Tradition bleibt verbunden mit hierarchischen Sippenstrukturen und geschlossenen Dorfgemeinschaften, die soziale Absicherung bieten, aber Unterordnung erfordern und Innovationen mißtrauisch ablehnen. Die Modernisierung ist verknüpft mit Markt- und Geldwirtschaft, mit neuen Anbaumethoden und Technologien, die – zusammen mit der Individualisierung des Grundeigentums – persönlichen Gewinn ermöglichen. Der Auflösung der traditionellen Gemeinschaften folgt häufig eine neue soziale Differenzierung; einer bäuerlichen Schicht, die, wenn auch in bescheidenem Maße, Kapital und Produktionsmittel besitzt, Lohnarbeiter beschäftigt und in die Marktwirtschaft integriert ist, steht eine landarme oder landlose Unterschicht gegenüber, die letztlich in die Städte abwandert. Zwischen den Grundformen des traditionellen Sektors kleinbäuerlicher, überwiegend selbstversorgender Betriebe und des modernen Sektors marktorientierter Großbetriebe *(„Dual Economy“)* gibt es viele Übergänge. Dazu kommt die Schattenwirtschaft des „Informellen Sektors“.

Eine fruchtbare Kombination von bewährten Traditionen mit sinnvollem Fortschritt läßt sich langfristig nicht durch wirtschaftliche Maßnahmen, sondern nur durch *Erziehung* erreichen. Sie muß einerseits Selbständigkeit und Bereitschaft zur Übernahme von Innovationen nach kritischer Prüfung, andererseits Verantwortungsbewußtsein und Einsatz für die Gemeinschaft anstreben. Wichtig ist dabei die Ausbildung eines Kaders von Fachleuten, welche die Entwicklung im ländlichen Raum fördern und nicht in die Städte oder Industrieländer abwandern.

Die Agrarwirtschaft muß auch im Rahmen der *Entwicklungsstrategien* gesehen werden, die sich mit den kolonialen und nachkolonialen Abhängigkeiten der EL und ihrem inneren und sozialen Ungleichgewicht befassen (vgl. M. BOHNET 1971, L. SCHÄTZL 1978). Auf der einen Seite stehen die *Wachstums- und Modernisierungstheorien*, vertreten u. a. durch W. W. ROSTOW (s. S. 29), der den wirtschaftlichen Aufstieg *(take off-Phase)* als Teil einer allgemeinen Entwicklung sieht. Doch kann das Modell der Industrieländer nicht ohne weiteres auf die EL übertragen werden, da diesen viele Voraussetzungen (Kapital, Technologien, Kolonien, Infrastruktur) fehlen und das Bevölkerungswachstum die Produktivität oft übersteigt. So sehen die *Dependenz- und Polarisationstheorien* vielmehr die sich verschärfende Abhängigkeit der EL. Dabei betont G. MYRDAL (1974), daß sich im freien Spiel der wirtschaftlichen Kräfte die Ungleichheit immer mehr verstärkt, weil die industriellen Wachstumszentren Entzugseffekte auf die Peripherie (d. h. die EL) ausüben. R. PREBISCH (1959) sah die Ursache in der ungleichen Nachfrageelastizität bei Industriegütern einerseits, Nahrungsmitteln und Rohstoffen andererseits, die die Verschlechterung der Handelsbilanz *(Terms of trade)* und des Einkommens in den EL bewirkt. D. SENGHAAS (1977) führt die Unterentwicklung auf die Dominanz der kapitalistischen Metropolen zurück, denen neue privilegierte, herrschende Schichten in den EL als „Brückenköpfe" dienen.

Die künftige Entwicklung soll die Abhängigkeit vermindern, doch erscheint eine „Abkoppelung" der EL von der weltwirtschaftlichen Verflechtung kaum möglich. Langfristig lassen sich die Probleme nur lösen, wenn eine neue Weltwirtschaftsordnung die Bedingungen für die Entwicklungsländer verbessert, diese ihre Ressourcen selbständig nutzen lernen und ein inneres soziales Gleichgewicht schaffen. Agrarwirtschaft und -gesellschaft spielen dabei in den meisten dieser Staaten noch eine zentrale Rolle.

Neuerdings befaßt sich damit die „Nahrungsgeographie" (vgl. H.G. BOHLE 1991 ff.), die über die Produktion hinaus die Verteilung und Verwendung der Nahrungsmittel mit den lokalen und globalen Verflechtungen untersucht. Sie sieht nicht nur die natürlichen, sondern auch die gesellschaftlichen und politischen Ursachen der Nahrungskrisen. Danach kann Hunger die Folge unzureichender Produktion, doch ebenso mangelnder Kaufkraft und struktureller Schwächen sein. Die Aufgabe der Nahrungsgeographie ist theoriegeleitet und anwendungsbezogen; sie will aufgrund der Ursachenforschung langfristige Ernährungssicherungssysteme entwickeln. Dabei muß auch auf bewährte autochthone Agrarerfahrung und -kenntnis zurückgegriffen werden.

7.2 Der Agrarraum der Erde

Nach Beendigung der politischen Auseinandersetzungen zwischen den Machtblöcken in Ost und West wird das wirtschaftliche und soziale Nord-Süd-Gefälle zum wichtigsten globalen Problem der Zukunft. Der Gegensatz zwischen den Entwicklungs- und den Industrieländern (IL) wird im agrarwirtschaftlichen Bereich besonders deutlich. So unterscheiden sich die Industrie- von den Entwicklungsländern im allgemeinen durch ihre starke Kapitalintensität mit hoher Arbeits- und Flächenproduktivität, verbunden mit ausgeprägter Mechanisierung und Spezialisierung. Zum Teil werden Überschüsse produziert, die, unterstützt durch Subventionen, dem Export dienen. Der Import fehlender Rohstoffe und Nahrungsmittel kann vor allem durch den Export von Industriewaren finanziert werden. So ist die hohe Tragfähigkeit der IL sowohl binnen- wie außenwirtschaftlich bedingt. Ein weiteres Merkmal ist der starke Verzehr tierischer Nahrungsmittel mit Verfütterung hochwertiger pflanzlicher Produkte. Nach Feststellung der FAO brauchen heute 30 % der Erdbevölkerung 55 % der Nahrungserzeugung.

Der Gegensatz zwischen IL und EL wird sich in Zukunft noch verstärken, da in den EL einer nur mäßig steigenden, in Afrika sogar fallenden Prokopfproduktion eine rasch wachsende Bevölkerungszahl gegenübersteht. So betrug die Fertilitätsrate 1995 in den EL 3,6 Kinder je Frau, in den IL nur 1,9 (Weltmittel 3,3); dazu muß die steigende Lebenserwartung auch in den EL berücksichtigt werden. Eine Begrenzung der Weltbevölkerung auf 10 Milliarden im Jahr 2050 (nach Berechnungen der Weltbank) läßt sich nur erreichen, wenn die Fertilitätsrate in den EL auf 2,3, global auf 2,1 gesenkt wird.

Die Welthandelsströme verdeutlichen die ungleiche Verteilung zwischen Nahrungsangebot und -nachfrage. Obwohl die EL zahlreiche tropische und subtropische Agrarprodukte exportieren – oft auf Kosten ihrer eigenen Versorgung – kommen heute die stärksten Exporte nicht nur an Industrie-, sondern auch an Agrarerzeugnissen aus IL. So sind die Hauptexportländer für Getreide und Reis die USA, Kanada, die EU-Länder, Australien und die Schwellenländer Argentinien und Thailand, großenteils unterstützt durch Exportsubventionen. Diese Länder beliefern andere Industriestaaten (besonders Rußland und Japan), aber auch viele EL und bilden heute das „Sicherheitspolster" an Körnerfrüchten für die Welternährung. Dabei wird der größte Teil des Weltgetreidehandels von nur wenigen Agrarkonzernen kontrolliert. Der gesamte Weltagrarhandel umfaßte 1994 395 Mrd. US-$. Dabei stand Deutschland im Import mit 39 Mrd. $ vor Japan und den USA an erster Stelle, im Export mit 23 Mrd.$ hinter USA, Niederlande und Frankreich an vierter Stelle.

Theoretisch ließe sich die Versorgung der wachsenden Erdbevölkerung auf absehbare Zeit sichern, wenn für einen besseren Ausgleich zwischen Überschuß- und Mangelgebieten gesorgt würde. Diesen Ausgleich erschweren allerdings Transport-, Lagerungs- und Konservierungsprobleme, regionale Ernährungsgewohnheiten und besonders auch hohe Agrarpreise zu Lasten der bedürftigsten Länder. Das Ziel der Weltagrarpolitik muß also nicht nur eine bessere Verteilung der Produkte, sondern auch eine Verlagerung der Produktion selbst, den regionalen Bedürfnissen entsprechend, sein. Eine derartige Entwicklungsstrategie setzt die Bewältigung zahlreicher ökonomischer, ökologischer und sozialer Probleme voraus, die aufzuzeigen sind.

Die Steigerung und bessere Verteilung der Agrarproduktion auf der Erde läßt sich entweder durch Expansion der Nutzfläche oder durch Intensivierung der Nutzung erreichen. Die Expansion erscheint angesichts von Schätzungen, daß die Fläche für Ackerland und Dauerkulturen von derzeit 1,5 auf 2,5 Mrd. ha gesteigert werden könnte, zunächst aussichtsreich. So ist die Ausdehnung der Nutzfläche in Trockengebieten mit Hilfe der Bewässerung denkbar, doch wird diese durch die beschränkten Wasservorräte begrenzt; Versuche mit der Entsalzung von Meerwasser sind wirtschaftlich noch nicht verwertbar. Eine weitere Möglichkeit zur Erweiterung des Nahrungsspielraums besteht in der

Erschließung bisher ungenutzten Graslandpotentials in den Tropen für die Viehhaltung. Die FAO schätzt, daß allein in Afrika nach der Ausrottung von Krankheitserregern (z. B. Tsetsefliege) dafür 7 Mio. km^2 zur Verfügung stehen. Dies würde zwar einerseits die Eiweißversorgung der Bevölkerung verbessern, andererseits hohe Veredelungsverluste auf Kosten der pflanzlichen Produktion, auf die sich die ernährungswirtschaftlich armen Völker konzentrieren müssen, mit sich bringen (B. ANDREAE 1980 b). Erwogen wird ferner, wie weit sich die Ernährungsbasis durch die Nutzung von Gewässern (Fisch- und Algenfarmen; „Blaue Revolution" durch Aquakulturen) erweitern läßt. Auch diese Möglichkeit bleibt eng begrenzt, ebenso die Nutzung der Meere, die nur etwa 3 % des Kalorienverbrauchs der Erde bestreiten und ohne Störung des biologischen Gleichgewichts nicht wesentlich stärker ausgebaut werden kann.

Diesen beschränkten Erweiterungen stehen aber künftig wie heute große Verluste der Nutzfläche gegenüber. Sie schrumpft infolge der Überbauung durch Siedlungen, Industrie- und Verkehrsanlagen, durch anthropogene Bodenzerstörung und Desertifikation. Schätzungsweise sind schon etwa 10 % des früheren Agrarlandes in Wüste oder Ödland übergegangen und weitere 25 % sind in akuter Gefahr (W. MANSHARD und R. MÄCKEL 1995). Zudem werden Nutzflächen sowohl in unrentablen Grenzertragsgebieten (Bergflucht) als auch in Stadtnähe (Sozialbrache) aufgegeben.

Überschwemmungen und Wirbelstürme verursachen jährlich große Verluste. An den Polar- und Trockengrenzen weicht die Nutzung heute meistens zurück (Abb. 30). Weltweit ist eine zunehmende Konzentration der Produktion auf die produktivsten Standorte zu beobachten.

Als Bilanz ergibt sich, daß die Nutzfläche der Erde künftig nur wenig zunehmen wird. Die Steigerung der Produktion müßte also weniger auf Expansion als auf *Intensivierung* beruhen. Dies entspricht dem Wandel der Faktorenkombination, der im Verlauf des volkswirtschaftlichen Wachstums regelhaft zu beobachten ist (B. ANDREAE 1977, S. 274). Danach werden mit der Entwicklung von dünnbesiedelten Agrar- zu dichtbesiedelten IL Boden und Arbeitskräfte knapper und teurer, Industriegüter hingegen reichlicher und billiger. Dementsprechend wird in Agrarländern bodenaufwendig und mit Einsatz von vielen Arbeitskräften gewirtschaftet, während in IL die boden- und arbeitssparende kapitalintensive Nutzung vorherrscht (s. S. 55). Diese Entwicklung zur Kapitalintensität, verbunden mit steigender Arbeits- und Bodenproduktivität, dürfte sich weltweit verstärken, da nicht nur die Nutzflächen, sondern auch die landwirtschaftlichen Arbeitskräfte knapper werden. Dies betrifft nicht nur die IL, sondern mit zunehmender Landflucht und Verstädterung auch die EL.

Die heutige und künftige Intensivierung mit erhöhtem Kapitaleinsatz umfaßt u. a. Maßnahmen zur Mechanisierung, Bewässerung und Düngung

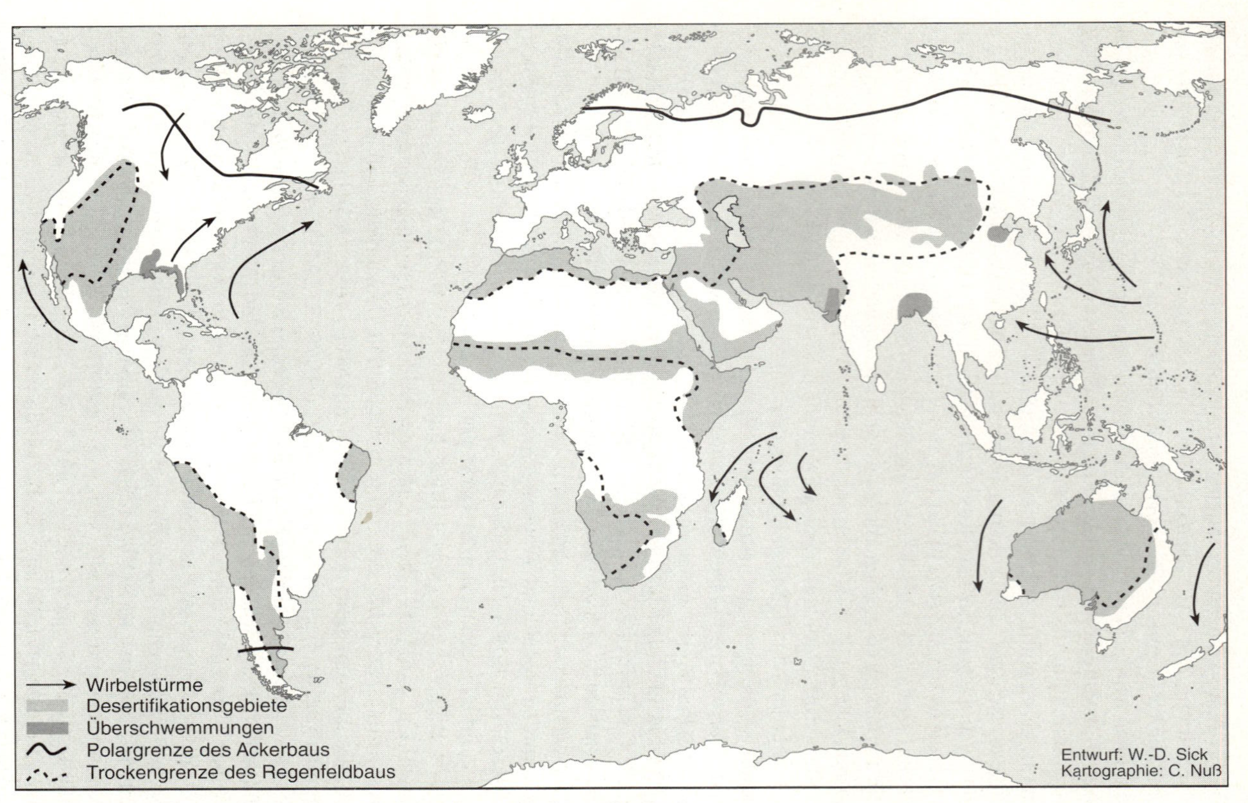

Abb. 30: Limitfaktoren der Landwirtschaft (nach verschiedenen Quellen)

sowie zur Zucht und zum Schutz von Pflanzen und Tieren. Bei allen diesen Maßnahmen müssen neben der möglichen Ertragssteigerung aber auch die Grenzen und Gefahren gesehen werden.

Die mit der *Mechanisierung* und *Bewässerung* verbundenen Probleme wurden bereits an anderer Stelle (s. S. 131) aufgezeigt. Der Verbrauch an Mineraldünger erreicht heute in Westeuropa durchschnittlich 200 kg/ha, in den EL nur 10-20 kg/ha; als Folge davon liegen z. B. die westeuropäischen Getreideerträge drei- bis fünffach höher. So erscheint der verstärkte Düngereinsatz sinnvoll. Andererseits steigt die Nahrungsmittelproduktion nicht im gleichen Maße, so daß hier (nach dem Gesetz vom abnehmenden Ertragszuwachs) die Grenzen der Rentabilität erscheinen. In vielen EL wird der Mineraldüngerverbrauch weiterhin durch Kapitalmangel und hohe Transportkosten behindert sein und zudem durch die weit verbreiteten Böden mit geringer Speicher- und Austauschfähigkeit unrentabel bleiben.

Die Dringlichkeit des *Pflanzenschutzes* zeigt sich darin, daß von der potentiellen Welternte heute schätzungsweise Schädlinge 14 %, Krankheiten 12 % und Unkräuter 9 % vernichten, insgesamt also mehr als ein Drittel. Bei Zuckerrohr und -rüben erreichen die Verluste sogar 45 %, bei Reis 46 %. Der Schadensbefall tritt nicht nur auf dem Feld, sondern, namentlich in den tropischen EL, in hohem Maß auch bei der Lagerung auf. Doch müssen auch die Gefahren der Pflanzenschutzmittel beachtet werden, d. h. die Vergiftung von Nahrungsmitteln und Grundwasser, die Vernichtung der Schädlingsvertilger und andererseits die zunehmende Resistenz der Schädlinge; damit gerät das Ökosystem aus dem Gleichgewicht.

Große Hoffnungen knüpften sich an die Verwendung von *Saatgut* besonders ertragsfähiger Weizen-, Mais- und Reisvarietäten *(High yielding varieties*; HYV's), die seit 50 Jahren in den USA, in Mexiko und auf den Philippinen gezüchtet und erprobt werden. Mit den neuen „Wundersorten" konnten bei Weizen bis 50, bei Mais bis etwa 70 und bei Reis 60 bis über 100 dt/ha erzielt werden. Bei Reis wurden durch die kurze Reifezeit (120 Tage) die Mehrfachernten gefördert. Diese *„Grüne Revolution"* (vgl. dazu u. a. J. HAUSER 1972, H. WILHELMY 1975, W. WEISCHET 1978, K. DAHLBERG 1979, M. COLLINSON 1992, W. MANSHARD und R. MÄCKEL 1995) ist mit einem Paket neuer Bodenbearbeitungs-, Bewässerungs-, Aussaat-, Düngungs- und Schädlingsbekämpfungsmethoden verbunden *(green revolution technological package)*. Nur durch die hohe Ertragssteigerung, namentlich in Südostasien, war es möglich, die rasch steigende Bevölkerung ausreichend mit Reis zu ernähren und größere Hungerkrisen zu vermeiden. In Nordamerika konnten andererseits große Exportüberschüsse erzielt werden.

Doch wurden bald auch hier Nachteile erkennbar. Die gesteigerten Erträge erfordern einen hohen Energie- und Kapitaleinsatz für Kraftstoffe, Schädlingsbekämpfungs- und Düngemittel, der von Kleinbauern nur begrenzt geleistet werden kann. Darüber hinaus eignen sich die nährstoffarmen und infolge ihrer geringen Austauschkapazität auch durch Kunstdünger nicht zu verbessernden ferrallitischen Kaolisole der feuchten Tropen nur schlecht für die Grüne Revolution. Die nach Bodenqualität und Niederschlagsmenge dafür geeigneten tropischen Gebiete beschränken sich in Asien auf 30 %, in Lateinamerika auf 20 % und in Afrika sogar nur auf 11 % der Gesamtfläche (W. WEISCHET 1978 nach R. REVELLE).

Darüber hinaus steht zu befürchten, daß die weit und z. T. in Monokultur verbreiteten Hochertragssorten zunehmender Anfälligkeit für Krankheiten bzw. Schädlinge und infolge der Inzucht rascher Degenerierung unterliegen. Es muß somit ständig für die Nachzucht möglichst resistenter und im Ertrag konstanter Varietäten gesorgt werden. Andererseits schrumpfen die dafür erforderlichen genetischen Reserven immer mehr, da ihre natürlichen Standorte mit der Ausbreitung der uniformen Kulturlandschaft zerstört werden. Die mühselige Suche nach einer zur Weiterzucht geeigneten Maisvarietät in abgelegenen Gebirgstälern Mexikos um 1977 zeigt, daß die natürliche Basis für potentielle Hochleistungssorten schmal geworden ist. Den unbestreitbaren Erfolgen der Grünen Revolution stehen somit in Zukunft auch schwerwiegende Probleme gegenüber. Die sozialen Folgen der Grünen Revolution werden verschieden beurteilt; so seien die Kleinbauern gegenüber den Großbetrieben nicht immer benachteiligt; auch sie hätten großenteils an der Verbesserung von Ernährung und Lebensstandard teilgehabt (W. MANSHARD und R. MÄCKEL 1995).

Neben der ertragssteigernden ersten Grünen Revolution wird jetzt auch eine zweite gefordert und gefördert, die eine nachhaltige, bodenschonende und naturangepaßte Bewirtschaftung zum Ziel hat. So bevorzugt man Mischstatt Monokulturen, und auch die Sozialstruktur mit Kleinbetrieben wird stärker berücksichtigt. Letzthin wird sich die Methode immer nach den vorhandenen sozial-ökonomischen Rahmenbedingungen richten müssen.

Über die Grüne Revolution hinaus wird die *Gentechnik* mit der gezielten Beeinflussung von Erbanlagen bei zahlreichen Tier- und Pflanzenarten weiterentwickelt (Biorevolution). Damit sollen leistungsfähige, krankheitsresistente und marktgerechte Produkte erzielt, die Produktion gesteigert und der Ertrag gesichert werden. Die Gefahren liegen in der Steuerung (Manipulation) durch interessierte Industriezweige und privates Kapital, aber auch in nicht mehr kontrollierbaren biologischen Entwicklungen. Zudem würde in manchen Gebieten die Überproduktion noch weiter wachsen.

Mit den steigenden Erträgen im Feldbau wuchs in den IL auch die Umwandlung von pflanzlichen in tierische Produkte durch *Veredlung*. Der hohe Lebensstandard verbindet sich mit differenzierten, verfeinerten Ernährungsgewohnheiten und starker Nachfrage nach proteinreichen tierischen Nahrungsmitteln. So entfallen heute in Deutschland etwa 62 % des Produktionswertes auf tierische Erzeugnisse, in den meisten EL hingegen weniger als 20 %. Die Veredlung erfordert jedoch einen hohen Energieaufwand, da der Ausnutzungskoeffizient gemessen in Kalorien bei der Umwandlung aus Futtermitteln niedrig liegt. Beispielsweise werden 100 kg pflanzliches Eiweiß durch eine Milchkuh nur in 39 kg, durch ein Mastrind sogar nur in 13 kg tierisches Eiweiß umgesetzt. Dieser große Aufwand schlägt sich einerseits in erhöhten Preisen für tierische Produkte nieder, setzt aber andererseits eine breite Futterbasis in Form von Grünland, Feldfutterbau oder Kraftfutterzufuhr voraus. Weltweit gesehen läßt sich die Veredlungswirtschaft dann rechtfertigen, wenn durch sie absolutes (nicht ackerfähiges) Grünland optimal genutzt werden kann und der Feldfutterbau die Versorgung der Menschen mit den primären pflanzlichen Produkten nicht gefährdet. Solange diese Gefahr in vielen EL besteht, erscheint es aber unverantwortlich, einen großen Teil pflanzlicher Grundnahrungsmittel unter hohem Energieverlust gleichsam „vor die Säue zu werfen". So dienen heute 40 % der Weltgetreideproduktion, 30 % der Fischfänge und 60-70 % der Ölsaaten der „Veredelung" in Tierprodukten. Das Ziel ist eine ausgeglichene Versorgung mit pflanzlichen und tierischen Produkten, die sich in ihrem Kalorien- und Nährstoffgehalt ergänzen. Doch gibt zu denken, daß nach Berechnungen bei einer rein pflanzlichen Ernährung die Tragfähigkeit der Erde mehrfach gesteigert werden könnte.

Insgesamt haben die Intensivierungsmaßnahmen in der Landwirtschaft einerseits die Erträge, andererseits aber auch den *Energiebedarf* gewaltig ansteigen lassen. Mit dem Rückgang der menschlichen Arbeitskräfte wuchs der Einsatz sowohl an Kapital wie an Energie, die zum großen Teil von außen in die Betriebe eingeführt werden muß. Hoher Energieverbrauch fällt nicht nur bei der Produktion für Maschinen, Bewässerung, Düngung, Veredlung und für Pflanzenschutzmittel an, sondern auch bei der Konservierung, Trocknung, Lagerung, Weiterverarbeitung und Verpackung der Produkte. Nach den Schätzungen von GLOBAL 2000 (1980) ist der Energieinput der modernen Landwirtschaft gegenüber der traditionellen etwa hundertmal größer, während die Produktion im Durchschnitt nur um das Zwei- bis Dreifache stieg. Im Vergleich zwischen EL und IL lag der Pro-Kopf-Verbrauch von Energie, gemessen z. B. an Indonesien, in Mexiko bereits zehnmal, in der Bundesrepublik Deutschland fünfzigmal und in den USA sogar hundertmal höher. Gemessen an Nutzungsformen beträgt das Verhältnis von In- zu Output bei Shifting Cultivation 1 : 65, bei Naßreisbau aber 1 : 1,3.

Der Energiekonsum dürfte nach den Prognosen von GLOBAL 2000 auf der Erde jährlich um 3,3-4,4 % (je nach dem Bruttosozialprodukt der Länder) steigen, d. h. sich in absehbarer Zeit verdoppeln. Dies ist vor allem eine Folge der modernen Hochertragslandwirtschaft, die sich mit dem Bevölkerungswachstum weiter ausbreiten wird und muß. Sie ist aber in hohem Maße über den Verbrauch von Treibstoff und Düngemitteln von fossilen Energiequellen

(Erdöl, Erdgas, Kohle) abhängig, die sich erschöpfen. Wenn man die Weltbevölkerung mit dem Ernährungsniveau und den energie-intensiven Produktionsmethoden der USA versorgen wollte, würden dafür die gesamten Erdölreserven der Erde nur noch ca. 20 Jahre ausreichen. Die Landwirtschaft sieht sich zudem durch Preissteigerungen und politisch bedingte Wechselfälle in der Energiebelieferung bedroht. Davon sind wiederum in erster Linie die sowohl kapital- wie energiearmen EL betroffen.

Als Bilanz muß festgestellt werden, daß das gegenwärtige Produktionssystem der IL, welches begrenzte Reserven rasch verbraucht, auf Dauer unhaltbar und nicht weltweit übertragbar ist (W. WEISCHET 1978). Die Agrarplanung ist zu alternativen, energiesparenden Methoden gezwungen. So empfiehlt GLOBAL 2000 z. B. für die USA kleinere Farmeinheiten, in denen die fossile Energie wieder mehr durch menschliche Arbeitskraft ersetzt wird, und weist auf die chinesische Landwirtschaft hin, die sich mit einem Minimum an Energieaufwand entwickelt. Doch auch dort zwingt die expandierende Bevölkerung heute zu steigendem Energieeinsatz (z. B. mit Düngemittelimporten). Die Diskrepanz zwischen Energiebedarf und -mangel stellt ein ungelöstes, die Welternährung bedrohendes Problem dar. In Zukunft müssen auch in der Landwirtschaft alternative und umweltfreundliche Energiequellen (Solar-, Wind- und Hydroenergie, Biogas) stärker genutzt werden.

Zudem gefährden viele, vom Menschen verursachte *ökologische Umweltschäden* die Zukunft. Zu ihnen gehört außer der Vernichtung nützlicher Tier- und Pflanzenarten durch Pestizide die weit verbreitete *Bodenzerstörung*. Die Bodenabschwemmung erfährt nicht nur durch die Rodung der natürlichen Vegetation, sondern auch durch Feldbau und Viehhaltung eine Beschleunigung. So ergaben Messungen in den USA, daß leicht ansteigende, mit Mais, Hirse oder Baumwolle bepflanzte Felder jährlich bis zu 50 t/ha Boden verlieren; damit nimmt die Bodenmächtigkeit in 25 Jahren um 7-8 cm ab. Notwendige Gegenmaßnahmen sind Fruchtwechsel mit bodendeckenden Kulturen oder Bau von Terrassen. Große Verluste, weltweit schätzungsweise jährlich 125 000 ha, entstehen durch Versumpfung, Versalzung und Alkalisierung von Böden infolge ungenügender Drainage bei der Bewässerung. Wenn dem nicht Einhalt geboten wird, geht der Produktion in 25 Jahren eine Fläche verloren, die zur durchschnittlichen Ernährung von über 9 Mio. Menschen ausreichen würde.

Auf die Ursachen und Folgen der *Waldvernichtung* und *Wüstenausbreitung* (Desertifikation) wurde schon mehrfach verwiesen. Jährlich gehen über 20 Mio. ha tropischer und subtropischer Wälder durch Abholzung oder Abbrennung verloren. Dadurch werden in weiten Gebieten Biosphäre, Bodenstruktur, Klima und Wasserhaushalt nachhaltig gestört; so wird das gesamte Ökosystem destabilisiert. Ähnlich erschreckend erfolgt das Wachsen der Wüstengebiete, das vor allem auf Überweidung und Grundwasserabsenkung beruht und jährlich eine Fläche von etwa 6 Mio. ha erfaßt. Dieser Vorgang betrifft besonders die afrikanischen und asiatischen Trockenräume, in denen sich eine Katastrophe wie die der Sahelzone rasch wiederholen kann. Die Gebiete, die ständig mit Desertifikationsproblemen zu kämpfen haben, umfassen bereits heute 30 Mio. km² mit 80 Mio. Menschen.

Der stärkste Engpaß der Zukunft dürfte neben der Erschöpfung fossiler Energiequellen in der Verknappung der *Wasservorräte* (R. KELLER 1961) liegen. Weltweit wird eine Steigerung des Wasserverbrauchs erwartet, bedingt in erster Linie durch die Zunahme der Bevölkerung. Nach Schätzungen der UNO entfallen allein 70 % des Gesamtbedarfs auf die Bewässerung. Ein großer Teil des hierfür verwendeten Wassers läßt sich jedoch nicht mehr verwenden, da es verdunstet, von den Pflanzen transpiriert wird oder versalzt. In vielen EL wird der Verbrauch die Obergrenze der verfügbaren Wassermenge erreichen, zumal die großen Waldverluste die Zufuhr destabilisieren. In den IL wird sich die Konkurrenz in der Wasserversorgung zwischen Landwirtschaft, Industrie und sonstigem Verbrauch (Haushalte) verschärfen. Neben der Quantität ist auch die Qualität des Wassers bedroht, da die Verschmutzung durch Versalzung, Düngemittel, Pestizide und Abfälle zunimmt. Künftig muß demnach die bedenkenlose Wassernutzung durch eine sparsame Wasserbewirtschaftung ergänzt werden, die in internationaler Zusammenarbeit mit dem knappen Gut haushält.

Selbst wenn die pessimistischen Umweltprognosen, die u. a. GLOBAL 2000 und der Club of Rome (d. h. MEADOWS 1972) vertraten und die in starkem Maße auch die Agrarwirtschaft betreffen, nicht voll zutreffen sollten, steht doch fest, daß die Labilität des Ökosystems der Erde zunimmt und die Grenzen der Belastbarkeit erscheinen. Diese Erkenntnis wurde der Öffentlichkeit auf mehreren Weltkonferenzen, zuerst über „Human Environment" in Stockholm 1972, verdeutlicht. Der Gefährdung der Umwelt kann nur durch ein besseres Ressourcen-Management begegnet werden, das ökonomische und ökologische Gesichtspunkte zugleich berücksichtigt (W. MANSHARD 1982). *Ökologie ist nicht nur Naturschutz, sondern Langzeitökonomie im Dienste des Menschen.*

Die Bewältigung der ökonomischen und ökologischen Aufgaben muß aber auch von der Lösung der *sozialen Probleme* begleitet werden. Die Gegensätze des Lebensstandards auf der Erde ergeben sich nicht nur als Folge ungleicher Verteilung der natürlichen Ressourcen, sondern auch unterschiedlicher historischer Entwicklung und Besitzverteilung. Reformen im agrarischen Bereich erwiesen sich nicht als optimal, wenn sie den Besitz egalisieren und allein dem Staat oder anonymen Kollektiven zuweisen. Die Besitzverteilung muß vielmehr den örtlichen Möglichkeiten, den Bedürfnissen der Gemeinschaft und, unter Wahrung der Chancengleichheit, den Fähigkeiten der Betriebsinhaber entsprechen. Letzteres setzt aber auch die Beseitigung von Parasitismen voraus, die sich namentlich in den EL als Erbe der kolonialen Epoche erhalten oder in nachkolonialer Zeit neu entwickelt haben. Dazu gehören die Formen des Rentenkapitalismus und Latifundismus mit dem Gegensatz von unproduktivem Reichtum und krasser Armut im ländlichen Raum. Dazu zählt aber ebenso der periphere Kapitalismus, wenn er durch multinationale Agrarkonzerne im Welthandel auf Kosten der Selbstversorgung der einheimischen Bevölkerung wirtschaftet.

Agrarreformen können nur dann dauerhaften Erfolg haben, wenn sie von einer *Erziehung* begleitet werden, die nicht nur technisches Wissen vermittelt, sondern auch Eigeninitiative, Verantwortungsbewußtsein und Gemeinsinn entwickelt. Die Erziehung muß zudem heute sowohl in den IL wie in den EL das ökologische Bewußtsein fördern, weil angesichts der Gefahren die Zeit für vorbeugendes Handeln zu Ende geht. In den EL muß dabei die Wesensart und das Wissen der einheimischen Bevölkerung partizipativ einbezogen werden.

Der soziale und wirtschaftliche *Ausgleich zwischen Nord und Süd* läßt sich nicht dadurch erzielen, daß der Erde die europäisch-nordamerikanische Zivilisation aufgeprägt wird und damit andere, weniger materiell orientierte Kulturkreise zerstört werden. Er ist auch nicht allein durch die Hilfe der IL zur Selbsthilfe der EL zu erreichen. Der Ausgleich erfordert gleichzeitig den Verzicht auf Überfluß bei dem kleinen begünstigten Teil der Menschheit. Davon ist in den meisten bisherigen Entwicklungsprogrammen neben den Zielen der Produktionssteigerung noch wenig die Rede. Dieser Verzicht dürfte aber in Zukunft unvermeidlich werden, weil

- Rohstoffe und Energie nur begrenzt zur Verfügung stehen und deshalb bei steigender Bevölkerung nicht nur teurer, sondern auch knapper werden;
- die Umwelt durch den wirtschaftenden Menschen zunehmend gefährdet wird;
- das gerechtfertigte Streben der EL nach Selbstversorgung mit Industrie- und Agrarprodukten die Gewinnmöglichkeiten der IL verringert.

Hunger und Not auf der Erde sind nicht allein durch wirtschaftliche, technische und finanzielle Maßnahmen zu bewältigen. Ohne Beschränkung der Eigeninteressen in der Wohlstandsgesellschaft werden sie den sozialen und politischen Weltfrieden weiterhin bedrohen. Diese unbequeme, aber notwendige Einsicht muß auch am Schluß einer Einführung in die Agrargeographie stehen.

Literatur

Abkürzungsverzeichnis:

Ber. d .L.	Berichte zur deutschen Landeskunde
Ber. ü. L.	Berichte über Landwirtschaft
Econ. Geogr.	Economic geography
EdF	Erträge der Forschung, Wissenschaftl. Buchgesellschaft Darmstadt
FDL	Forschungen zur deutschen Landeskunde
G. Rev.	Geographical Review
GR	Geographische Rundschau
GZ	Geographische Zeitschrift
PGM	Petermanns Geographische Mitteilungen
T. Stb. G.	Teubner Studienbücher Geographie
UTB	Universtätstaschenbücher
WdF	Wege der Forschung, Wissenschaftl. Buchgesellschaft Darmstadt
Z. f. A.	Zeitschrift für Agrargeographie
Z. f. a. L	Zeitschrift für ausländische Landwirtschaft

Einführungen und Gesamtdarstellungen

ANDREAE B., *Agrargeographie, Strukturzonen und Betriebsformen in der Weltwirtschaft;* Berlin 1977, 332 S.; 2. Aufl. 1983, 504 S.

ARNOLD, A., *Agrargeographie;* Paderborn 1985 = UTB 1380, 280 S.

BLANCKENBURG, P. v. und CREMER, H. D. (Hrsg.), *Handbuch der Landwirtschaft und Ernährung in den Entwicklungsländern;* Bde. 1, 2, Stuttgart 1967, 1971, 606 S., 1041 S.; 3 Bde., 2. Aufl., Stuttgart 1986

BOESCH, H., *Weltwirtschaftsgeographie;* 2. Aufl., Braunschweig 1969, 312 S.

BORCHERDT, Ch., *Agrargeographie;* in: Westermann – Lexikon der Geogr., Braunschweig 1968-70.

Ders., *Agrargeographie;* T. Stb. G. Stuttgart 1996, 215 S.

BURGER, A., *Agriculture of the world;* Aldershot 1994, 320 S.

CLAVAL, P., *Elements de géographie économique;* Paris 1976, 361 S.

GEORGE, P., *Géographie agricole du monde;* 6. Aufl., Paris 1962, 128 S.

Ders., *Précis de géographie rurale;* Paris 1967, 360 S.

GILBANK, G., *Introduction à la géographie générale de l'agriculture;* Paris 1974, 255 S.

GILG, A. W., *An introduction to rural geography;* London 1985, 210 S.

GRIGG, D., *An introduction to agricultural geography;* London 1984 = Idea of geography, 204 S.

HAMBLOCH, H., *Allgemeine Anthropogeographie.* Eine Einführung; Wiesbaden 1974, 5. Aufl. 1982 = Erdk. Wissen 31, 194 S.

HENKEL, G., *Der Ländliche Raum;* T. Stb. G. Stuttgart 1993, 310 S.

HODDER, B. W. and LEE R., *Economic geography;* London 1974, 207 S.

ILBERY, A., *Agricultural Geography. A social and economic analysis;* Oxford 1985, 229 S.

LEBEAU, R., *Les grands types de structures agraires dans le monde;* Paris 1979, 162 S.

MANSHARD, W., *Einführung in die Agrargeographie der Tropen;* Mannheim 1968 a = B. I. Hochschultaschenbücher 356/356 a, 307 S.

Ders., *Tropical Agriculture;* New York 1974, 226 S.

MORGAN, W. B. and MUNTON, R. J., *Agricultural geography;* London 1978, 175 S.

NEWBURY, P. A. R., *A geography of agriculture;* Estover 1980, 336 S.

OBST, E., *Allgemeine Wirtschafts- und Verkehrsgeographie;* 3. Aufl., Berlin 1965 = Lehrb. der Allg. Geogr. 7, 698 S.

OTREMBA, E., *Allgemeine Agrar- und Industriegeographie;* 2. Aufl., Stuttgart 1960 = Erde und Weltwirtschaft 3, 392 S.

Ders., *Der Wirtschaftsraum – seine geographischen Grundlagen und Probleme;* 2. Aufl., Stuttgart 1969 = Erde und Weltwirtsch. 1, 272 S.

Ders., *Die Güterproduktion im Weltwirtschaftsraum;* 3. Aufl., Stuttgart 1976 = Erde und Weltwirtschaft 2/3, 407 S.

RIESS, K. und D. SAJAK, *Agrargeographie, Unterricht Geographie 3;* Köln 1988, 107 S.

RUPPERT, K. (Hrsg.), *Agrargeographie;* Darmstadt 1973 = WdF 171, 511 S.

SCHÄTZL, L., *Wirtschaftsgeographie, 1. Theorie, 2. Empirie, 3.Politik;* Paderborn 1978, 1981, 1986 = UTB 782, 1052, 1383, 175 S., 208 S., 196 S.

SCHULTZ, J., *Agrargeographie;* in: Harms Handbuch der Geogr. 3, München 1984, S. 22-112

SPIELMANN, H. O., *Agrargeographie in Stichworten. Hirts Stichwortbücher;* Unterägeri 1989, 176 S.

TARRANT, J. R., *Agricultural geography. Problems in modern geography;* Newton Abbot 1974, 279 S.

UHLIG, H. und LIENAU, C.; *Materialien zur Terminologie der Agrarlandschaft;*
Vol. I *Flur und Flurformen;* Gießen 1978, 136 S.
Vol. II *Die Siedlungen des ländlichen Raumes;* Gießen 1972, 277 S.
Vol. III *Die ländliche Bevölkerung;* Gießen 1974, 306 S.

VOPPEL, G., *Wirtschaftsgeographie;* 2. Aufl., Stuttgart 1975 = Schaeffers Grundriß d. Rechts u. d. Wirtsch., Abt. III: Wirtschaftswissenschaften 98, 194 S.

WAGNER, H.-G., *Wirtschaftsgeographie;* Braunschweig, 2. Aufl. 1994 = Das Geogr. Seminar, 222 S.

WIRTH, E. (Hrsg.), *Wirtschaftsgeographie;* Darmstadt 1969 = WdF 219, 556 S.

Übrige Literatur

ABEL, W., *Agrarpolitik;* 3. Aufl., Göttingen 1967, 477 S.

ACHENBACH, H., *Die agraren Produktionszonen der Erde und ihre natürlichen Risikofaktoren;* in: GR 46 (1994) H.2, S. 58-64

ACHTNICH, W., *Bewässerungslandbau;* Stuttgart 1980, 621 S.

AEREBOE, F. u. a.; *Handbuch der Landwirtschaft,* 1.Bd.: *Wirtschaftslehre des Landbaus;* Berlin 1930, 883 S.

AKADEMIE FÜR RAUMFORSCHUNG UND LANDESPLANUNG (Hrsg.), *Die Zukunft des ländlichen Raumes;* Teil 1: *Grundlagen und Ansätze;* Teil 2: *Entwicklungstendenzen in der Landwirtschaft;* Teil 3: *Sektorale und regionale Zielvorstellungen;* Hannover 1971, 1972, 1976 = Veröffentlichung d. Forschungs- und Sitzungsberichte 66, 83, 106; 185 S., 128 S., 304 S.

ALBRECHT, H., *Innovationsprozesse in der Landwirtschaft;* Saarbrücken 1969, 362 S.

Ders., *The concept of subsistence;* in: Z. f. a. L. 11 (1972), S. 274-288

ALKÄMPER, J. und MOLL,W., *Möglichkeiten und Probleme intensiver Bodennutzung in den Tropen und Subtropen;* Gießen 1983.

ANDREAE, B., *Betriebsformen in der Landwirtschaft;* Stuttgart 1964, 426 S.

Ders., *Wirtschaftslehre des Ackerbaus;* 2. Aufl., Stuttgart 1968, 297 S.

Ders., *Landwirtschaftliche Betriebsformen in den Tropen;* Hamburg/ Berlin 1972, 190 S.

Ders., *Diversifizierung und Spezialisierung der Farmwirtschaft im Tropenraum;* in: Ber. ü. L. (1974), S. 497- 511

Ders., *Strukturzonen und Betriebsformen in der Europäischen Landwirtschaft;* in: GR 28 (1976), S. 221-234

Ders., *Standortprobleme der Agrarproduktion;* München 1977 = Schr. d. Ges. f. Wirtsch. u. Sozialwiss. d. Landbaus XIV, 375 S.

Ders., *Agrarregionen unter Standortstreß;* Kiel 1978 = Geocolleg 6, 78 S.

Ders., *Agrarprobleme der Dritten Welt;* in: GR 31 (1979), S. 390-394

Ders., *Weltwirtschaftspflanzen im Wettbewerb;* Berlin/New York 1980 a, 301 S.

Ders., *Die Erweiterung des Nahrungsspielraumes als integrale Herausforderung;* Paderborn 1980 b = Fragenkreise, 48 S.

Ders., *Getreidereiche Fruchtfolgen Mitteleuropas im technischen Zeitalter;* in: ZfA 2 (1984), S. 1-12.

ANDREAE, B. und GREISER, E., *Strukturen deutscher Agrarlandschaft, Landbaugebiete und Fruchtfolgesysteme in der BRD;* 2. Aufl., Bad Godesberg 1978 = FDL 199, 124 S.

BAADE, F., *Welternährungswirtschaft;* Hamburg 1956, 174 S.

Ders., *Der Wettlauf zum Jahre 2000;* Oldenburg 1960, 304 S.

BÄHR, J., *Veränderungen in der Farmwirtschaft Südwestafrikas/Namibias zwischen 1965 und 1980;* in: Erdkunde 35 (1981), S. 274-289

Ders., *Bevölkerungsgeographie;* 2. Aufl., Stuttgart 1992 = UTB 1249, 429 S.

BAHRENBERG, G. und GIESE, E., *Statistische Methoden und ihre Anwendung in der Geographie;* Stuttgart 1975 = T. Stb. G., 308 S.

BARTELS, D. (Hrsg.), *Wirtschafts- und Sozialgeographie;* Köln 1970 = Neue Wissenschaftl. Bibliothek 35, 485 S.

BERNHARD, H., *Die Agrargeographie als wissenschaftliche Disziplin;* in: PGM 61 (1915), S. 12-18

BERTSCH, K. und F., *Geschichte unserer Kulturpflanzen;* Stuttgart 1947, 268 S.

BEUERMANN, A., *Fernweidewirtschaft in Südosteuropa;* Braunschweig 1967, 232 S.

BLANCKENBURG, P. v., *Einführung in die Agrarsoziologie;* Stuttgart 1962, 170 S.

Ders., *Welternährung;* München 1986, 349 S.

BLENCK, J., *Die Insel Reichenau;* Heidelberger Geogr. Arb. 33, Heidelberg 1971, 347 S.

BLUME, H., USA. *Eine geographische Landeskunde;* Darmstadt 1987, 1988 = Wissensch. Länderkunden 9, Bd. I 3. Aufl. 392 S., Bd. II 2. Aufl., 499 S.

BOBEK, H., *Stellung und Bedeutung der Agrargeographie;* in: Erdkunde 2 (1948), S. 118-125.

Ders., *Die Hauptstufen der Gesellschafts- und Wirtschaftsentfaltung in geographischer Sicht;* in: Die Erde 90 (1959), S. 259-298.

BÖCKENHOFF, E., HAMM, U. und UMBAU, M., *Analyse der Betriebs- und Produktionsstrukturen sowie der Naturalerträge im Alternativen Landbau;* in: Ber. ü. L. 64 (1986), S. 1-39.

BÖVENTER, E. v., *Theorie des räumlichen Gleichgewichts;* Tübingen 1962, 200 S.

BOHLE, H.-G. (Hg.), *Famine and food security in Africa and Asia;* Bayreuther geowissensch. Arbeiten 15, Bayreuth 1991, 312 S.

Ders., *Hungerkrisen und Ernährungssicherung;* in: GR 44 (1992), H.2, S. 78-87

Ders., *Worlds of pain and hunger;* Freiburger Studien zur geographischen Entwicklungsforschung 5, 1993, 219 S.

Ders., *Dürrekatastrophen und Hungerkrisen;* in: GR 46 (1994), H.7-8, S.400-407

BOHLE, H. G. und KRÜGER, F., *Perspektiven geographischer Nahrungskrisenforschung;* in: Die Erde (123), 1992, S. 257-266

BOHNET, M., *Die Entwicklungstheorien. Ein Überblick;* in: BOHNET, M. (Hrsg.), *Das Nord-Süd-Problem. Konflikte zwischen Industrie- und Entwicklungsländern;* München 1971, S. 49-64

BONNAMOUR, J., *Géographie rurale. Méthodes et perspectives;* Paris 1973, 168 S.

BORCHERDT, Ch., *Fruchtfolgesysteme und Marktorientierung als gestaltende Kräfte der Agrarlandschaft in Bayern;* Saarbrücken 1960 = Arb. a. d. Geogr. Inst. d. Univ. d. Saarlandes 6, 292 S.

Ders., *Die Innovation als agrargeographische Regelerscheinung;* in: Arb. a. d. Geogr. Inst. d. Saarlandes 6 (1961), S. 13-50.

Ders., *Zur Frage der Systematik landwirtschaftlicher Betriebsformen;* in: Ber. d. L. 36 (1966), S. 95-100.

Ders., *Typen landwirtschaftlicher Betriebsformen in den lateinamerikanischen Tropen. Das Beispiel Venezuela;* in: Innsbrucker Geogr. Stud. 5 (1979), S. 293-309.

BORCHERDT, CH. und MAHNKE, H. P., *Das Problem der agraren Tragfähigkeit mit Beispielen aus Venezuela;* in: Stuttgarter Geogr. Stud. 85 (1973), S. 2-79

BORN, M., *Die Entwicklung der deutschen Agrarlandschaft;* Darmstadt 1974 = EdF 29, 185 S.

Ders., *Geographie der ländlichen Siedlungen;* Stuttgart 1977 = T. Stb. G., 228 S.

BOZON, P.: *Géographie mondiale de l'élevage;* in: Géographie économique et sociale, T. 18, Paris 1983, 256 S.

BRIGGS, D. J.: *Agriculture and environment;* London 1985, 442 S.

BRONGER, D., *Der wirtschaftende Mensch in den Entwicklungsländern. Innovationsbereitschaft als Problem der Entwicklungsländerforschung;* in: GR 27 (1975), S. 449-459

BRÜCHER, W., *Industriegeographie;* Braunschweig 1982 = Das Geogr. Seminar, 211 S.

BUCHWALD, K. und ENGELHARDT, W. (Hrsg.), *Handbuch für Planung, Gestaltung und Schutz der Umwelt;* München/Bern/Wien, Bd. 1 *Die Umwelt des Menschen* 1978, 288 S.; Bd. 2 *Die Belastung der Umwelt* 1978, 432 S.; Bd. 3 *Die Bewertung und Planung der Umwelt* 1980, 753 S.

BUNDESMINISTERIUM FÜR ERNÄHRUNG, LANDWIRTSCHAFT UND FORSTEN (Hrsg.), *Statistisches Jahrbuch über Ernährung, Landwirtschaft und Forsten;* Hamburg/Berlin jährl.

BUSCH, P., *Bevölkerungswachstum und Nahrungsspielraum auf der Erde;* Paderborn 1978 = Fragenkreise, 32 S.

BUSCH, W., *Die Landbauzonen im deutschen Lebensraum;* Stuttgart 1936, 189 S.

CARLSON, R. L., *Der stumme Frühling;* München 1963, 356 S.

CAUGHLEY, G. and SINCLAIR A. R. E., *Wildlife Ecology and Management;* Oxford 1994

CEGET, *L'énergie dans le communautés rurales des pay du Tiers Monde;* Bordeaux 1980 = Travaux et documents de géographie tropical 43 (1981), 493 S.

CHISHOLM, M., *Rural settlement and landuse. An essay in location;* 3. Aufl., London 1965, 207 S.

CHORLEY, R. J. and HAGGETT, P., *Socio-Economic Models in Geography;* London 1970

CHRISTALLER, W., *Die zentralen Orte in Süddeutschland;* Jena 1933, Neudruck Darmstadt 1968, 331 S.

CLARK, C., *The conditions of economic progress;* London 1940, 516 S.

CLARK, C., *Problems of subsistence agriculture;* in: Z. f. a. L. 8 (1965), S. 229-247.

Ders., *The economics of irrigation;* 2. Aufl., Oxford 1970, 155 S.

Ders., *Population growth and land use;* 2. Aufl., London 1977, 415 S.

CLARK, C. and HASWELL, M., *The economics of subsistence agriculture;* 4. Aufl., London 1970, 267 S.

COLLINSON, M., *Towards a New Green Revolution;* World Bank. Washington 1992

CONWAY, G. R. and BARBIER, E. B., *After the Green Revolution. Sustainable agriculture for development;* London 1990

COURTENAY, P. P., *Plantation Agriculture;* 2. Aufl., London 1980, 208 S.

CRAMER, G. L. and JENSEN, C. W., *Agricultural economics and agribusiness;* Chichester 1994

DAHLBERG, K., *Beyond the green revolution;* New York 1979, 256 S.

DAMS, T., *Agrarstruktur. A. Grundlagen der Agrarstruktur und Agrarstrukturpolitik;* in: Handwörterbuch der Raumforschung und Raumordnung. Bd. I. 2. Aufl., Hannover 1970, Sp. 58-67

Ders., T. u. a. (Hg.), *Integrierte ländliche Entwicklung;* Hamburg 1985

DARIN-DRABKIN, H., *Der Kibbutz;* Stuttgart 1967, 304 S.

DARLINGTON, C. D., *Chromosome botany and the origins of cultivatet plants;* 2. Aufl., London 1964, 231 S.

DEWES, T H., *Zur Konzeption konventioneller und ökologischer Landbausysteme;* in: Ber. ü. L. 69, 1991, Nr. 3, S. 354-364

DICKENSON, J. P., *Zur Geographie der Dritten Welt;* Bielefeld 1983, 260 S.

DIETZE, C. v., *Grundzüge der Agrarpolitik;* Hamburg 1967, 291 S.

DITTMER, K., *Allgemeine Völkerkunde;* Braunschweig 1954, 314 S.

DOPPLER, W., *Landwirtschaftliche Betriebssysteme in den Tropen und Subtropen;* Stuttgart 1991. 216 S.

DREZE, J. and SEN, A. K., *The political economy of hunger;* Oxford 1990

DUMONT, R., *Types of rural economy;* London 1970, 556 S.

ECKART, K., *Agrarwirtschaft im Ballungsraum;* Paderborn 1980 = Fragenkreise, 35 S.

Ders., *Die Entwicklung der Landwirtschaft im hochindustrialisierten Raum;* Paderborn 1982 = Fragenkreise, 39 S.

EHLERS, E., *Die agraren Siedlungsgrenzen der Erde;* Wiesbaden 1984 = Erdk. Wissen 69, 82 S.

Ders., *Bevölkerungswachstum – Nahrungsspielraum – Siedlungsgrenzen der Erde;* Frankfurt a. M. 1984, 195 S.

Ders., *Die Agrarlandschaft der Bundesrepublik Deutschland und ihr Wandel seit 1949;* in: GR 40, 1988, H. 1, S. 30-40.

EHLERS, E. und HECHT, A., *Die Polargrenzen des Anbaus: Strukturwandel in der Alten und der Neuen Welt;* in: GR 46 (1994) H.2, S. 104-110.

ELSENHANS, H. (Hrsg.), *Agrarreform in der Dritten Welt;* Frankfurt 1979, 656 S.

ELZ, D.: *From Collectivization to Market Orientation. A Review of Agricultural Reforms in China;* in: Quarterly Journal of International Agriculture, No. 2, 1989, S. 154-165.

ENGELBRECHT, H., *Die Landbauzonen der Erde;* in: PGM 209 (1930), S.287-297.

ERZ, W., *Wildtierschutz und Wildtiernutzung in Rhodesien und im übrigen Afrika;* München 1967 = Ifo-Institut, 97 S.

ESDORN, I. und PIRSON, H., *Die Nutzpflanzen der Tropen und Subtropen in der Weltwirtschaft;* 2. Aufl., Stuttgart 1973, 170 S.

FAO Production Yearbook, Rom (jährl.)

FAUCHER, D., *La vie rurale – vue par un géographe;* Toulouse 1962, 316 S.

FELS, E., *Der wirtschaftende Mensch als Gestalter der Erde;* 2.Aufl., Stuttgart 1967 = Erde und Weltwirtschaft 5, 258 S.

FLIEGE, K. (Hg.), *Agrarkrisen. Fallstudien zur ländlichen Entwicklung in der Dritten Welt;* ASA-Studien 14, Breitenbach 1988.

FOUND, W. C., *A theoretical approach to rural land-use patterns;* London 1974, 190 S.

FOURASTIE, I., *Die große Hoffnung des zwanzigsten Jahrhunderts;* Köln 1954, 319 S.

FRANKE, G., u. a., *Nutzpflanzen der Tropen und Subtropen;* Bd. 1, 3. Aufl. Leipzig 1980, 468 S.

FRANZ, G. (Hrsg.), *Deutsche Agrargeschichte;* 5 Bde., Stuttgart 1962-1970

FRENZ, A., *Aspekte des dynamischen Wettbewerbs im Agribusiness;* Münster 1974 = Forschgsber. a. d. Inst. f. Genossenschaftswesen d. Westf. Wilh.-Univ., Diss. 4, 298 S.

FRIEDRICH, E., *Allgemeine und spezielle Wirtschaftsgeographie;* 3. Aufl., Berlin-Leipzig 1926, 468 S.

GALLUSSER, W. A., *Die landwirtschaftliche Intensität als Index der Agrarlandschaft;* in: Regio Basiliensis 11 (1970), S. 11-20.

GALTUNG, F. I., *Agrarian reform and rural development;* Tokio 1980.

GERLING, W., *Die Plantage. Fragen ihrer Entstehung, Ausbreitung und wirtschaftlichen Eigenart;* 2. Aufl., Würzburg 1954, 47 S.

GERMAN, R., *Naturschutz und Landschaftspflege;* S II Geowissenschaften, Stuttgart 1982, 99 S.

GHAUSSY, G. A., *Das Genossenschaftswesen in den Entwicklungsländern;* Freiburg 1964 = Beiträge zur Wirtschaftspolitik 2, 341 S.

GHOSE, A. K. (Ed.): *Agrarian reform in contemporary countries;* London, New York 1983

GLAESER, B., *The Green Revolution revisited. Critique and alternatives;* London 1987. 206 S.

GLAUNER, H.-I., *Subsistenzwirtschaft – ihre Bedeutung und ihre Probleme;* in: Der Tropenlandwirt 71 (1970), S. 58-70

GLOBAL 2000. *Der Bericht an den Präsidenten;* Frankfurt 1980, 1507 S.

GÖTZ, B. (Hrsg.), *Weinbau. Ein Lehr- und Handbuch für Praxis und Schule;* 5. Aufl., Stuttgart 1977, 452 S.

GOULD, P. R., *Man against his environment: a game theoretic framework;* in: Ann. of Ass. of American Geogr. 53 (1963), S. 290-297

GOUROU, P., *Les pays tropicaux;* Paris 1969, 271 S., 4. Aufl. Paris 1976

GRAEWE, W. D. und MERTENS, H., *Globale und regionale Aspekte der Viehwirtschaft;* in: Geographische Berichte, Mitt. d. Geogr. Ges. d. DDR 24 (1979), S. 127-140

GREGOR, H. F., *Geography of agriculture. Themes in research;* Englewood Cliffs/ New York 1970, 181 S.

GREINER, R. und GROSSKOPF, W., *Extensivierung landwirtschaftlicher Bodennutzung;* in: Ber. ü. L. 68,4 (1990), S.523-541

GRENZEBACH, K. (Hrsg.), *Agrarwissenschaftliche Forschung in den humiden Tropen;* Gießen 1977 = Gießener Beitr. z. Entw.-forsch., Reihe I (Symposien), 3, 145 S.

GRIFFIN, K., *The political economy of agrarian change;* London 1974, 264 S.

Ders., *Land concentration and rural poverty;* New York 1976, 303 S.

GRIGG, D., *The agriculture regions of the world. Review and reflection;* in: Econ. Geogr. 45 (1969), S. 95-132

Ders., *The agricultural systems of the world. An evolutionary approach;* Cambridge / New York / Melbourne 1974, 358 S.

Ders., *World Agriculture: Production and Productivity in the late 1980s;* in: Geography Vol 77, Part 2 No. 335, 1992, S. 97-108

GROSSKOPF, W. u. a., *Die Landwirtschaft nach der EU-Agrarreform;* in: Ber. ü. L. 73, 1995, S. 509-523

GÜSSEFELDT, J.: *Kausalmodelle in Geographie, Ökonomie und Soziologie;* Berlin 1988, 426 S.

HÄGERSTRAND, T., *The propagation of innovation waves;* London 1952 = Land Studies in Geography, Ser. B. 4, 20 S.

Ders., *Innovation diffusion as a spatial process;* Chicago, London 1967, 334 S.

HAGGETT. P., *Socio-economic models in Geography;* London 1970, S.425-458

Ders., *Einführung in die kultur- und sozialgeographische Regionalanalyse;* Berlin 1973, 414 S.

Ders., Geography: *A Modern Synthesis;* 3. Auf., London 1979, 627 S.

HAHN, E., *Die Wirtschaftsformen der Erde;* in: PGM 38 (1892), S. 8-12

Ders., *Die Haustiere und ihre Beziehungen zur Wirtschaft des Menschen;* Leipzig 1896, 581 S.

Ders., *Die Entstehung der Pflugkultur;* Heidelberg 1909, 192 S.

Ders., *Von der Hacke zum Pflug;* Heidelberg 1914, 114 S.

HAMBLOCH, H., *Der Höhengrenzsaum der Ökumene;* Münster 1966 = Westf. Geogr. Stud. 18, 147 S.

HAMPICKE, V., *Naturschutz- Ökonomie;* Stuttgart 1991, 342 S.

HARTKE, W., *Die Sozialbrache als Phänomen der geographischen Differenzierung der Landwirtschaft;* in: Erdkunde 10 (1956), S. 257-269

HARTKE, W. und RUPPERT, K. (Hrsg.), *Almgeographie;* Wiesbaden 1964 = Forschgsber. d. DFG 4, 144 S.

HAUDRICOURT, A. G. et DELAMARRE, M., *L'homme et la charrue a travers le monde;* Paris 1955 = Géographie humaine 25, 506 S.

HAUSER, J., *Die Grüne Revolution. Werden, Fortschritt und Probleme;* Zürich 1972, 203 S.

HEERMANN, I., *Subsistenzwirtschaft- und Marktwirtschaft im Wandel;* Hohenschäftlarn 1981 = Kulturanthropolog. Stud. 2, 277 S.

HEIDHUES, F., *Die Welternährungslage und ihre Konsequenzen für die Eintwicklungspolitik in den Ländern der Dritten Welt;* In: Aktuelle Probleme der Welternährungslage, 1985, S. 3-25

HEIMPEL, C., *Agrarreform in Lateinamerika;* in: Z. f. a. L. 22, 1983, S. 263-278.

HEHN, V., *Kulturpflanzen und Haustiere;* 8. Aufl.; Berlin 1911, 665 S.

HENKEL, G., *Dorferneuerung;* Paderborn 1982 = Fragenkreise, 48 S.

HENNING. F. W., *Landwirtschaft und ländliche Gesellschaft in Deutschland;* Bd. 2: 1750-1976, Paderborn 1978 = UTB 774, 315 S.

HENSHALL, J. D., *Models of agricultural activity;* in: CHORLEY, R. J. and HAGGETT, P., *Socio-economic models in Geography;* London 1970, S. 425-458

HERLEMANN, H. H., *Grundlagen der Agrarpolitik. Die Landwirtschaft im Wirtschaftswachstumwachstum;* Berlin / Frankfurt 1961 = Vahlens Hdb. d.Wirtschafts- u. Sozialwissenschaften, 191 S.

HERZOG, R., *Seßhaftwerden von Nomaden;* Köln 1963 = Forschgsber. d.Landes NRW 1238, 207 S.

HESKE, H., *Landwirtschaft zwischen Agrobusiness, Gentechnik und traditionellem Landbau;* Gießen, 1987.

HESMER, H., *Der kombinierte land- und forstwirtschaftliche Anbau;* Bd. I, Stuttgart 1966, 150 S., Bd. II, Stuttgart 1970, 219 S.

HIGHSMITH, R. M., *Irrigated Lands in the World;* in: G. Rev. 55 (1965), S. 382-389.

HODDER, B. W., *Economic development in the tropics;* 2. Aufl., London 1971, 258 S.

HOFMEISTER, B., *Wesen und Erscheinungsformen der Transhumance;* in: Erdkunde 15 (1961), S. 121-135

Ders., *Die quantitative Grundlage einer Weltkarte der Agrartypen;* in: Abh. d. 1. Geogr. Inst. d. FU Berlin 20 (1974), S. 109-128

Ders., *Gemäßigte Breiten;* Geographisches Seminar Zonal. Braunschweig 1985, 215 S.

HOGGART, K., *Rural development. A geographical perspective;* London 1987

HOLLSTEIN, W., *Eine Bonitierung der Erde auf landwirtschaftlicher und bodenkundlicher Grundlage;* Gotha 1937 = PGM Ergänzungsheft 234, 49 S.

HORNBERGER, TH., *Die kulturgeographische Bedeutung der Wanderschäferei in Süddeutschland;* Remagen 1959 = FDL 109. 173 S.

HORST, P. und PETERS, K., *Regionalisierung und Produktionssysteme der Nutztierhaltung im Weltagrarraum;* in: Z. f. a. L. 17 (1978), S. 190-211

HOTTES, K. H., *Die Plantagenwirtschaft in der Weltwirtschaft;* Frankfurt/M. 1992

HOTTES, K. H. und NIGGEMANN, J., *Flurbereinigung als Ordnungsaufgabe;* Münster 1971 = Schriftenr. f. Flurbereinigung 56, 73 S.

IBRAHIM, F.: *Desertifikation, ein weltweites Problem;* Düsseldorf 1979

ILBERY, B. W., *Agricultural decision making: a behavioural perspective;* in: Progress in Human Geography 2 (1978), S. 448-466

JACKSON, I. J., *Climate, water and agriculture in the tropics;* London 1977, 248 S.

JAEGER, F., *Die klimatischen Grenzen des Ackerbaus;* Zürich 1949 = Denkschriften d. Schweizer Naturf. Ges. 76/1, 48 S.

JÄTZOLD, R., *Ein Beitrag zur Klassifikation des Agrarklimas der Tropen;* in: Tübinger Geogr. Stud. 34 (1970), S. 57-69

JENSCH, G., *Das ländliche Jahr in deutschen Agrarlandschaften;* Berlin 1957, 114 S.

KARIEL, H. G., *A proposed classification of diet;* in: Annals Ass. Am. Geogr. 1 (1966), S. 68-80

KELLER, R., *Gewässer und Wasserhaushalt des Festlandes. Eine Einführung in die Hydrographie;* Berlin 1961, 520 S.

KICKUTH, R., *Die ökologische Landwirtschaft;* 3. Aufl. Karlsruhe 1987, 207 S.

KING, R., *Landreform. A world survey;* Boulder 1977, 446 S.

KLAUS, D. und SCHIFFERS, H., *Desertifikation und Welt-Wüstendrohung;* Paderborn 1982 = Fragenkreise, 33 S.

KLOHN, W.: *Farmer- Genossenschaften in den USA;* Vechtaer Arb. z. Geogr. 9, 1990. 287 S.

KNALL, B. und WAGNER, N., *Entwicklungsländer und Weltwirtschaft;* Darmstadt 1986. 206 S.

KNAUER, N., *Ökologie und Landwirtschaft;* Stuttgart 1993, 280 S.

KNIERIM, A.: *Agrarlandschaft – ein wissenschaftlicher Begriff?* in: Ber.ü.L. (72) 1994, S. 172-194

KOHL, M., *Die Dynamik der Kulturlandschaft im oberen Lahn-Dillkreis;* Gießen 1978 = Gießener Geogr. Schr. 45, 176 S.

KOHLHEPP, G.: *Amazonien.* Problemräume der Welt, Bd.8, 1987, 68 S.

KOPP, A., *Landwirtschaftliche Produktion in Entwicklungsländern;* Kieler Studien 246 (1992), 360 S.

KOSTROWICKI, J., *A Hierarchy of World Types of Agriculture;* in: Geographia Polonica 43 (1980), S. 125-148

KRZYMOWSKI, R., *Geschichte der deutschen Landwirtschaft;* Stuttgart 1951, 309 S.

LAUR, E., *Einführung in die Wirtschaftslehre des Landbaues;* Berlin 1930, 287 S.

LAUTENSACH, H., *Das Mormonenland als Beispiel eines sozialgeographischen Raumes;* Bonn 1953 = Bonner Geogr. Abh. 11

LENZ, K., *Die Siedlungen der Hutterer in Nordamerika;* in: GZ 65 (1977), S. 216-238

LIENAU, C., *Ländliche Siedlungen;* Braunschweig 1986 = Das Geographische Seminar, 185 S.

LLOYD, E. and DICKEN, P., *Location in space;* London 1978, 474 S.

LÖSCH, A., *Die räumliche Ordnung der Wirtschaft;* 2. Aufl., Jena 1944, 380 S.

LÜTGENS, R., *Die Produktionsräume der Weltwirtschaft;* Stuttgart 1952 = Erde und Weltwirtschaft 2, 255 S.

LÜTGENS, R. und OTREMBA, E., *Der Wirtschaftsraum – seine geographischen Grundlagen und Probleme;* 2. Aufl., Stuttgart 1969 = Erde und Weltwirtschaft 1, 272 S.

MAIER, J., PAESSLER, R., RUPPERT, K., SCHAFFER, F., *Sozialgeographie;* Braunschweig 1977 = Das Geogr. Seminar, 187 S.

MALTHUS, T. R., *An essay on the principle of population, or a view of its past and present effects on human hapiness;* London 1798 = Das Bevölkerungsgesetz (dt. Übers.) dtv 6021, 1977, 218 S.

MANSHARD, W., *Wanderfeldbau und Landwechselwirtschaft in den Tropen;* Wiesbaden 1966: in: Heidelberger Geogr. Arb. 15, S. 245- 264

Ders., *Aspekte einer wirtschaftsräumlichen Großgliederung der Tropen;* Heidelberg 1968 b; in: Heidelberger Geogr. Arb. 36, S. 96-102

Ders., *Ressourcen, Umwelt und Entwicklung;* Paderborn 1982 = Fragenkreise, 32 S.

Ders., *Agrarforschung, Agrargeographie und rurale Entwicklungspraxis in den Tropen;* in: GZ 74 (1986), S. 63-73.

Ders., *Entwicklungsprobleme in den Agrarräumen des tropischen Afrika;* Darmstadt 1988.

Ders. und R. MÄCKEL, *Umwelt und Entwicklung in den Tropen;* Darmstadt 1995, 182 S.

MATSCHULLAT, J. und MÜLLER, G., *Geowissenschaften und Umwelt;* Berlin/Heidelberg 1994, 364 S.

MEADOWS, d. h. u. a., *Die Grenzen des Wachstums;* Stuttgart 1972, 180 S.

MEIMBERG, R., *Die Bedeutung des „alternativen" Landbaus in der Bundesrepublik Deutschland;* in: Ber. ü. L. 64 (1986), S. 209-235

MENSCHING, H., *Desertification;* in: Geomethodica 5, Basel 1980, S. 17-41

Ders., *Desertifikation: ein weltweites Problem der ökologischen Verwüstung in den Trockengebieten der Erde;* Darmstadt 1990, 170 S.

Ders., *Die Sahelzone, Naturpotential und Probleme seiner Nutzung;* 2. Aufl. Köln 1991, 44 S.

Ders. und IBRAHIM, F., *Das Problem der Desertification;* in: GZ 64 (1976), S. 81-93.

MEYER, G. U., *Die Dynamik der Agrarformationen;* Göttingen 1980 = Göttinger Geogr. Abh. 75, 231 S.

MIKUS, W., *Wirtschaftsgeographie der Entwicklungsländer;* Stuttgart 1994, 321 S.

MONHEIM, F., *20 Jahre Indianerkolonisation in Ostbolivien;* Wiesbaden 1977 = Erdk. Wissen 48, 99 S.

MORGAN, W. B., *Agriculture in the Third World;* Boulder 1978, 290 S.

MÜLLER-HOHENSTEIN, K., *Die Landschaftsgürtel der Erde;* Stuttgart 1979 = T. Stb. G., 204 S.

MÜLLER-WILLE, W., *Gedanken zur Bonitierung und Tragfähigkeit der Erde;* in: Westfäl. Geogr. Stud. 35 (1978), S. 25-56

MYRDAL, G., *Ökonomische Theorie und unterentwickelte Regionen;* Frankfurt 1974, 197 S.

NEANDER, E., *Agrarstrukturwandlungen in der Bundesrepublik Deutschland zwischen 1960 und 1980;* in: ZfA 1 (1983), S. 201-238

NIGGEMANN, J., *Das Problem der landwirtschaftlichen Grenzertragsböden;* in: Ber. ü. L. 49 (1971), S. 473-549

Ders., *Zur Definition landwirtschaftlicher und ländlicher Problemgebiete;* in: BRONNY, H. M. u. a. (Hrsg.), Ländliche Problemgebiete, Paderborn 1972, S. 1-6

NITZ, H. J., *Agrarlandschaft und Landwirtschaftsformation;* in: Moderne Geographie in Forschung u. Unterricht, Hannover 1970, S. 70-93

Ders. (Hrsg.), *Landerschließung und Kulturlandschaftswandel an den Siedlungsgrenzen der Erde;* Göttingen 1976 = Göttinger Geogr. Abh. 66, 292 S.

NOHLEN, D. und NUSCHELER, F. (Hrsg.), *Handbuch der Dritten Welt;* 8 Bde, 3. Aufl., Hamburg 1992 f.

NUHN, H. u. a., *Produktionsketten und räumliche Verbundsysteme in der Nahrungsmittelindustrie und der Agrarwirtschaft;* Themenheft d. Zschr. f. Wirtschaftsgeogr. 37 (1993), H. 3-4
Wirtschaftsgeogr. 37 (1993), H. 3-4

Oasen *im Wandel,* Themenheft der GR, 1997, H.2

OLSCHOWY, G. (Hrsg.), *Natur- und Umweltschutz in der Bundesrepublik Deutschland;* Hamburg/Berlin 1978, 926 S.

OTREMBA, E., *Das Problem der Ackernahrung;* Frankfurt 1938 = Rhein- Mainische Forsch. 19, 116 S.

Ders., *Grundbegriffe der landwirtschaftsgeographischen Arbeit;* in: Geogr. Taschenbuch (1951/1952), S. 374-384

Ders., *Die deutsche Agrarlandschaft;* Wiesbaden 1961 = Erdk. Wissen 3, 72 S.

Ders., *Struktur und Funktion im Wirtschaftsraum;* in: Ber. d. L. 23 (1958), S. 15-28.

Ders. (Hrsg.), *Atlas der deutschen Agrarlandschaft;* Wiesbaden 1962- 1971

Ders., *Räumliche Ordnung in der Vielfalt der tropischen Landwirtschaft;* in: Schr. d. Ges. f. Wirtsch. u. Sozialwiss. d. Landbaus e.V. XIV, München 1977, S. 301-309

OTREMBA, E. und KESSLER, M., *Die Stellung der Viehwirtschaft im Agrarraum der Erde;* Wiesbaden 1965 = Erdk. Wissen 10, 173 S.

PACIONE, M. (Ed.), *Progress in Agricultural Geography;* Sydney 1986, 288 S.

Ders., (Ed.): *The Geography of the Third World. Progress and prospects;* London 1989, 267 S.

PACYNA, H., *Agrilexikon;* 9. Aufl., Hannover 1994

PENCK, A., *Das Hauptproblem der physischen Anthropogeographie;* in: Ztschr. f. Geopolitik 2 (1925), S. 330-348

PETERSEN, A., *Thünens isolierter Staat. Die Landwirtschaft als Glied der Volkswirtschaft;* Berlin 1944, 199 S.

PFEIFER, G., *Zur Funktion des Landschaftsbegriffes in der deutschen Landwirtschaftsgeographie;* in: Studium Generale 1958, S. 399-411

Ders., *Symposium zur Agrargeographie;* Heidelberg 1971 = Heidelberger Geogr. Arb. 36, 130 S.

PLACHTER, H., *Naturschutz;* Stuttgart 1991, 463 S.

PLANCK, U., *Der alternative Landbau im Fremd- und Selbstverständnis;* in: Zeitschr. für Agrargesch. u. Agrarsoziologie 31 (1983), S. 194-204

Ders., *Die Landwirtschaft in der Industriegesellschaft und die Industrialisierung der Landwirtschaft;* in: Zschr. für Agrargeschichte und Agrarsoziologie 33 (1985), S. 56-77

PLANCK, U. und ZICHE, J., *Land- und Agrarsoziologie;* Stuttgart 1979, 520 S.

POPP, H., *Oasenwirtschaft in Maghrebländern;* in: Erdkunde 44 (1990), S. 81-92

PREBISCH, R., *Commercial policy in the underdeveloped countries;* in: The American Econ. Rev. Papers and Proceedings 49 (1959), S. 251-273

REHM, S. und ESPIG, G., *Die Kulturpflanzen der Tropen und Subtropen;* Stuttgart 1984, 496 S.

RICHTER, W., *Trickle Irngation;* in: Ber. ü. L. 51 (1973), S. 532- 544

RÖHM, H., *Die Vererbung des landwirtschaftlichen Grundeigentums in Baden-Württemberg;* Remagen 1957 = FDL 102, 102 S.

ROSTANKOWSKI, P., *Getreideerzeugung nördlich 60° N;* in: GR 33 (1981), S. 147-151

ROSTOW, W. W., *The stages of economic growth;* 1960, 2. Aufl., Cambridge/Mass. 1971, 253 S.

ROTHER., K.: *Die mediterranen Subtropen;* Geographisches Seminar Zonal. Braunschweig 1984, 207 S.

Ders., *Agrargeographie;* In: GR 40, 1988, S. 36-41

Ders., *Der Mittelmeerraum;* Stuttgart, Leipzig 1993 = T. Stb. G., 212 S.

ROTTACH, P.: *Ökologischer Landbau in den Tropen;* 2. Aufl. Karlsruhe 1986, 289 S.

RÜHL, A., *Vom Wirtschaftsgeist im Orient;* Leipzig 1925, 92 S.

Ders., *Vom Wirtschaftsgeist in Amerika;* Leipzig 1927, 122 S.

Ders., *Vom Wirtschaftsgeist in Spanien;* Leipzig 1928, 90 S.

RUPPERT, K.: *Agrargeographie im Wandel;* in: Geogr. Helvetica 39, 1984, S. 168 f.

RUTHENBERG, H., *Organisationsformen der Bodennutzung und Viehhaltung in den Tropen und Subtropen;* in: BLANCKENBURG, P. v. (Hrsg.), Handbuch der Landwirtschaft und Ernährung in den Entwicklungsländern, Stuttgart 1967, S. 122-208.

Ders., *Landwirtschaftliche Entwicklungspolitik;* Frankfurt 1972 = Z. f. a. L., Materialsammlung 20, 308 S.

Ders., *Farm systems and farming systems;* in: Z. f. a. L. 15 (1976), S. 42-55

Ders., *Farming systems in the Tropics;* 3. Aufl., Oxford 1980, 424 S.

SAARINEN, T. F., *Perception of the drought hazard in the Great Plains;* Chicago 1966 = Dept. of Geography, Research Paper 106, 183 S.

SAPPER, K., *Der Wirtschaftsgeist und die Arbeitsleistungen tropischer Kolonialvölker;* Stuttgart 1941, 167 S.

SAUER, C. O., *Agricultural origins and dispersals;* 2. Aufl., Cambridge 1969, 175 S.

SCHARLAU, K., *Bevölkerungswachstum und Nahrungsspielraum;* Bremen- Horn 1953, 391 S.

SCHEMPP, H., *Gemeinschaftssiedlungen auf religiöser und weltanschaulicher Grundlage;* Tübingen 1969, 362 S.

SCHILLER, O., *Kooperation und Integration im landwirtschaftlichen Produktionsbereich;* Frankfurt 1970, 220 S.

SCHMITT, G.: *Das Scheitern der kollektiven Landbewirtschaftung in den sozialistischen Ländern;* in: Ber. ü. L. 69, 1991. H. 1, S. 38-68

SCHOLZ, F. (Hrsg.), *Nomadismus – Ein Entwicklungsproblem?* Berlin 1982 = Abh. d. Geogr.Inst. Berlin – Anthropogeographie 33, 247 S.

Ders. (Hrsg.), *Entwicklungsländer;* Beiträge der Geographie zur Entwicklungsforschung W. d. F., Bd. 553, Darmstadt 1985, 437 S.

Ders., *Nomadismus – Theorie und Wandel einer sozioökologischen Kulturweise;* Erdkundl. Wissen, Band 118, Stuttgart 1995, 300 S.

SCHOOP, W., *Vergleichende Untersuchungen zur Agrarkolonisation der Hochlandindianer am Andenabfall und im Tiefland Ostboliviens;* Wiesbaden 1970 = Aachener Geogr. Arb. 4, 298 S.

SCHRÖDER, K. H., *Weinbau und Siedlung in Württemberg;* Remagen 1953= FDL 73, 141 S.

Ders., *Zur Frage geographischer Ursachen der Realteilung in der Alten Welt;* in: Innsbrucker Geogr. Stud. 5 (1979), S. 467-482

SCHÜTT, P., *Weltwirtschaftspflanzen;* Hamburg/Berlin 1972, 228 S.

SCHULTZ, J., *Die Ökozonen der Erde;* 2. Aufl. Stuttgart 1995, 535 S.

SENGHAAS, D., *Weltwirtschaftsordnung und Entwicklungspolitik;* Frankfurt 1977, 357 S.

SEUSTER, H. und GAHR, M., *Landwirtschaftliche Grenzböden und Grenzbetriebe unter dynamischen Aspekten;* in: Ber. ü. L. NF 15 (1973), S. 425-451

SICK, W. D., *Die Vereinödung im nördlichen Bodenseegebiet;* in: Württ. Jahrb. f. Statistik u. Landeskunde 1951/1952, S. 81-105

Ders., *Wirtschaftsgeographie von Ecuador;* Stuttgart 1963 = Stuttg. Geogr. Stud. 73, 275 S.

Ders., *Madagaskar – Tropisches Entwicklungsland zwischen den Kontinenten;* Darmstadt 1979 = Wiss. Länderk. 16, 321 S.

SIMON, H. A., *Models of man;* New York 1957, 287 S.

Ders., *Theories of decision-making in economics and behavioral sciences;* in: The American Economic Review 49 (1959), S. 253-283

SPRECHER V. BERNEGG, A., *Tropische und subtropische Weltwirtschaftspflanzen;* Stuttgart 1929-1936, 3 Bde, 438 S., 339 S., 264 S.

THAER, A., *Grundsätze der rationellen Landwirtschaft;* Berlin 1809- 1812, 4 Bde.

THIMM, R. K. und BESCH, M., *Die Nahrungswirtschaft. Zunehmende Verflechtungen der Landwirtschaft mit vor- und nachgelagerten Wirtschaftsbereichen;* Hamburg/Berlin 1971 = Agrarpol. u. Marktwirtsch. 12

THOMAS, W. L. (Hrsg.), *Man's role in changing the face of the earth;* Chicago 1956, 1193 S.

THÜNEN, J. H. v., *Der isolierte Staat in Beziehung auf Landwirtschaft und Nationalökonomie;* Berlin 1826-1863, Nachdruck Stuttgart 1966, 678 S.

TRETER, U., *Die borealen Waldländer;* Geogr. Seminar Zonal. Braunschweig 1993. 210 S.

TROLL, C., *Die Landbauzonen Europas in ihrer Beziehung zur natürlichen Vegetation;* in: GZ 31 (1925), S. 265-280

Ders., *Qanat – Bewässerung in der Alten und Neuen Welt;* in: Mitt. Österr. Geogr. Ges. 105 (1963), S. 313-330

Ders., *Die räumliche Differentzierung der Entwicklungsländer in ihrer Bedeutung für die Entwicklungshilfe;* Wiesbaden 1966 = Erdk. Wissen 13, 133 S.

TROLL, C. und PAFFEN, K., *Karte der Jahreszeitenklimate der Erde;* in: Erdkunde 18 (1964), S. 5-28

UHLIG, H., *Die geographischen Grundlagen der Weidewirtschaft in den Trockengebieten der Tropen und Subtropen;* in: KNAPP, R. (Hrsg.), *Weidewirtschaft in Trockengebieten,* Stuttgart 1965 = Gießener Beitr. z. Entw.forsch., Reihe I (Symposien), 3, S. 128.

Ders., *Reisbausysteme und -ökotope in Südostasien;* in: Erdkunde 37 (1983), S.269-282, 38 (1984), S.16-29

URFF, W. v., *Das Ernährungsproblem in den Entwicklungsländern und Konzepte zu einer Lösung;* in: Quart. Journ. of Intern. Agric. 3 (1980), S. 215-236

VEYRET, P., *Géographie de l'élevage;* Paris 1951, 254 S.

VOGL, J., HEIGL, A. und SCHÄFER, K., *Handbuch des Umweltschutzes;* 4 Bde., Landsberg / Lech 1995 f.

VOGTMANN, H., *Ökologische Landwirtschaft;* Stiftung Ökologie und Landbau, Alternative Konzepte 70, Karlsruhe 1991/92, 350 S.

Ders. (Hrsg.), *Ökologische Landwirtschaft;* Stiftung Ökologie und Landbau, Alternative Konzepte 70, Karlsruhe 1991/92, 350 S.

VOGTMANN, H., BOEHNKE, E., FRICKE, I. (Hg), *Öko-Landbau – eine weltweite Notwendigkeit;* Karlsruhe 1986

WAIBEL, L., *Die Sierra Madre de Chiapas;* in: Mitt. Geogr. Ges. Hamburg 43 (1933a), S. 121-162

Ders., *Das System der Landwirtschaftsgeographie;* Breslau 1933b = Wirtschaftsgeogr. Abh.1, 94 S.

WALTER, H. und BRECKLE, S.W., *Ökologie der Erde;* 4 Bde., Stuttgart 1983-1991

WEBER, A., *Über den Standort der Industrien.* Teil 1: *Reine Theorie des Standorts;* 2. Aufl., Tübingen 1922, 246 S.

WEBER, A., *Der landwirtschaftliche Großbetrieb mit vielen Arbeitskräften in historischer und international vergleichender Sicht;* in: Ber. ü. L. 52 (1974), S. 57-80

Ders., *Welternährungswirtschaft;* in: Handwörterbuch der Wirtschaftswissenschaften, Bd. 8 (1980), S. 612-637

WEBSTER, C. C. and WILSON, P. N., *Agriculture in the Tropics;* 3. Aufl., London 1969, 488 S.

WEISCHET, W., *Die ökologische Benachteiligung der Tropen;* Stuttgart 1977, 127 S.

Ders., *Die Grüne Revolution;* Paderborn 1978 = Fragenkreise, 33 S.

Ders., *Ackerland aus Tropenwald – eine verhängnisvolle Illusion;* in: Holz aktuell 3 (1981), S.14-33

Ders., *Die Anfänge der Getreidekultur in der Entwicklungsgeschichte der Menschheit.* In: Geoökodynamik, 12, 1991, H. 1/2, S. 71-86

WELTE, E., *Sind die Tropen wirklich benachteiligt?* Umschau in Wissenschaft und Technik 78 (1978), S. 634-638

WELTBANK: *Weltentwicklungsbericht;* Washington D.C. 1982 ff.

WENZEL, H. J., *Agrarstrukturen und Agrarräume;* Stuttgart 1981 = Stud. Reihe Geogr./ Gemeinschaftsk. 5.

WERTH, E., *Grabstock, Hacke, Pflug. Versuch einer Entwicklungsgeschichte des Landbaus;* Ludwigsburg 1954, 435 S.

WHARTON, R. (Hrsg.), *Subsistence agriculture and economic development;* Chicago 1970, 481 S.

WHITE, G. F., *Choice of adjustment to floods;* Chicago 1964 = Dept. of Geography, Research Paper 93, 150 S.

WHITTLESEY, D., *Major agriculture regions of the earth;* in: Ann. Ass. Am. Geogr. 26 (1936), S. 199-240

WILHELMY, H., *Tropische Transhumance;* in: Heidelb. Geogr. Arb. 15 (1966), S. 198- 207

Ders., *Reisanbau und Nahrungsspielraum in Südostasien;* Kiel 1975 = Geocolleg, 100 S.

WILKENS, P. J., *Wandlungen der Plantagenwirtschaft;* Diss. Hamburg 1974, 173 S.

WINDHORST, H. W., *Geographie der Wald- und Forstwirtschaft;* Stuttgart 1978 = T. Stb. G., 204 S.

Ders., *Spezialisierung und Strukturwandel der Landwirtschaft;* Paderborn 1981 = Fragenkreise, 32 S.

Ders., *Geographische Innovations- und Diffusionsforschung;* Darmstadt 1983 = EdF 189, 209 S.

Ders., *Die sozioökonomische Struktur des US-amerikanischen Farmsektors in der Mitte der achtziger Jahre;* Ber. ü. L. 64 (1986), S. 322-338

Ders., *Die US-amerikanische Agrarwirtschaft auf dem Wege zu einer dualen Struktur;* in: Z. f. A. 5 (1987), H. 4, S. 283-335

Ders., *Die Industrialisierung der Landwirtschaft als Herausforderung an die Agrargeographie;* in: GZ 77 (1989), H.3, S. 136-153

Ders., *Industrialisierte Landwirtschaft und Agrarindustrie;* Vechtaer Arbeiten zur Geographie und Regionalwissenschaft 8, Vechta 1989, 159 S.

Ders., *Räumliche Verbundsysteme in der Agrarwirtschaft;* in: Vechtaer Studien zur Angewandten Geographie und Regionalwissenschaft, Bd. 11, (1993), S. 11-20

WIRTH, E., *Theoretische Geographie;* Stuttgart 1979 = T. Stb. G., 336 S.

Ders., *Kritische Anmerkungen zu den wahrnehmungszentrierten Forschungsansätzen der Geographie:* in: GZ 69 (1981), S. 161-198

WISSMANN, H. v., *Pflanzenklimatische Grenzen der warmen Tropen;* in: Erdkunde 2 (1948), S. 81-92

Ders., *Ursprungsherde und Ausbreitungswege von Pflanzen- und Tierzucht und ihre Abhängigkeit von der Klimageschichte;* in: Erdkunde 11 (1957), S. 81-94, 175-193

WÖHLKEN, E., und PORWOLL, R., *Viehhaltung in größeren Beständen und in flächenarmen Betrieben;* in: Agrarwirtschaft 30 (1981), S. 95-99

WOLFF, P. u.a., *Probleme und Bedeutung der Bewässerungslandwirtschaft in der Dritten Welt;* in: Zschr. f. Bewässerungswirtschaft 30 (1995), S. 3-25

WORLD ATLAS OF AGRICULTURE; Novara 1969-1976

WOUBE, M., *The geography of hunger;* Uppsala 1987, 146 S.

WRIGLEY, G., *Tropical agriculture. The development of production;* 2. Aufl., London 1971, 376 S.

YARON, E. D. and VAADIA, Y. (Hrsg.), *Arid zone irrigation;* Berlin 1973 = Ecological Stud. 5, 434 S.

ZEDDIES, I., *Umweltgerechte Nutzung von Agrarlandschaften;* in: Ber.ü.L. 73, 1995, S.204-242

ZEUNER, F. E., *Geschichte der Haustiere;* München 1967, 448 S.

ZÖBL, D., *Die Transhumanz der europäischen Mittelmeerländer;* Berlin 1982 = Berliner Geogr. Studien 10, 90 S.

Register